서울대
교수들이 말하는
탄소중립을 위한
기술혁명

서울대학교 국가미래전략원, 윤제용, 구윤모 편저

서울대 교수들이 말하는 탄소중립을 위한 기술혁명

**탄소중립을 향한
혁신적인 아이디어와 현실적인 해결책**

포르체

일러두기
본 출판물은 서울대학교 국가미래전략원 탄소중립 클러스터의 지원을 받아 제작되었습니다.

서문

탄소중립 시대,
과학기술은 무엇을 할 수 있는가

서울대학교 공학전문대학원 구윤모 교수

　　탄소중립, 기술혁신은 왜 중요한가? 탄소중립을 이루는 것은 어려운 도전일까? 만약 우리가 전기와 자동차, 인터넷과 같은 현대 문명의 편의를 과감히 내려놓고 불을 피우고 사냥을 하던 시절로 돌아간다면 문제는 놀라울 만큼 단순해질 것이다. 에너지 소비는 거의 사라지고 온실가스 배출도 자연스레 줄어들 것이기 때문이다. 그러나 우리가 원하는 미래는 결핍이 아닌 지속 가능한 번영이다. 더 길어진 기대 수명, 디지털로 연결된 삶, 누구나 접근 가능한 의료·교육·문화와 같은 모든 혜택을 유지하거나 발전시키면서도 지구의 온도를 낮추는 것, 바로 여기에 탄소중립의 진정한 난제와 가치가 숨어 있다.

기후변화 대응은 인류 생존의 필요조건 중 하나이지만, 지속 가능한 발전을 위한 충분조건은 아니다. 탄소 감축이라는 하나의 목표에만 매몰되어 다른 가치를 희생한다면, 지속 가능성의 본질을 놓치게 된다. 결국 우리가 추구해야 할 것은 단순한 배출 제로가 아니라, 경제적 번영과 건강한 삶이 균형을 이루는 미래이며, 바로 이 지점에서 과학기술의 역할이 빛을 발한다.

이러한 문명과 공존하는 탄소중립은 기업의 선의나 시민들의 절약만으로 이루어질 수 없는 복잡하고 거대한 구조적 과제이다. 기후 위기의 시곗바늘은 빠르게 움직이고 있지만, 우리가 의존해 온 에너지·교통·산업 시스템은 오랜 기간 축적된 인프라와 규범으로 복잡하게 얽혀 있다. 이 복잡한 구조를 근본적으로 바꿀 열쇠가 바로 기술혁신이다. 에너지의 생산·저장·사용 전 과정에서 이루어지는 탈탄소 기술, 온실가스 배출이 적은 원료와 공정으로의 전환, 불가피하게 발생하는 탄소를 포집하여 저장하고 활용하는 기술 등 각 분야의 혁신 기술이 퍼즐 조각처럼 맞물릴 때 비로소 온실가스 배출 '0'이라는 목표를 달성할 수 있다.

그렇다면, 기술혁신은 어떻게 이루어지는가? 탄소중립 기술혁신은 연구실에서만 일어나지 않는다. 기술은 시장의 역동성, 정책의 방향성, 국민의 선택이라는 현실 속에서 실현된다. 즉, 탄소중립 기술은 과학의 성과를 넘어 경제적 인센티브와 사회적 합의가 조화를 이룰 때 비로소 가능해진다.

　먼저 시장에서 탄소에 적절한 가격을 매겨야 한다. 기업이 스스로 배출을 줄이면 이익을 얻고, 그렇지 않으면 비용을 부담하는 구조가 자리 잡아야 혁신이 자발적으로 촉진된다. 한국은 2015년부터 배출권 거래제를 시행하고 있지만, 아직까지 전력 믹스의 근본적 전환이나 기업의 대규모 설비 투자 방향을 변화시킬 만큼 강력한 신호를 주지는 못하고 있다. 탄소의 사회적 비용 수준에서 배출권 가격이 형성되고, 이로 인해 기업이 부담하는 비용을 소득세·법인세 등의 세금 감면을 통해 환류시키는 '이중 배당 가설'이 제안되었으나, 탄소 배출 비용 부담이 단기적이고 직접적인 반면 세금 감면 효과가 장기적이고 간접적이어서 정부와 기업이 탄소 가격 설정에 신중한 입장을 취하고 있다. 따라서 근본적인 생산 방식의 전환을 위해서는 적절한 탄소 가격 설정과 함께 기업의 부담을 완화하고 혁신 기술 개발에 투자하는 선순환 구조가 필수적이다.

　적정 탄소 가격을 통한 시장 인센티브의 정상적 작동은 중요하지만, 시장 메커니즘만으로는 전환 과정에서 혼란과 부작용이 불가피하다. 국가별 전환 속도의 차이로 국내 기업의 글로벌 경쟁력이 저하될 수 있으며, 중소기업이나 장기 투자가 어려운 기업들은 혁신 기술 도입에 어려움을 겪게 될 것이다. 따라서 이러한 혼란을 최소화하고 전환 속도를 높이기 위해 정부의 과감하고 지속적인 정책 지원이 필요하다.

정부 R&D는 탄소중립 기술혁신 지원의 중심이다. 우리나라는 2021년 '기후변화 대응 기술 개발 촉진법'을 제정하여 5년마다 기본계획을 수립하며, 2025년에는 약 2조 8,000억 원 규모의 기후 기술 R&D 투자를 계획하고 있다. 그러나 정부 R&D가 실질적으로 온실가스 저감 효과를 얼마나 가져오는지에 대한 평가는 미흡하다. 또한 연구실 단계를 넘어 대규모 실증 및 상용화까지 이어지기 위한 지원도 부족한 현실이다. 기초 연구는 폭넓게 지원하되, 주요 기술의 대규모 실증과 상용화는 선택과 집중 전략이 필요하며, 이를 위한 재원 마련을 위해 일본의 GX 경제 이행채권[1]과 같은 녹색 채권, 전환 채권 발행과 같은 추가적 재원 조달 방안도 적극 검토해야 한다.

중소기업이나 장기적 투자가 어려운 기업들에 대한 금융 지원도 필수적이다. 기업이 먼저 투자하고 혜택은 나중에 보는 기존 방식에서 벗어나, 투자가 선제적으로 이루어지도록 경제적 혜택을 미리 제공하는 프론트 로딩 방식의 지원이 필요하다. 미래 탄소 가격을 고려하여 설비 투자 시점에 추가 비용에 대한 차액을 정부가 보전해 주는 탄소 차액 거래, 불확실성이 높고 투자 비용이 큰 주요 감

---

[1] 일본은 2024년 2월, 1조 6,000억 엔 규모의 탈탄소 성장형 경제구조 이행채권을 발행하여 55%를 R&D에 배정하였고, 향후 10년 간 총 20조 엔 규모의 이행채를 발행하여 150조 엔 이상의 민관 투자를 유도할 계획(유상할당 배출권 수입을 채권 상환에 활용 계획)이다.

축 기술에 대한 특수목적법인 지분 투자 등의 방식으로 정부 또는 공기업이 민간 기업과 투자비를 공동으로 투자하고 향후 수익을 배분하는 방식 등을 적극 활용해야 한다.

정책의 일관성 또한 혁신의 가속 페달이자 안전벨트다. 탄소중립은 5년 단임 정부의 임기와는 다른 장기적인 시간 축 위에서 움직인다. 목표와 규제, 지원책이 정권 교체나 경기 변동에 따라 흔들리면 기업과 투자자들은 불확실성을 이유로 투자를 미룰 수밖에 없다. 사회 전체가 장기적인 비전을 공유하고, 법과 제도가 그 비전을 견고히 지지할 때 기술적 진보는 더욱 가속화된다. 이러한 관점에서 보면, 우리나라가 탄소중립에 대한 의지를 단순한 선언에서 그치지 않고 법제화를 통해 제도로 안착시키고 있는 방향성은 상당히 긍정적이다.

마지막으로, 탄소중립 사회로의 전환에서 가장 중요한 요소는 '국민 수용성'이다. 기술의 발전 속도보다 느린 것이 바로 사람들의 인식과 행동 변화이다. 탄소중립에 따른 단기적 비용 부담이 결국 소비자에게 돌아온다는 사실을 투명하게 전달하고, 이에 대한 사회적 공감대를 형성하는 일이 기술 개발만큼 중요하다. 기후 위기라는 장기적 위험과 생활비 부담이라는 단기적 문제 사이에서 균형 잡힌 사회적 합의가 이루어질 때, 탄소중립 기술의 발전과 사회적 확산이 가능하다.

우리는 이와 같은 점에 착안하여 각 부문별 기술혁신이 어떻게 이뤄지고 있고, 어려운 점은 무엇인지를 살펴볼 것이다.

이 책은 '탄소중립'이라는 거대한 과제를 더 이상 추상적인 슬로건으로 그치지 않고, 구체적이고 실현 가능한 변화의 설계도로 제시하고자 한다. 이를 위해 에너지·산업·수송·건물 등 온실가스 배출량이 큰 주요 산업에서 가장 앞선 기술을 직접 연구하고 있는 국내 최고의 전문가들을 한자리에 모았다. 특히 서울대학교의 분야별 전문가 인터뷰를 통해 각 기술의 역할과 한계를 너무 어렵지도, 그렇다고 지나치게 단순화하지도 않으면서 균형감 있게 전달하고자 노력했다.

먼저 각 산업에서 왜 현재와 같이 탄소 배출이 많은지 그 원인을 질문했다. 철강과 시멘트 산업처럼 고온 공정이 필수인 분야, 전력·수송 분야처럼 화석연료와 깊게 얽힌 시스템을 가진 분야 등에서 나타나는 고질적인 탄소 의존도가 어디에서 비롯됐는지를 이해해야만 효과적인 해결책을 찾을 수 있기 때문이다.

이어서 탄소 배출을 줄일 수 있는 새로운 기술혁신의 원리에 대해 질문하였다. 전문가들의 답변을 통해 무탄소 연료와 원료 전환, 고효율 기술, 탄소 포집·저장 및 활용(CCUS)과 같은 최신 감축 기술의 원리와 한계를 명확하게 설명하고자 하였다. 기술은 언제나 가능성과 제약이 함께 존재하기에, 실험실 수준의 성공이 산업 현장까지 확장되는 과정에서 겪는 장애물에 대해서도 현실감 있게 살펴보고자 했다.

한국의 기술 수준은 세계적으로 어느 정도 위치에 있는지도 주요 질문 중 하나이다. 배터리나 e-모빌리티와 같이 우리가 강점을 가진 분야도 있지만, 여러 공정 소재나 핵심 장비 등 아직도 글로벌 선두를 따라잡고 있는 영역들도 많다. 각 장에서는 글로벌 경쟁력과 국내 공급망 현실을 비교·분석하여 우리에게 필요한 전략적 선택지를 제시하고자 했다. 여기에는 기업이 기술 개발을 추진할 때 직면하는 투자 리스크, 느린 규제·인허가 속도, 시장 가격 신호의 부족과 같은 구조적 어려움도 함께 녹아 있다.

마지막으로, 위기를 기회로 삼기 위한 정부와 학계의 역할에 대해 질문하였다. 장기적이고 대규모 실증 연구를 위한 재정 지원, 산업 규제와 인센티브 간의 균형 유지, 창의 융합 인재 양성이 뒷받침된다면 탄소중립은 위기가 아니라 기회가 될 수 있다. 현실적이면서도 우리에게 꼭 필요한 대안이 무엇인지 전문가와의 대담을 통해 얻고자 하였다.

각 장의 내용을 요약하여 살펴보면 다음과 같다.

1장과 2장에서는 재료공학부 이경우 교수, 건설환경공학부 문주혁 교수와의 인터뷰를 통해 철강과 시멘트 산업 부문의 생산 과정에서 발생하는 온실가스의 원인과 이를 감축하기 위한 최신 기술 동향을 탐구한다. 철강과 시멘트 산업은 대표적인 온실가스 배출 업종으로, 국내 전체 온실가스 배출량의 상당 부분을 차지하고 있다. 이에 따라 철강 및 시멘트 산업의 이산화탄소 배출 감축 기술은 매우 중요한 과제가 되었다. 철강 및 시멘트 산업의 온실가스 배출 감축 기술은 에너지 효율 개선뿐만 아니라, 수소 환원, 전해 제철, 비탄산염 활용 기술 등 새로운 혁신 기술을 도입함으로써 실현 가능할 것이다.

3장과 4장에서는 화학생물공학부 성영은 교수, 조선해양공학부 강상규 교수의 인터뷰를 통해 수소 기술의 현황과 전망을 살펴보고, 연료전지와 수전해 장치, 수소 시스템 등의 기술적 발전 가능성을 분석한다. 수소 기술은 탄소중립 사회로의 전환을 위한 대표적인 청정 에너지로 주목받고 있다. 수소의 생산과 이를 이용한 연료전지의 기술 흐름을 살펴보고, 정부와 대학의 역할에 대해 고찰한다.

5장과 6장에서는 기계공학부 김민수 교수, 건축학과 여명석 교수와의 인터뷰를 건물 부문의 온실가스 감축 기술에 대해 살펴본다. 건물의 경우 우리 일상 및 생활 습관과 밀접하게 연관되어 있고 건축물의 내구연한도 길기 때문에 온실가스 감축이 상대적으로 어려운 분야이다. 이 중 특히 많은 에너지를 사용하는 냉난방 부문에서 배출을 줄일 수 있는 히트 펌프의 원리와 산업 전망, 혁신 방향에 대해 살펴보고, 건물의 총 배출량을 줄이기 위한 패시브와 액티브 기술 통합 설계에 대해 살펴본다.

7장에서는 전기정보공학부 이규섭 교수와의 인터뷰를 통해 전력 부문의 탄소중립 기술에 대해 살펴본다. 전력은 산업, 건물, 수송 등 모든 부문에서 전기화가 진행됨에 따라 탄소중립 실현의 핵심 수단으로 여겨진다. 현재 국내 전력 생산은 석탄과 액화천연가스(LNG) 발전에 크게 의존하고 있으며, 재생 에너지의 비중은 아직 낮은 수준에 머물고 있다. 이에 따라 전력 부문에서는 재생 에너지 확대뿐만 아니라, 에너지저장시스템(ESS), 수소 연료전지 등 다양한 보완 기술을 활용한 차세대 전력 시스템으로의 전환이 요구된다. 이에 따라 국내 전력 시스템의 현황과 주요 기술 과제, 그리고 탄소중립 전환을 위한 전력 산업의 미래 전략과 정책적 대응 방안을 살펴본다.

8장과 9장에서는 에너지자원공학과 정훈영 교수, 화학부 주상훈 교수와의 인터뷰를 통해 탄소 포집 및 저장(CCS) 및 탄소 포집 및 활용(CCU) 기술에 대해 살펴본다. CCS 기술은 산업 공정에서 발생하는 이산화탄소를 포집하여 지하에 저장함으로써 대기 중으로의 배출을 막는 기술이다. 반면 CCU 기술은 위 공정에서 나온 이산화탄소를 따로 저장하지 않고, 바로 다른 수단으로 활용하는 기술이다.

이 기술들은 특히, 전력, 철강, 시멘트, 화학 등 탄소 집약도가 높지만 감축 기술이 제한적이거나 감축 비용이 높은 산업(hard-to-abate 산업)에서 효과적으로 활용될 수 있다. CCUS 기술의 발전은 기존 산업 구조를 유지하면서도 탄소 배출을 줄일 수 있는 중요한 해결책이 될 것이다.

10장에서는 화학생물공학부 최장욱 교수와의 인터뷰를 통해 이차전지의 원리와 현재의 기술적 한계, 그리고 향후 발전 가능성을 살펴본다. 이차전지 산업은 전기차의 보급과 함께 급격히 성장하고 있으며, 미래에도 계속해서 큰 수요가 있을 것으로 본다. 탄소중립의 가장 큰 비중을 차지하는 전기화에 반드시 필요한 이차전지의 유형별 특징과 기술혁신 방향을 살펴보고, 글로벌 기술 주도권을 이어나가기 위한 전략을 논의한다.

마지막으로, 11장에서는 환경계획학과 정수종 교수와의 인터뷰를 통해 기후 테크 기업의 생태계에 대해 살펴본다. 기후 테크는 기후 변화에 대응하기 위한 다양한 기술을 통칭하는 용어로, 재생 에너지, 에너지 효율, 탄소중립을 위한 혁신 기술 등을 포함한다. 기후 테크는 다양한 산업 분야에서 탄소중립을 실현하는 데 중요한 역할을 하고, 국가 경제 성장에도 큰 영향을 미칠 것이다. 기후 테크 육성 전략을 통해 환경과 산업 경쟁력, 두 마리 토끼를 모두 잡을 수 있는 전략을 모색한다.

이 책은 탄소중립이라는 도전 앞에서 우리의 미래를 책임질 중고등학생부터 기후변화 대응 기술에 깊은 관심을 가진 일반인까지 폭넓은 독자층을 대상으로 한다. 탄소중립 사회로 나아가는 길은 결코 쉽지 않지만, 이 책을 통해 독자들이 기후 기술혁신의 현재를 명확히 이해하고 그 가능성을 발견하며, 함께 힘을 모아 지속 가능한 미래로의 의미 있는 여정을 시작할 수 있기를 간절히 희망한다. 이 작은 한 걸음이 모여 큰 변화의 물결을 이루고, 궁극적으로 우리 모두가 꿈꾸는 깨끗하고 풍요로운 미래로 나아갈 수 있는 계기가 되길 기대한다.

끝으로 이 책이 세상에 나오기까지 아낌없는 지원과 격려를 보내 주신 모든 분께 감사의 말씀을 드린다. 특히 물심양면 도움을 주신 서울대학교 미래전략원 김준기 전 원장님과 강원택 원장님, 원고 내용 정리에 큰 도움을 준 박사과정 주현경 연구원, 촉박한 일정에도 흔쾌히 출판을 맡아 주신 포르체 박영미 대표님과 편집팀 김찬미 선생님께 특별한 감사의 말씀을 전한다.

2025년 7월 서울대학교 공학전문대학원 구윤모 교수

차례

서문
탄소중립 시대, 과학기술은 무엇을 할 수 있는가 … 5

1장 탄소중립 시대의 철강 제조 기술
1.1. 철강 산업의 온실가스 감축 기술 … 24
1.2. 국내외 철강 산업의 기술 및 시장 동향 … 50
1.3. 철강 산업 대전환을 위한 정부와 대학의 역할 … 56

2장 시멘트 산업 탄소중립 기술과 광물탄산화를 통한 탄소 감축 기술
2.1. 시멘트 산업 개요 … 64
2.2. 국내외 시멘트 산업 기술 및 시장 동향 … 80
2.3. 시멘트 산업을 위한 정부와 대학의 역할 … 85

3장 탄소중립을 위한 수소 기술: 수전해와 연료전지 기술
3.1. 수소 기술의 원리 … 94
3.2. 국내외 수소 기술 및 시장 동향 … 103
3.3. 수소 기술 개발을 위한 정부와 대학의 역할 … 110

4장   탄소중립을 실현하는 수소 경제

    4.1. 수소 시스템의 개요   121

    4.2. 국내외 수소 시스템 시장 현황   134

    4.3. 수소 시스템 발전을 위한 정부와 대학의 역할   144

5장   열 에너지 탈탄소화를 위한 핵심 기술, 히트 펌프

    5.1. 히트 펌프 기술의 원리   152

    5.2. 국내외 히트 펌프 기술 및 시장 동향   163

    5.3. 히트 펌프 기술 선도를 위한 정부와 대학의 역할   172

6장   탄소중립 건물 통합 설계

    6.1. 건물 부문의 온실가스 감축 기술   182

    6.2. 국내외 건물 부문의 기술 및 시장 동향   191

    6.3. 건물 부문의 탄소중립을 위한 정부와 대학의 역할   196

7장   탄소중립 시대의 핵심 인프라: 전력 계통 혁신

7.1. 전력 시스템의 개요 …… 204
7.2. 전력 시스템의 국내외 시장 현황 및 전망 …… 220
7.3. 전력 시스템 발전을 위한 정부와 대학의 역할 …… 224

8장   탄소중립 사회로 가는 징검다리: 탄소 포집·저장 기술

8.1. CCS 기술의 원리 …… 233
8.2. 국내외 CCS 기술 및 시장 동향 …… 245
8.3. CCS 기술 선도를 위한 정부와 대학의 역할 …… 252

9장   탄소중립을 위한 탄소 전환 기술

9.1. 탄소 전환 기술에 대한 개요 …… 260
9.2. 탄소 전환 기술의 국내외 시장 상황 및 전망 …… 276
9.3. 탄소 전환을 위한 정부와 대학의 역할 …… 278

10장   이차전지 산업 고찰: 기술, 제도, 교육

10.1. 배터리 기술의 원리   286
10.2. 국내외 배터리 기술 및 시장 동향   298
10.3. 배터리 기술의 발전을 위한 정부와 대학의 역할   303

11장   위기는 기회, 기후 테크 산업으로 국가 경쟁력 제고

11.1. 기후 테크 기술   311
11.2. 국내외 기후 테크 기술 및 시장 동향   323
11.3. 기후 테크 활성화를 위한 정부와 대학의 역할   332

에필로그

탄소중립, 분야별로 어떤 전략을 취해야 하는가   344

1장   서울대학교 재료공학부 이경우 교수

탄소중립 시대의 철강 제조 기술

*

　　철강 산업은 대표적인 온실가스 다배출 업종이다. 2019년 기준 국내 철강 산업의 이산화탄소 배출량은 약 1.17억t으로, 이는 국가 전체 배출량의 16%, 산업 부문 배출량의 36%를 차지한다. 전 세계적으로도 철강 산업의 배출 비중은 약 12%에 달하며, 이로 인해 국제 사회의 감축 압력이 집중되고 있다. 특히 EU(유럽연합) 수출 비중이 높은 우리나라 철강 산업은 곧 시행될 탄소국경조정제도(CBAM)의 직접적인 영향을 가장 크게 받을 산업 중 하나로, 산업 전반이 중대한 기후·환경적 도전에 직면해 있다.

　　이러한 도전에도 불구하고, 철강은 거의 모든 산업 제품과 인프라에 필수적인 소재이며, 철강 산업은 우리 경제의 기반을 이루는 기간 산업이다. 따라서 철강 산업의 지속 가능한 전환은 국가 산업 경쟁력의 유지와 미래 성장의 핵심 요건이라 할 수 있다.

　　우리나라는 철강의 생산과 소비 모두에서 세계적인 위상을 보유하고 있다. 2023년 기준 한국의 조강 생산량은 약 6,700만t으로, 세계 6위 수준이며(World Steel, 2024), 1인당 철강 소비량은 연간 1,057kg으로 세계에서 가장 높은 수준을 기록하고 있다. 이는 국내 산업 전반에 철강 의존도가 매우 높다는 것을 의미하며, 철강 산업의 탈탄소화는 곧 산업 전반의 녹색 전환을 위한 핵심 과제가 된다.

정부는 2050 탄소중립 달성을 위해 철강 산업의 배출량을 2018년 대비 약 95% 감축(1.012억t → 460만t CO_2eq)하는 목표를 설정하였다. 이는 제조 공정의 근본적 전환 없이는 달성하기 어려운 도전적인 수치다. 특히 이미 세계 최고 수준의 에너지 효율과 낮은 탄소 배출량을 보유한 국내 철강 산업은 기존 공정의 개선만으로는 더 이상의 의미 있는 감축이 어려운 상황이며, 새로운 공정 기술과 혁신적 대체기술에 대한 의존도가 매우 높아질 수밖에 없다.

이러한 문제의 배경을 진단하고 철강 산업이 나아가야 할 기술적·정책적 방향을 모색하기 위해, 본 장에서는 철강 생산의 기본 원리와 이산화탄소 배출 구조, 그리고 현재 논의되고 있는 주요 감축 기술의 전망을 살펴본다. 이를 위해 서울대학교 재료공학부 이경우 교수와의 인터뷰를 통해 철강 산업의 현실과 미래 전략에 대한 심도 있는 논의를 진행하였다.

이경우 교수

이경우 교수는 1996년 서울대학교 재료공학부 교수로 임용된 이후, 재임 기간 동안 금속의 제조 및 가공에 관련된 연구를 진행하고 있다. 서울대학교 철강연구센터 센터장 및 신소재공동연구소 소장, 대한금속·재료학회 부회장 등을 역임했으며, 현재 POSCO 석좌교수를 겸임하며 명실상부 대한민국의 대표적인 철강 전문가로 정평이 나 있다.

1.1. 철강 산업의 온실가스 감축 기술

▎ 철강은 어떤 방식으로 생산이 되는지 궁금하다.

철강 산업에서 이산화탄소 배출이 많은 이유를 알기 위해서는 먼저 철강 산업의 정의와 철강 생산 과정을 이해하는 것이 필요하다. 철강 산업이란 원료를 사용해 철강을 제조하고 이를 가공하여 다른 산업에서 사용할 수 있는 철강 소재를 만들어 내는 산업을 의미한다. 이 때문에 철강 산업은 여러 단계의 공정으로 구성되어 있다. 이 중에서 이산화탄소 배출에 중요한 역할을 하는 것은 원료에서 철을 만들어 내는 공정이다. 따라서 철강 산업의 종류는 철을 만들어 내는 방법에 따라 나뉜다.

철을 만드는 방법은 크게 세 가지로 나뉜다. 가장 중요한 반응장치를 기준으로 보면, 고로를 사용하는 방법, 가스 환원로를 사용하는 방법, 전기로를 사용하는 방법 등이다.

▌ 철강 생산 과정에서 온실가스가 많이 발생하는 이유는 무엇인가?

앞서 설명한 세 가지 방법 중 현재 가장 많은 양의 철을 생산하는 방식이자, 온실가스 배출량도 가장 많은 방법이 고로를 사용하여 철을 얻는 공정이다. 이 방법으로 철을 생산하는 산업체는 다음 그림에서 보이는 것과 같이 제선, 제강, 주조, 압연 공정으로 구성되며, 이 모든 공정을 갖춘 산업체를 일관 제철소[2]라고 한다.

첫 번째 단계인 제선 공정은 철광석에서 철을 얻는 과정이다. 현재 사용되는 철광석은 모두 철 산화물이므로, 제선 공정은 철 산화물을 구성하는 철을 환원시키는 반응(철의 환원 반응[3])을 일으켜 철

---

[2] 국내 산업체에서 일관 제철소를 운영하는 회사는 POSCO와 현대 제철이며, 다른 철강 산업체들은 이러한 일관 제철소에서 만들어진 중간 제품을 구입해서 이를 가공해서 철강 소재로 만들고 있다.

[3] 환원 반응은 어떤 원소가 산소와 반응해서 산화물을 만드는 산화 반응의 반대 방향으로 진행되는 반응을 의미한다. 철을 예로 든다면 아래와 같다.
(산화 반응) $2\,Fe + 3/2\,O_2 \rightarrow Fe_2O_3$ (1-1)
(환원 반응) $Fe_2O_3 \rightarrow 2\,Fe + 3/2\,O_2$ (1-2)
이 반응들을 철 기준에서 보면 산화반응을 통해서 원소 상태의 철이 산소에 전자를 주고 철 양이온(앞 반응에서는 3가 양이온)이 되는 것을 의미한다. 반대로 환원 반응은 철 양이온이 전자를 받아서 철 원소가 되는 것이다. 그래서 산화 반응이라는 용어를 엄밀하게 사용한다면 어떤 원소가 산소와 반응하는 것을 의미 했지만 넓은 의미에서는 원소가 화학 반응의 결과 전자를 잃는 반응을 산화 반응이라고 부른다. 그리고 반대로 전자를 얻는 반응을 환원 반응이라고 부른다. 따라서 철광석에서 철을 얻는 환원 반응은 반응의 모양은 다양할 수 있지만 철광석을 구성하던 철 이온이 전자를 얻어서 철 원소가 되는 반응을 의미한다.

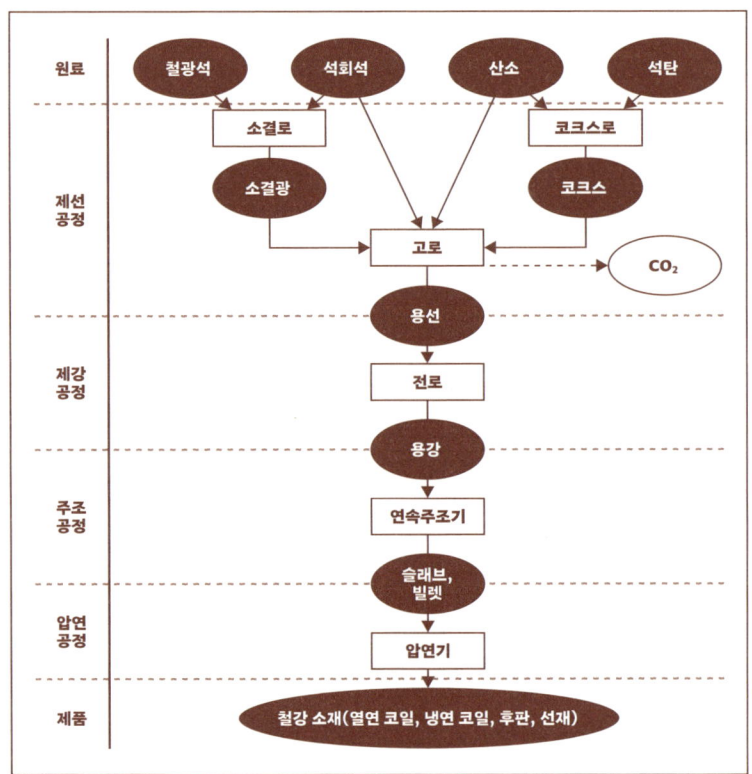

고로 제철법의 철강 생산 공정

을 만들어 내는 공정이다.

고로는 고온에서 반응이 진행되기 때문에 고로에서 환원된 철은 액체 상태로 얻어진다. 이를 용선(molten iron)이라고 한다. 제강 공정은 용선에 들어 있는 불순물을 제거하는 공정이며, 역시 고온에서 진행되기 때문에 액체 철이 얻어진다. 이렇게 불순물이 제거된 액체 철을 용강(molten steel)이라고 한다.

액체 철은 고온이고 화학 반응도 잘 일어나기 때문에 처리하기 어렵고 위험하다. 그래서 연속주조라는 공정을 통해 슬래브나 빌렛이라는 반제품을 만들게 된다. 슬래브나 빌렛은 모두 길이 방향이 매우 긴 육면체인데, 단면의 모양이 다르다. 빌렛은 단면이 정사각형이며 한 변의 길이는 20~30cm 정도이고, 슬래브는 높이(20~30cm)에 비해 폭이 긴(1m 이상) 직사각형 모양이다.

압연 공정은 슬래브나 빌렛을 얇은 판형 또는 가는 선형의 철강 제품으로 만드는 과정으로, 높은 온도에서 작업하는 열간압연(열연)과 낮은 온도에서 작업하는 냉간압연(냉연)으로 구성된다. 압연 공정에서 만들어지는 제품들은 냉연코일, 열연코일, 후판, 선재 등 철강 소재라고 불리며, 다양한 산업체들은 이 철강 소재들을 사용해 자동차, 배, 건축물, 각종 기계 제품 등 우리가 사용하는 제품을 만들게 된다.

여러 철강 제조 단계 중 가장 많은 에너지가 필요하고, 대부분의 이산화탄소가 발생하는 것은 산화철을 환원해 철을 만드는 제선 공정이다. 만일 앞에서 설명한 대로 산화철이 철과 산소로 분해되는 환원 반응($Fe_2O_3 \rightarrow 2Fe + 3/2O_2$)으로 철을 만든다면 이산화탄소가 발생할 이유는 없다. 그러나 자연 상태에서는 이 반응의 반대 방향, 즉 철이 산소와 반응해 산화철을 만드는 산화 반응이 자발적으로 일어나며, 철이 산소와 철로 나뉘는 환원 반응을 만들어 내는 것은 거의 불가능하다. 그래서 산화철에서 철보다 산소를 더 좋아하는 원소를 함께 넣어 산화철의 산소가 다른 원소와 반응하면서 산화철에서 산소가 빠지고 철이 생성될 수 있도록 한다. 이렇게 철의 환원을 위해 추가하는 원소를 환원제라고 하며, 고로에서는 탄소를 환원제로 사용한다. 또한 탄소는 연소하면서 고로의 온도를 높이는 역할도 한다. 따라서 고로에서 철을 환원하는 작업의 시작은 탄소의 연소 반응이며, 이 반응으로 인해 고로의 온도가 상승하게 된다.

탄소의 연소 반응

$C + 1/2\ O_2 = CO$ (1-3)

만일 탄소의 연소가 낮은 온도에서 일어나면 탄소가 연소되면서 이산화탄소(CO_2)가 생성되어야 한다. 그러나 탄소가 연소하면서 많은 산화열이 발생하고, (1-3)번 반응이 일어나는 고로 내부는 매우 높은 온도(2,500°C 이상)로 유지되기 때문에, 이와 같은 고온에서는 이산화탄소가 아닌 일산화탄소가 반응 생성물이 된다. 그리고 이렇게 생성된 일산화탄소는 아래와 같은 반응을 일으켜 산화철을 환원시켜 철을 만들어 낸다.

고로에서 일어나는 철광석의 환원 반응

$3Fe_2O_3 + CO \rightarrow 2Fe_3O_4 + CO_2$ (1-4)

$Fe_3O_4 + CO \rightarrow 3FeO + CO_2$ (1-5)

$FeO + CO \rightarrow Fe + CO_2$ (1-6)

현재 고로 작업에 필요한 탄소는 석탄을 가공해 만든 코크스로 공급된다. 따라서 그림에서 보이는 바와 같이, 고로법으로 철을 생산하기 위한 원료로는 철광석, 석탄, 그리고 산소가 사용되며, 고로에서 일어나는 (1-3)~(1-6)번 반응의 결과로 이산화탄소가 배출된다.

고로법의 원료 중에는 석회석($CaCO_3$)도 있다. 석회석은 화학 반응에 직접 관여하지는 않지만, 고로 조업이 원활하게 이루어지도록 돕는 역할을 하는데, 여기서도 이산화탄소가 배출된다. 석회석($CaCO_3$)은 높은 온도에서 생석회(CaO)와 이산화탄소로 분리되기 때문이다.

석회석의 분리 반응

$CaCO_3 \rightarrow CaO + CO_2$ (1-7)

이러한 제조 과정 때문에 고로 공정에서는 투입되는 석탄과 석회석의 양에 비례하여 이산화탄소가 발생하게 된다. 그리고 고로법을 사용한 철강 생산 과정에서 발생하는 이산화탄소의 총 무게는 생산되는 철 무게의 1.5배를 넘는다.

> 철강 생산 공정에서 석탄을 사용하기 때문에 이산화탄소 배출이 많은 것으로 보이는데, 석탄 대신 다른 물질을 환원제로 사용할 수는 없는가?

환원제와 열원으로 석탄 대신 가스를 사용해 철을 만드는 방식도 있다. 환원에 사용되는 가스의 종류는 일산화탄소, 천연가스, 수소 등이 있으며, 이 중 주로 사용되는 것은 천연가스이다. 천연가스의 주성분인 메탄을 기준으로 한 반응식은 아래와 같다.

메탄을 사용한 철의 환원 반응

$2Fe_2O_3 + 1.5CH_4 = 4Fe + 1.5CO_2 + 3H_2O$ (1-8)

메탄의 연소 반응

$CH_4 + 2O_2 = CO_2 + 2H_2O$ (1-9)

이 반응식들에서 알 수 있는 바와 같이, 가스 환원법에서는 탄소와 함께 수소도 환원 반응이나 연소 반응에 참여하기 때문에 그만큼 탄소 사용량이 줄어들고, 이에 따라 이산화탄소 발생량은 고로법에 비해 적다. 그리고 (1-8)번 반응은 아주 높은 온도가 아니어도 환원 작업이 가능하므로, 철이 녹는 온도보다 낮은 온도에서 반응이

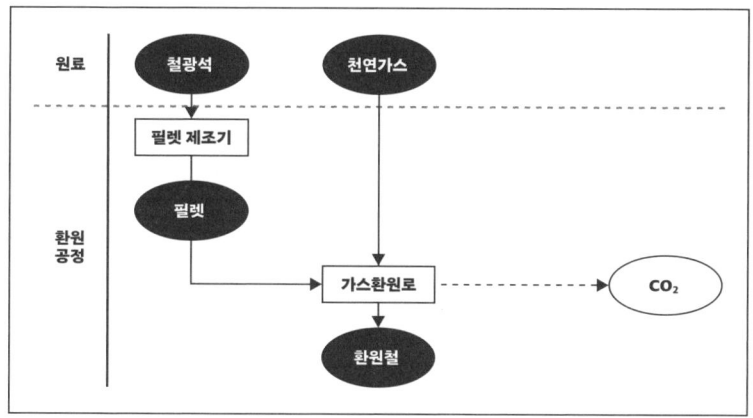

가스 환원 제철 공정

진행되어 반응이 끝나면 '환원철'이라 불리는 고체 상태의 철이 만들어지게 된다(위 그림 참고). 이렇게 만들어진 환원철은 다른 방법으로 만들어진 철과 합쳐져 철강 소재로 가공되어 사용된다.

철광석에서 철을 환원하여 얻는 방법 외에도 철강 생산이 가능한가?

전기로를 사용하는 철강 제조 방법은 철광석을 환원해서 철을 만드는 것이 아니라, 사용 후 버려지는 고철을 전기로에서 녹여 새로운 철강 재료로 재생시키는 방식이다. 이 방법은 이미 만들어진 철을 사용하기 때문에 철광석을 환원하는 제선 공정이 필요 없으며,

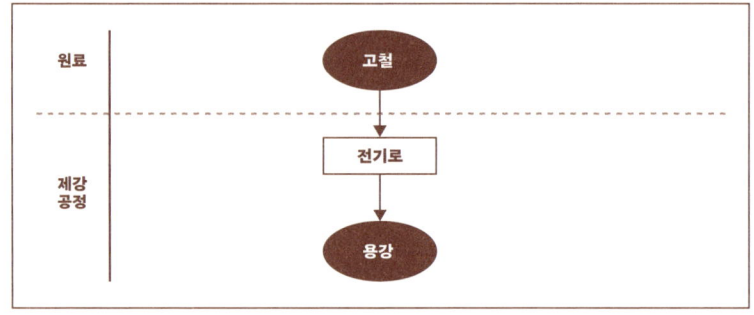

전기로 제강 공정

그림과 같이 고철을 녹여 용강으로 만드는 제강 공정으로 전체 공정이 시작된다. 여기서 만들어진 용강은 26쪽 그림의 고로 제철법에서와 같이 주조 및 압연을 통해 철강 소재로 만들어진다. 전기로 제철은 제선 공정이 없기 때문에 환원 과정에서 이산화탄소가 발생하지 않으며, 따라서 총 이산화탄소 발생량이 다른 방법에 비해 상당히 적다.

현재 전 세계적으로 철강은 매년 18억t[4]이 넘을 정도로 막대한 양이 생산되고 있으며, 그중 약 1/4은 고철을 재활용하는 전기로 공정으로 생산되고, 나머지는 철광석을 환원하여 철을 얻는 방식이다.

---

4 연간 18억t이 넘는 철강 소비량은 다른 모든 금속 재료의 생산량보다 많으며, 세계 인구 1인당 매년 200kg 이상 사용하고 있다는 것을 의미한다. 그래서 철은 현재 사용되고 있는 재료 중에서 건축에 사용되는 콘크리트를 제외한 다른 모든 재료보다 사용량이 많은 재료이다.

철광석을 환원하는 방법 중에서 가스 환원법을 사용하는 환원철의 생산량은 고로법의 1/10 정도에 불과하기 때문에, 철강의 대부분은 이산화탄소를 많이 배출하는 고로법으로 만들어지고 있다. 이러한 이유로 철강 산업은 이산화탄소 배출이 가장 많은 산업 부문이 된 것이다.

> 이산화탄소 배출량이 많은 고로법의 비중을 줄이고 가스 환원로나 전기로 생산을 늘리면 온실가스를 감축할 수 있을 것으로 보인다.

그렇다. 현재 대부분의 철을 생산하고 있는 고로 제철 대신 이산화탄소 배출이 적은 가스 환원 제철이나 전기로를 사용한 재활용 철 생산 방법으로 전환하면 온실가스 배출을 줄일 수 있다. 가스 환원 제철의 경우 이미 어느 정도 완성된 수준의 기술을 확보하고 있고, 앞으로 생산량을 확대하기 위한 기술 개발만 진행하면 되므로 새로운 기술 개발에 대한 부담이 적다는 장점이 있다. 다만, 환원에 사용되는 가스(주로 천연가스) 역시 탄소를 포함하고 있는 화석 연료이기 때문에 이산화탄소가 발생한다는 한계가 있으며, 천연가스의 가격도 비싼 편이어서 천연가스 자원이 풍부한 일부 국가를 중심으로 추진되고 있는 상황이다.

고로 제철에서 고철을 재활용하는 전기로 제철 기술로 전환하는 방법은, 전기로 제철 기술이 이미 높은 수준으로 개발되어 있어 기술 개발에 대한 부담이 적다. 또한 앞서 설명했듯이 고철을 사용하면 철광석 환원을 위한 에너지가 필요 없고, 이 과정에서 발생하는 이산화탄소도 생략되므로 에너지 절감과 이산화탄소 배출 감축 효과가 크다. 전기로 제철은 철의 환원이 필요 없으며, 전기를 이용해 고철을 녹여 용강을 만들기 때문에 제강 과정에서 이산화탄소가 거의 발생하지 않을 것처럼 보이나, 전 과정 분석을 해보면 이산화탄소는 여전히 배출된다. 이는 현재 대부분의 국가에서 전기를 생산하는 과정에서 이산화탄소를 상당량 배출하기 때문이다. 이 부분까지 고려하면 이산화탄소 절감 효과는 약 50~60% 정도로 알려져 있다. 이보다 더 줄이기 위해서는 전기를 만드는 과정에서 화석 연료를 사용하지 않아야 하기 때문에 재생 에너지나 원자력과 같이 무탄소 전력을 활용한다면 전기로 제철은 이산화탄소를 거의 배출하지 않고 철강을 제조할 수 있다.

> 자원 순환 관점에서 고철을 재활용하는 전기로 비중을 높인다면 온실가스 배출도 획기적으로 줄어들 것 같다. 재활용 비율 및 전기로 사용 비율이 낮은 이유는 무엇인가?

전기로 제철이 더 확산되기 위해서는 원료인 고철 확보 문제가 있다. 철광석은 필요하면 추가 채굴이 가능하지만, 고철은 새로 만들어 낼 수 없고, 기존 제품의 수명이 다해야만 발생하기 때문이다. 따라서 고철은 수요가 많다고 해서 인위적으로 늘릴 수 있는 자원이 아니다. 다만, 고철 회수 기술을 더욱 발전시켜 사용 종료된 제품에서 철의 회수 비율을 높인다면 고철 자원 증가 효과를 얻을 수 있다. 그렇게 되면 전기로 제철로의 전환 비율을 높일 수 있고, 이를 통해 이산화탄소 감축 효과도 확대할 수 있다. 현재 철의 재활용 회수율은 약 60%로 추산되며, 재활용 관련 기술을 개발해 이 비율을 높여야 재활용 철 생산량이 늘어날 수 있다. 만일 재활용 향상 기술 개발을 통해 이 비율을 높여 궁극적으로 거의 모든 철을 재활용할 수 있고[5], 무탄소 전기를 사용해 철을 생산하게 된다면, 이산화탄소 배출이 없는 철강을 지속적으로 생산하는 것도 가능해질 것이다.

현재 기술 수준으로는 고철을 제련하는 과정에서 '떠돌이 원소'라 불리는 일부 금속 원소들(예를 들어 구리, 주석)을 제거하기가 어렵다. 철 속에 들어 있는 이러한 불순물 원소들을 제거하는 방법은 철을 녹인 후 산소와 같은 반응성 물질을 넣어 화합물을 형성하게 한 다음, 그 화합물들이 철보다 가벼워 표면으로 떠오르면 이를 제거하는 방식이다. 그런데 이 방식으로 제거할 수 있는 원소는 철보다 반응

---

[5] 현재 재료 회수 시스템이 가장 잘 작동되고 있는 금속이 납이며, 사용된 납의 95%가 회수되어 재생산되고 있다. 이 비율이 일반적으로 금속을 사용 후 회수하여 재활용할 수 있는 최대값으로 예상된다.

성이 더 큰 원소들에 한정된다. 떠돌이 원소는 철보다 반응성이 낮기 때문에 철이 모두 사라질 때까지도 화합물을 만들지 않기 때문에 제거가 어렵다.

이처럼 제거되지 않은 떠돌이 원소는 재활용이 반복될수록 철 속에서 농축되는 경향이 있어, 결과적으로 철강 제품의 품질이 점점 저하된다. 품질이 저하된 철은 철강 재료로서의 역할을 하지 못하고, 결국 재활용이 불가능한 상태에 이르게 된다.

이 문제를 해결하기 위해서는 철 속에 잔류하는 떠돌이 원소를 제거할 수 있는 새로운 기술의 개발이 필요하다. 이와 관련된 연구는 수십 년간 진행되고 있으나, 아직 뚜렷한 성과는 없는 실정이다. 그럼에도 이 기술은 재활용 철강 사용을 확대하기 위해 반드시 필요한 기술이기 때문에, 앞으로도 지속적인 개발이 이루어져야 한다. 만일 이 기술 개발이 계속 지연된다면, 처음부터 이러한 불순물이 고철에 섞이지 않도록 재료와 제품을 설계하는 방향의 기술 개발도 병행되어야 한다.

재활용 기술이 충분히 개발된 이후에도 모든 철이 재활용되어 철광석에서 새로 생산되는 철의 비중을 거의 없애기까지는 상당한 시간이 필요하다. 그 이유는 철의 사용 기간, 즉 철의 생애 주기(life time)가 길기 때문이다. 예를 들어, 자동차에 사용되는 철은 약

15~20년, 선박이나 건축물처럼 수명이 긴 구조물에 사용되는 철은 40~50년 정도 쓰인다. 여러 용도를 평균을 내면 약 25년 정도로 추산된다. 즉 현재 재활용되고 있는 철은 평균적으로 약 25년 전에 생산된 것이다. 따라서 현재 생산된 철이 고철 자원으로 전환되기까지는 약 25년이 걸린다. 만일 그 시점에서 재활용률이 80%에 도달한다면, 매년 약 15억t의 철강이 재활용을 통해 생산될 수 있으며, 이는 현재 재활용으로 생산되는 5억t의 약 3배에 달하는 양이다.

> 철의 재활용에 어려움이 있다면 여전히 가장 많이 사용하고 있는 고로 환원 방식에서 온실가스를 줄이기 위한 기술이 필요해 보인다. 수소 환원 제철 기술이 유망하다고 들었는데, 전망은 어떠한가?

환원제로 탄소 대신 수소를 사용하는 기술이 바로 수소 환원 제철 기술이다. 이 방식은 수소가 철광석에서 산소를 가져가고 남은 철을 얻는 것으로, 탄소나 천연가스 대신 수소를 환원제이자 열원으로 사용하는 방법이다.

수소 환원 반응

$Fe_2O_3 + 3H_2 = 2Fe + 3H_2O$ (1-10)

수소 연소 반응

$$2H_2 + O_2 = 2H_2O \qquad (1\text{-}11)$$

반응식에서 알 수 있듯이, 수소 환원 제철에서는 이산화탄소가 전혀 발생하지 않는다. 이 때문에 전 세계 많은 철강 회사가 관심을 가지고 기술 개발을 진행하고 있으며, 기본적인 개발 방향은 가스 환원로에서 환원제로 수소를 사용하는 것이다.

연구의 방향은 크게 두 가지이다. 한 가지 방법은 현재 천연가스를 사용해 환원철을 생산하는 가스 환원법의 한 종류인 미드렉스(MIDREX)라는 제철 방법에서 출발해, 천연가스 대신 수소를 환원제로 사용하는 것이다[6]. 얼핏 보면 간단해 보일 수 있지만, 천연가스와 수소는 철을 환원시키는 데 필요한 열이나 화학적 성질이 다르고, 두 기체의 밀도도 차이가 나기 때문에 단순히 대체할 수는 없으며, 최적의 조건을 찾기 위한 연구가 필요하다.

또 다른 방향으로는 철광석 펠렛 대신 철광석 분말과 수소를 반응시켜 철을 생산하는 방법이다. 이 방법 역시 완전히 새로운 공정을 개발하는 것은 아니며, POSCO에서 개발한 파이넥스 공정을 개선해 환원제를 탄소에서 수소로 바꾸는 것이다[7]. 참고로 POSCO에서

---

6   MIDREX(https://www.midrex.com/technology/midrex-process/midrex-h2/).

7   한국금융, "POSCO '꿈의 기술' 수소 환원 제철 상용화 성큼", 2024.03.18.

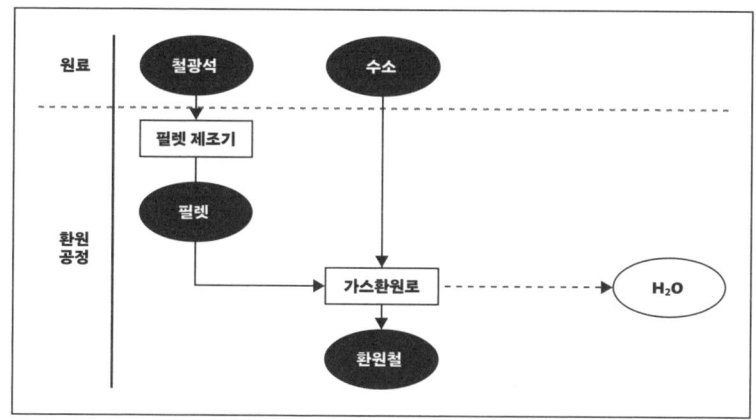

미드렉스법을 활용하여 개발 중인 수소 환원 제철법

활용 중인 파이넥스 공정은 철광석 분말과 탄소를 이용해 철을 생산하는 기술로, 철광석 분말을 그대로 사용하기 때문에 입자 광석을 처리할 수 있는 유동환원로를 사용하는 것이 특징이다.

이처럼 현재 진행되고 있는 수소 환원 제철법은 모두 이미 성공적으로 대량의 철을 생산하고 있는 기존 공정을 기반으로 하여, 환원 가스를 수소로 바꾸는 방향으로 연구와 개발이 이루어지고 있기 때문에 기술 개발 속도가 비교적 빠를 것으로 기대된다. 대략 5년에서 10년 정도면 상용화 가능한 기술 수준에 도달할 것으로 예상된다.

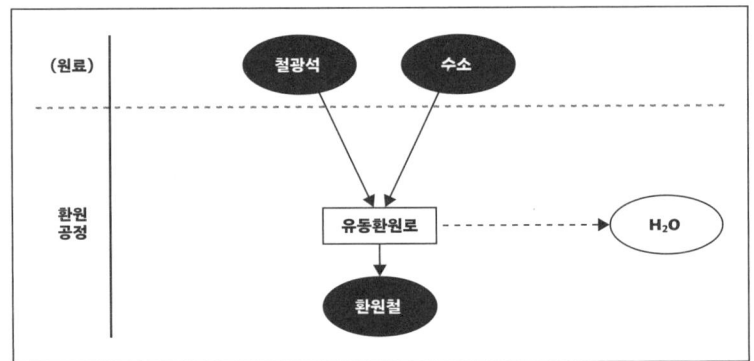

파이넥스법을 개량하여 개발 중인 하이렉스 법

지금까지의 설명을 들으니 현재 사용하고 있는 기술을 개량하고 환원제를 바꾸는 방식 등으로 온실가스 감축이 가능해 보인다. 혹시 완전히 새로운 방식의 생산 기술도 연구 중인 것이 있는지?

전기를 사용해 철광석을 환원하는 전해 제철 기술이 있다. 이 방법의 기본 원리는 철광석을 전해질에 녹인 후 전기를 흘려 철을 얻는 것이다. 철광석을 전해질에 녹이면 산화철은 전해질 내에서 철 양이온(Fe^{3+})과 산소 음이온(O^{2-})으로 분해되어 존재하며, 이 전해질에 전류를 흘리면 음극에서는 철이 석출되고 양극에서는 산소가 발생하게 된다.

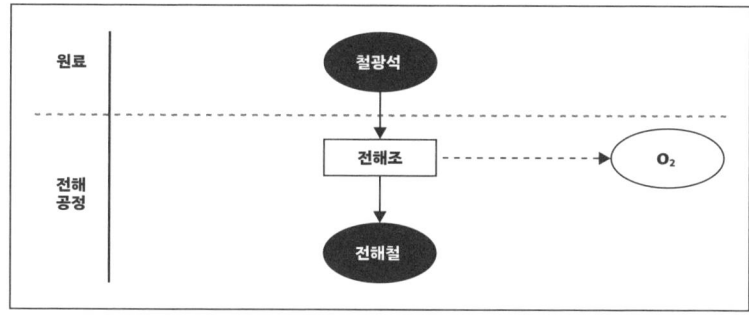

전해 제철 기술

음극 반응

$Fe^{3+} + 3e \rightarrow Fe$ (1-12)

양극 반응

$2O^{2-} \rightarrow O_2 + 4e$ (1-13)

따라서 이 방법으로 철을 생산하면 이산화탄소 없이 산소만 배출된다.

전해 제철 기술 개발은 전해질의 종류에 따라 크게 두 가지 방향으로 진행되고 있다. 하나는 물을 전해질로 사용하는 수전해 기술을 개발하는 것이다. 세계 최대 철강 회사인 아셀로미탈이나 미국의 대표적인 철강 회사인 뉴코아 등은 수전해 제철을 연구·개발하는 벤처 기업에 투자하며 기술 개발을 이끌고 있다. 또 다른 방식은 용융산화물을 전해질로 사용해 철을 생산하는 용융산화물 전해법이다.

미국의 보스턴 메탈은 1,500°C가 넘는 고온에서 철을 생산하는 고온 전해법 연구를 진행 중이며[8], 서울대와 POSCO는 약 1,000°C의 온도에서 철을 생산하는 저온 전해법 연구를 진행하고 있다[9].

알루미늄, 구리, 납, 아연 등 여러 비철금속이 이러한 방식으로 생산되고 있긴 하나, 아직 철을 전기분해로 생산하는 상업적인 기술은 개발되지 않았기 때문에 전해 제철 연구는 아직 실험실 단계이거나 규모가 다소 큰 파일럿 플랜트 단계의 연구 개발이 진행되고 있는 상황이다.

> 철을 생산하는 새로운 방식, 수소 환원 기술과 전해 제철 기술 확산에 어려운 점은 무엇으로 보는가? 두 기술의 장단점은 무엇이고, 앞으로의 전망은 어떻게 예상하는가?

앞에서도 설명했듯이 수소 환원 제철 기술은 10년 이내에 상용화할 수 있는 수준의 기술로 개발될 수 있을 것으로 예상된다. 다만, 문제는 수소를 사용하는 것이 실제로 이산화탄소 감축에 기여할 수 있느냐에 대한 명확한 답이 마련되어야 한다. 자연계에서 수소는 수

---

8   철강금속신문, "(창간 특집) 세계 탈탄소 기술 개발 동향", 2023.06.13.

9   SNU Innovations(https://webzine-eng.snu.ac.kr/web/snu_en/vol.04/snu_02.html)

소 기체 형태로 존재하지 않기 때문에, 환원에 필요한 수소를 얻기 위해서는 수소 화합물로부터 에너지를 투입해 수소를 분리해야 한다. 수소를 얻을 수 있는 화합물로는 천연가스와 물이 있으며, 이를 통해 수소를 얻는 방법으로는 천연가스와 수증기를 반응시켜 수소를 생산하는 증기 개질[10], 고온에서 천연가스를 분해해 수소를 얻는 열분해[11], 물을 전기분해해 수소를 얻는 수전해[12] 등이 있다.

증기 개질은 비교적 적은 에너지로 수소를 생산할 수 있는 공정으로, 현재 광범위하게 사용되고 있다. 그러나 이 과정에서는 천연가스 내 탄소가 이산화탄소로 방출되기 때문에, 이렇게 생산된 수소를 사용하는 것은 실질적인 이산화탄소 감축에 기여한다고 보기 어렵다. 열분해 수소 생산은 천연가스를 고온으로 가열해 탄소와 수소 기체로 분해하는 기술이며, 이 경우 발생하는 탄소를 연소하지 않고 다른 용도로 활용해야 이산화탄소 감축에 기여할 수 있다. 예를 들

---

10 증기 개질은 메탄과 수증기를 600~800°C 정도에서 반응시켜서 수소를 만드는 공정이며, 반응식은 ($CH_4+2H_2O=CO_2+4H_2$)다. 현재 생산되는 수소는 대부분 이 방법으로 만들어지고 있다.

11 열분해를 통한 수소 생산은 탄화수소 분자가 고온에서 탄소와 수소로 분리되는 현상을 이용한 수소 생산 방법이다. 메탄의 분해 반응식은 ($CH_4 \rightarrow C+2H_2$)이며, 반응 생성물의 하나인 고체 탄소는 다양한 용도에 활용할 수 있다.

12 수전해 수소 생산은 수용액에 전기를 흘려서 물을 수소와 산소로 분리($H_2O=H_2+1/2O_2$)하는 수소 생산 방법이다. 전기 에너지가 많이 필요하기 때문에 현재 많이 사용되지 않지만 앞으로 재생 에너지 전기를 사용할 수 있게 되면 수소 생산에 많이 활용될 것으로 기대되는 방법이다.

어, 그 탄소를 카본 블랙이나 배터리 전극 재료로 활용할 수 있다면 감축 효과를 기대할 수 있다. 수전해는 물을 전기분해하는 방식으로, 물에 전기를 흘려 수소와 산소를 발생시키며, 이 중 수소를 사용하고 산소는 회수하거나 배출하면 된다. 수전해로 생산된 수소를 사용하면 이산화탄소가 발생하지 않는 제철이 가능하다[13].

그러나 수소 생산 과정에서 고려해야 할 또 다른 요소는 에너지 손실이다. 열분해는 고온에서 진행되며 흡열 반응이기 때문에 많은 에너지를 투입해야 한다. 또한 결과적으로 수소만 사용되기 때문에, 천연가스가 본래 가지고 있던 에너지에 비해 상당한 손실이 발생한다. 수전해 수소의 경우도 마찬가지이다. 에너지를 투입해 물을 수소와 산소로 분해한 다음, 그 수소를 다시 산소와 반응시켜 물로 만들면서 철을 생성하는 것이므로, 에너지 측면에서 이득은 없고 오히려 전체 공정의 효율이나 수소의 저장 및 운송 과정까지 고려하면 손해가 더 크다.

따라서 이러한 문제를 극복하고 실질적인 이산화탄소 감축에 기여하기 위해서는, 재생 에너지나 원자력처럼 이산화탄소 발생이

---

[13] 이처럼 이산화탄소 발생 없는 전기를 채택한 수전해 방법으로 만들어진 수소를 다른 경로로 만들어진 수소와 구별하기 위해서 그린 수소(green hydrogen)라고 부르고 있다. 이 글에서도 앞으로 그린 수소라고 하면 재생 에너지를 사용한 전기분해 법으로 만들어진 수소를 의미한다.

거의 없는 에너지원으로 수소를 생산해야 한다. 그러나 수소를 제철 공정 전체에 사용하기 위해서는 막대한 양의 수소가 필요하고, 이는 재생 에너지나 원자력을 통한 수소 생산 능력이 확보되어야만 가능한 일이다. 결국 수소 제철법의 가장 큰 관건은 수소 제철 기술 자체가 아니라, 그린 수소 생산 기술과 그 생산 능력의 확보에 있다.

전해 제철 기술의 개발 과정에서 가장 큰 어려움은 대규모 철 생산이 가능하도록 장치의 규모를 확장하는 문제이다. 전기분해를 통한 금속 생산 기술 자체는 지속적으로 개발되어 왔지만, 철은 생산량이 막대하기 때문에 생산 속도가 매우 빠르거나 생산 설비 자체가 매우 커야 한다. 현재 개발되고 있는 수전해 제철이나 용융산화물 전해 제철 기술 중에서 이러한 요건을 충족하는 기술만이 실제 산업화될 수 있을 것으로 보인다. 그러나 규모 확대는 말처럼 쉬운 일이 아니기 때문에, 실제로 어느 정도의 시간이 필요할지는 예측하기 어렵고, 많은 전문가는 10년 이상의 긴 시간이 걸릴 것으로 보고 있다. 전해 제철 기술의 또 다른 핵심 과제는, 수소 전기분해와 마찬가지로, 무탄소 에너지원에서 만들어진 전기를 사용할 수 있느냐는 점이다. 이는 이산화탄소 감축을 실현하기 위한 가장 중요한 요소가 된다.

이러한 관점에서 보면, 그린 수소를 활용한 제철법과 전해 제철법은 모두 무탄소 전기를 사용하는 전기분해 기반 공정이라는 공통

점을 가진다. 다만, 그린 수소 제철은 수소를 생산한 뒤 그것을 활용해 철광석을 환원하는 방식이고, 전해 제철은 전기를 직접 이용해 철광석을 환원하는 방식이라는 점에서 차이가 있다. 이렇게만 비교해 보면, 장기적으로 두 기술이 모두 최대한 발전한다고 가정할 때, 수소의 저장과 운송 과정이 필요한 그린 수소 제철보다 전해 제철이 더 유리할 가능성이 높다. 하지만 앞서 언급했듯이 현재로서는 수소 제철의 개발 속도가 더 빠를 것으로 예상되므로, 궁극적으로 어떤 기술이 우위를 차지할지는 향후 기술 개발 속도에 따라 달라질 것이다.

그런데 수소 환원 제철이나 전해 제철로 철을 생산하게 되면 새로운 문제가 발생한다. 현재 용광로에서는 약 1,400°C의 액체 철이 먼저 만들어지는데, 이 철에는 약 4% 이상의 탄소가 포함되어 있다. 이 액체 철에 산소를 주입하면 탄소가 연소되면서 많은 열이 발생하기 때문에, 다음 공정인 전로에서는 별도의 에너지 투입 없이 철을 정련할 수 있다. 오히려 이 열을 활용해 상당량의 고철을 함께 녹일 수도 있다.

반면, 수소 환원 제철에서는 약 1,000°C의 고체 철이 만들어지는데, 이를 녹여 정련이나 다른 공정을 수행하려면 추가적인 열 공급이 필요하다. 특히 이 고체 철은 탄소를 포함한 다른 원소가 거의 없기 때문에 녹는 온도가 높으며, 전기로의 온도를 1,600°C 이상까지 높여야 한다. 따라서 정련을 위해서는 상당한 전기 에너지가 필요하고, 이러한 고온에서 철을 용해할 수 있도록 전기로 자체도 개선되어야 한다. 전해 제철에서도 유사한 문제가 발생한다. 수전해로 생성된 고체 철이나, 용융산화물 전해로 생성된 1,600°C의 액체 철 모두 고온 처리 장치가 필요하다. 특히 고온의 액체 철을 다루려면 고온 반응기에 대한 기술적 확보도 필요하다.

이러한 점들을 종합해 보면, 이산화탄소를 발생시키지 않는 철을 생산하기 위해서는 석탄 대신 막대한 양의 전기 에너지가 필요하며, 총 에너지 사용량은 기존 용광로법에 비해 훨씬 많아질 가능성이 높다. 따라서 앞으로는 에너지 소비를 최대한 줄일 수 있는 방향으로의 기술 개발이 매우 중요해질 것이다.

> 저탄소 철강 생산을 위해 다양한 감축 기술을 개발하고 있지만 목표 달성이 상당히 도전적으로 보인다. 글로벌 온실가스 감축 압력이 급격하게 높아지면 철 대신 다른 물질을 주된 금속으로 사용하게 될 가능성은 없는가? 철을 대체할 수 있는 다른 물질의 사용이 늘어나고, 철 생산 자체가 줄어들 가능성도 있다고 보는가?

철강 생산 시 이산화탄소 배출량이 많다고 해서 이를 다른 금속으로 대체하기는 어려운 일이다. 실제로 철은 생산에 필요한 에너지가 가장 적은 재료 중 하나이기 때문이다. 철을 1kg 생산하기 위해 필요한 에너지는 약 25~30MJ(메가줄) 정도이다[14]. 이 수치는 금속 중에서 가장 낮은 편이며, 철 다음으로 많이 사용되는 알루미늄의 경우 1kg 생산에 약 200MJ가 필요하다는 점과 비교하면 철이 훨씬 적은 에너지로 생산된다는 사실을 알 수 있다. 금속뿐 아니라 대부분의 고분자 재료보다도 훨씬 적은 에너지가 들어간다[15].

재료 생산 시 발생하는 이산화탄소의 양은 사용하는 에너지원에 따라 차이는 있지만, 전체적으로는 투입되는 에너지의 양과 비례하는 경향이 있다. 따라서 같은 양의 재료를 생산할 경우, 철강 생산에서 발생하는 이산화탄소 양은 다른 재료에 비해 상대적으로 적은 편이다.

그럼에도 불구하고 철 생산에 따른 이산화탄소 배출량이 많은 이유는 철이 산업과 사회 전반에서 기본 재료로 사용되고 있으며, 소비량, 즉 생산량 자체가 다른 금속들에 비해 압도적으로 많기 때

---

14   Michael F. Ashsy, Materials and Sustainable Development, p. 247, 2015.
15   철보다 에너지가 덜 들어가는 재료는 콘크리트, 벽돌, 일반 유리, 그리고 나무가 있다. 그런데 이 재료들이 철을 대체할 수 있는 부분은 많지 않으며, 철을 대체할 수 있는 대부분의 재료들을 만들기 위해서는 철 보다 더 많은 에너지가 필요하고, 이산화탄소 발생량도 많다. 따라서 만일 철강 재료를 이들로 대체하게 되면, 대체하는 재료를 생산하기 위해 에너지를 훨씬 더 많이 투입해야 하며, 결과적으로 더 많은 이산화탄소를 발생시키게 될 것이다.

문이다. 현재 철은 연간 약 19억t이 소비되고 있으며, 앞으로도 수요는 계속 증가할 것으로 예측된다. 만일 철강의 역할을 다른 재료로 대체하고자 한다면, 그 재료를 적어도 철강과 동일한 수준의 양으로 생산해야 한다. 그렇게 될 경우 인류가 보유한 거의 모든 에너지를 투입해야 할지도 모르며, 이는 현실적으로 불가능에 가깝다.

따라서 철강은 현재 상황에서 대체가 불가능한 자원이며, 철강 산업에서 발생하는 탄소 배출을 줄이기 위한 해답은 재료의 대체가 아닌 철강 산업 내부에서 찾아야 한다.

1.2. 국내외 철강 산업의 기술 및 시장 동향

> 국가 또는 기업에 따라 온실가스 감축 기술 개발 방향이나 속도에 차이가 있는지?

궁극적인 온실가스 감축을 위해서는 이산화탄소가 발생하지 않는 방법으로 철강을 생산해야 하며, 이렇게 생산된 철을 '무탄소 철강'이라고 부른다. 이를 위한 연구는 비교적 최근에 시작되었으며, 우리나라를 포함해 미국, EU, 일본, 중국 등 주요 국가들이 비슷한 시기에 연구와 개발을 시작하였다. 앞서 언급한 세 가지 기술(고철 재활용, 그린 수소를 사용하는 수소 제철, 무탄소 전기를 사용하는 전해 제철)은 모든 국가에서 공통적으로 개발 중이다. 미국은 고철 재활용 기술에 예전부터 집중해 왔기 때문에 현재 약간 우위를 점하고 있으며, 그린 수소 제철 분야는 EU가 많은 투자를 통해 프로젝트를 선도하고 있다. 그러나 전체적으로 볼 때 연구를 시작한 지 오래되지 않았기 때문에 국가 간 기술 격차는 아직 크지 않다.

다만, 중국은 전 세계 철강 생산량의 약 60%에 해당하는 연간 12억t가량을 생산하고 있으며, 수백 개 대학에서 철강 전문가를 배출하고 있는 상황이다. 이러한 막대한 생산량과 풍부한 인력 자원을 바탕으로 향후 기술 발전 속도가 가속화될 가능성이 크다. 또한 중국의 철강 생산 비중이 앞으로 더 높아질 것으로 예상되기 때문에, 철강 재료에 대한 공급 독점 리스크도 우려되는 상황이다.

> 우리나라 입장에서 중국과의 경쟁이 쉽지 않아 보인다. 한국의 철강 기술 수준은 다른 주요 철강 생산국과 비교했을 때 어떤 위치에 있다고 봐야 하는가?

국내 철강 회사들은 세 가지 기술 모두를 개발 중이며, 기술 수준은 세계적인 경쟁에서 뒤처지지 않고 있다. 또한 몇 가지 고유 기술도 개발하고 있는 상황이다. 앞서 수소 환원 제철법이 미드렉스 기술에서 출발해 새로운 공정을 개발하는 방향과, 파이넥스 기술에서 출발해 새로운 공정을 개발하는 방향으로 나뉜다고 했는데, 이 중 후자는 우리나라 고유의 기술이다.

파이넥스 기술은 POSCO에서 개발한 제철 공정으로, 가장 큰 특징은 철광석 분말을 환원 가스를 이용해 직접 환원하는 방식에 있

서울대에서 개발 중인 저온 용융산화물 전해 제철 기술

다. 그리고 수소 제철을 위해 새롭게 개발 중인 기술은 파이넥스 제철의 기본 구성을 유지하면서, 환원 가스를 수소로 바꾸는 방식이며, 이 기술은 '하이렉스(HyREX) 법[16]'으로 명명되어 있다. 만일 이 기술이 성공적으로 상용화된다면, 국내 철강 산업은 기술 경쟁에서 상당히 유리한 위치를 점할 수 있을 것으로 기대된다.

그리고 전해 제철 기술에서도 서울대가 POSCO의 지원을 받아 저온에서 작업할 수 있는 용융산화물 전해 제철 기술[17]을 개발하고

---

16   POSCO(https://www.posco.co.kr/homepage/docs/kor7/jsp/hyrex/)

17   SNU Innovation(https://webzine-eng.snu.ac.kr/web/snu_en/vol.06/snu_02.html)

있으며, 이 기술 또한 성공한다면 큰 경쟁력을 가질 수 있을 것으로 기대된다.

현재 진행되고 있는 무탄소 철강 생산 경쟁은 우리나라의 위기인 동시에 기회이다. 위기인 이유는 기존 철강 기술에서는 우리나라가 일본과 함께 세계 최고 수준을 유지해 왔고, 최근 10년 이상 이러한 기술 우위를 기반으로 많은 이점을 누려 왔으나, 이제는 모든 국가가 같은 출발선에서 다시 경쟁을 시작해야 하기 때문이다. 그러나 지금으로부터 약 50년 전, 우리나라는 한참 뒤처진 위치에서 출발했음에도 불구하고 약 30년 만에 선진국들의 기술력을 추월한 경험이 있다. 이러한 경험에 비추어 볼 때, 이번에는 같은 출발선에서 시작하기 때문에 오히려 빠른 시일 내에 경쟁에서 우위를 점할 수 있는 기회가 될 것으로 기대된다. 이러한 기회를 살리기 위해서는 산업계, 학계, 정부 간의 긴밀한 협력과 지속적인 노력이 반드시 필요하다.

| 국내 철강 기업 입장에서 감축 기술 개발 및 도입과 관련하여 가장 큰 애로 사항은 무엇이라고 보는가?

국내 산업의 기술 경쟁력에도 불구하고, 산업체에서 우려하고 있는 점은 정부가 그린 수소 및 무탄소 전기 공급에 대한 구체적인 로드맵을 제시하지 않고 있다는 것이다. 철강 기술에 사용되는 장치

들은 규모가 크고, 투자 비용이 많이 들며, 기술 개발에도 상당히 긴 시간이 필요하다. 또한 한 번 장치가 설치되면 오랜 기간 운영되어야 하므로, 장기적인 비전이 제시되지 않으면 산업체는 방향을 정하고 기술 개발과 투자에 집중하기 어렵다. 결국 현재와 같이 미래에 대한 불확실성이 해소되지 않는다면, 현재 개발이 진행 중인 계획들은 실험 장치의 확장판인 파일럿 공장 수준에 머무를 수밖에 없을 것으로 보인다.

이와 별도로, 우리나라의 전력이나 수소 생산이 전면적으로 무탄소 철 생산 체계로 전환되기 이전에도 개별 철강 회사 차원에서는 부분적으로 무탄소 철을 생산해야 할 필요성이 점점 커지고 있다. 예를 들어 많은 자동차 회사가 철강 회사에 몇 년 내에 무탄소 강판을 공급할 것을 요구하고 있는 상황이며, 이러한 수요에 대응하고 글로벌 시장에서 경쟁력을 유지하기 위해서라도 기업은 탄소중립을 만족시키는 철강 생산 기술을 개발하고 적용해야 한다.

그러나 한국의 여건상, 국가 전체의 무탄소 전력 공급이나 대규모 그린 수소 생산이 언제 가능할지에 대한 의문이 있다. 따라서 전면적인 전환에 앞서 '선택적 전환'이라도 추진해야 한다. 이를 위해서는 '분리' 전략이 필요하다. 기업은 생산 공정을 무탄소 부문과 기존 부문으로 나누어, 다양한 수요에 유연하게 대응하는 방안을 마련해야 한다. 그리고 이러한 분리 대응 전략이 실질적으로 작동하고 국제적으로도 인정받기 위해서는, 정부가 무탄소 부문에 대한 기술 투자를 지원하고, 재생 에너지 공급량을 점차 확대해 수출용 생산량에 맞춰 공급하는 등 상황에 맞는 산업 정책을 운영해야 할 것이다.

이러한 전환은 사회적 합의도 필요하며, 새로운 갈등 요인으로 작용할 가능성도 있기 때문에 매우 정밀하고 신중한 대응이 요구된다.

1.3. 철강 산업 대전환을 위한 정부와 대학의 역할

> 철강 산업은 국가 기간 산업이자 압도적으로 많은 온실가스를 배출하는 산업이다. 글로벌 경쟁력을 잃지 않으면서 동시에 온실가스 감축을 해야 하고, 우리가 포기할 수 없는 필수적인 산업이다. 기업 혼자서 기술 패러다임을 바꾸는 대전환을 이루기에는 어려움이 많을 것으로 보이는데, 정책적으로 어떤 지원이 필요하다고 보는가?

정부의 정책은 국가 전체의 방향 설정, 예산 배분, 제도 마련 등의 형태로 나타나야 한다. 이 중 먼저 예산 부분을 보면, 정부는 저탄소 철강 생산을 위한 기술 개발을 지원하고 있으나, 그 액수는 일본을 제외한 다른 철강 선진국과 비교조차 어려울 정도로 적다. 앞서 언급했듯이 일본과 한국은 철강 생산 기술에 있어 가장 앞서 있으며, 그 기술적 이점을 누리고 있는 상황이다. 무탄소 철강으로의 전환도 정부 차원보다는 산업체들이 더 앞선 기술력을 바탕으로 많은 책임을 지고 추진하는 방향으로 전개되고 있다.

그러나 2023년 10월, 일본 정부는 철강 분야의 무탄소 전환을 위해 기존 대비 10배 이상의 예산을 투입하겠다고 선언하며, 철강 분야에서의 선도적 위치를 미래에도 유지하겠다는 의지를 밝혔다. 이러한 변화는 일본이 정부 지원을 기반으로 더욱 적극적인 기술 개발과 투자를 추진하게 될 가능성이 높다는 것을 의미하며, 고부가가치 철강 제품 분야에서 일본과 경쟁 관계에 있는 우리나라에게는 중대한 위협 요인이 된다. 따라서 우리나라도 정부의 지원 확대를 진지하게 검토해야 할 시점이다.

이와 함께 우리나라 상황에서 정부가 시급히 해야 할 일은, 탄소중립을 실현하기 위해 무탄소 전기 발전과 원자력 발전을 어떻게 추진할 것인지에 대한 명확한 비전을 제시하고, 이를 실행하기 위한 구체적인 행동을 보여 주는 것이다. 특히 수소를 어떻게 확보할 것인가는 향후 철강 기술 결정에 있어 매우 중요한 변수가 된다.

이 방향이 정해지고, 정부가 이를 실현하기 위해 노력하는 모습을 보이게 된다면, 산업체도 대규모 투자를 시작할 수 있을 것으로 예상된다. 예를 들어, 국내 수소 생산이 충분하지 않아 수소 제철을 위해 수소를 수입해야 한다면, 해외 수소 확보 전략과 수송 방안, 약 3개월 분의 수소를 저장할 수 있는 막대한 공간 확보 문제 등을 포함한 종합적인 전략 수립이 필요하다. 결국 예측 가능한 정부 정책과 비전의 유무는 산업체의 투자 규모와 방향 설정에 큰 영향을 미친다. 이처럼 수소 제철 기술이 개발되었다고 해서 산업체가 곧바로 투자에 나설 수 없는 이유는 이러한 복합적인 변수들이 존재하기 때문이다.

또 다른 문제는 철강 회사들이 수소로 전환하고자 할 때, 그 시점까지 남아 있는 고로의 수명과 그 매몰 처리에 대한 문제이다. 현재 국내에는 12기의 고로가 가동 중이며, 이들 중 단 1기만 고장이 나더라도 철강 수급에 큰 영향을 줄 수 있다. 이러한 상황에서 수소 전환을 위한 투자 진행, 용광로의 순차적 매몰, 잔여 수명에 대한 보상 문제 등은 매우 복잡한 이슈이며, 이 과정에서 정부의 전략과 지원이 어떻게 이루어질지에 대한 불확실성은 전환의 장애 요인이 되고 있다.

> 새로운 기술 개발이 중요하기 때문에 대학의 역할 역시 중요할 것으로 보인다. 대학은 어떤 역할을 해야 하는가?

철강의 무탄소 전환은 전통적인 제철 공정만으로는 달성할 수 없다. 전기로 개선을 위한 전기 및 설비 기술, 재활용 확대를 위한 사회 시스템 및 떠돌이 원소 분리 기술, 수소 수전해 기술, 철의 전해 제련 기술 등 다양한 기술이 동시에 진전돼야 하며, 이 모든 주제는 전기·화학·재료·환경·사회 시스템 공학에 이르는 폭넓은 학제적 협력을 전제한다. 대학은 이러한 복합 문제를 풀 핵심 연구 인력을 양성하고, 기초 학문과 응용 학문을 통합한 연구 생태계를 마련함으로써 탈탄소 혁신의 출발점이 돼야 한다.

무탄소 전기로의 전환과 수소·전력 인프라 확충처럼 산업 전반을 바꾸는 과제는 기초과학 지식이 탄탄한 인재 없이는 실행이 어렵다. 따라서 수학·물리·화학 등 기초학문의 심화 교육을 강화하고, 이를 실제 공정-모델링과 소재-공정 혁신 연구로 자연스럽게 연결하는 커리큘럼 개편이 요구된다. 더불어 대학 내부에 학제 간 공동연구센터를 설치하고, 산업계·정부와 공동 플랫폼을 구축해 연구 자금과 파일럿 설비를 공유한다면, 실험실 단계의 성과를 조기에 상용화로 이어 갈 수 있다.

요컨대, 대학은 지식의 원천이자 기술혁신의 허브로서 탈탄소 철강 시대를 준비할 책무를 지닌다. 튼튼한 기초 교육 위에 융합 연구를 촉진하고, 조직적 지원과 외부 파트너십을 결합할 때, 무탄소 철강으로 가는 길이 한층 앞당겨질 것이다.

2장　　　　　　　　서울대학교 건설환경공학부 문주혁 교수

시멘트 산업 탄소중립 기술과 광물탄산화를 통한 탄소 감축 기술

＊

　전 세계적으로 가장 많이 사용하는 재료인 콘크리트를 만들기 위해서는 모래, 자갈, 물과 시멘트가 필요하다. 특히 이중 시멘트는 콘크리트가 강도를 발휘하는 데 있어 핵심적인 재료이고, 국내 시멘트 생산량은 연간 5,000만t 정도로 집계되고 있다. 국내 인구가 약 5,000만t이라고 가정하면, 국민 1인당 연간 시멘트 1t을 소비하고 있는 것이다. 이러한 시멘트 산업은 전 세계 온실가스 배출에서 약 5%의 큰 비중을 차지하고 있어, '탄소중립'이라는 인류의 목표 달성을 위해 중추적인 역할을 수행해야 하는 중대한 기로에 서 있다.

　특히 시멘트 부문은 클링커 소성 과정(원료인 석회석의 열분해에 의한 탈탄산 및 석탄 연료의 가열에 의한 이산화탄소 배출) 등 생산 공정에서 대부분의 온실가스가 배출되기 때문에 탄소중립 달성을 위해서는 공정 부문에서의 온실가스 감축 수단과 목표를 구체화하는 것이 필요하다. 현재 국내 시멘트의 평균 탄소 배출 계수(시멘트 1kg 생산시 배출되는 이산화탄소량, $kgCO_2/kg$ 단위)는 0.77로 유럽의 평균 수치인 0.74와 거의 유사한 수준을 보이는 등 온실가스 감축을 위해 학계와 산업계를 중심으로 많은 노력을 기울이고 있다.

　그럼에도 불구하고 2050 탄소중립 시나리오는 시멘트 부문의 감축 목표를 다른 산업보다 낮은 53%로 전망하고 있다. 이는 시멘트가 재료·공정 특성상 감축 여지가 제한적임을 방증하며, 기술·정책·시장 혁신이 결합된 장기 대응이 절실함을 시사한다. 시멘트 산업에 대한 전반적인 개요와 탄소중립 기술의 현황 및 전망을 알아보기 위해 서울대 건설환경공학부 문주혁 교수와 인터뷰를 진행하였다.

문주혁 교수

문주혁 교수는 2018년 서울대학교 건설환경공학부 교수로 임용된 이후, 재임 기간 동안 저탄소 콘크리트 개발을 위한 화학적 혼화제 개발 및 산업 부산물용 맞춤용 기능성 분쇄 촉매 개발 및 적용에 대한 다양한 연구를 진행하였다. 최근까지 ISO TC 265 Carbon Capture, Transportation, and Geological Storage AHG1 위원장 및 한국대표, ISO TC 74 Cement and Lime SC8/WG9 공동 위원장, Asian Concrete Federation 부회장, 국내 시멘트 협회의 자문교수, 한국콘크리트 학회의 대의원을 역임하며 국내외에서 대표적인 시멘트 산업 전문가로 인정받았으며, 국내외 탄소 배출권을 확보하는 사업 모델을 가지고 2023년 6월 기술 기반 벤처기업 ㈜카본리덕션을 창업하여 대표직을 수행하며 학계뿐만 아니라 산업계에서의 기술 발전에도 직접적으로 기여하고 있다.

2.1. 시멘트 산업 개요

> 시멘트는 언제 개발이 되었고, 지금처럼 광범위하게 사용하는 이유는 무엇인가?

2024년은 영국의 벽돌공이었던 조셉 아스프딘(Joseph Aspdin)이 포틀랜드 시멘트 제품을 특허로 출원한 지 딱 200년이 된 해이다. 현재 우리가 사용하고 있는 형태의 시멘트는 1950년대 이후 개발되었다고 보아도 무방하다. 아무런 발전을 하지 않은 것 같지만 시멘트 기술 역시 인류 역사와 함께 눈부신 발전을 이루어 왔다. 최근에는 지구상 가장 풍부한 천연자원들과 재활용 기술의 접목을 통해 시멘트가 인류가 소비하는 제품 중 가장 저렴하고 흔한 공산품이 되었다. 특히 국내의 경우 시멘트 가격은 1t에 약 10만 원 내외로, 이는 선진국의 약 50~70% 정도로 매우 저렴한 편이다. 공장에서 생산된 제품이 운반비를 포함하여 kg에 100원 정도의 저렴한 수준을 유지하고 있는 것이다.

| 낮은 가격으로 인해 시멘트 소비량이 높다는데, 이렇게 낮은 가격을 유지할 수 있는 이유는 무엇인가?

시멘트 가격이 낮게 유지될 수 있는 것은 풍부한 원재료뿐만 아니라 폐기물 자원화 기술을 적극 도입하고 있기 때문이다. 특히, 폐합성수지와 같은 가연성폐기물의 연료화 확대로 유연탄 사용을 줄일 수 있었던 것이 가격상승을 억제하는 데 큰 역할을 하고 있다. 유럽의 경우 오래전부터 화석연료인 유연탄을 대체하기 위해 가연성 폐기물 등의 순환 연료를 시멘트 소성 공정에 사용하는 기술 개발에 노력을 기울여 왔으며, 현재 매우 높은 수준의 연료 대체율을 확보하고 있다. 독일의 순환 연료 대체율은 약 68%(2018년 기준) 수준으로 가장 높으며, EU의 경우도 평균 약 46% 수준의 순환 연료 대체율을 확보하고 있다. 영국은 2050년까지 온실가스 감축 시나리오에서 가연성 대체연료 사용을 1990년 대비 81% 증대하는 목표를 설정하였다.

국내 시멘트 산업의 경우도 순환 연료 대체를 위한 기술 개발을 지속하여 점차 대체율을 증가시키고 있는 추세이나, 2018년 기준 순환 연료 대체율은 약 23% 수준(독일의 약 1/3)으로 낮은 상황이다. 한편, 최근 발생량이 급증하여 처리 방법이 사회문제로 급부상한 폐합성수지의 경우 자원 순환 사회 구축을 위해 재활용율 증대가 요구되고 있다. 폐합성수지는 가연성 순환 연료 중에서 대량 공급이 가능하고 열효율이 우수하기에, 시멘트 소성용 대체 연료로써 활용 가능하다. 그러나, 이러한 폐기물을 대량으로 재활용하기 위해서는 염소 바이패스 등 유해물질 저감을 위한 공정 개선 등과 같은 지원과 기술 개발이 필요한 상황이다.

또한, 시멘트에는 고로 슬래그[18]나 플라이 애쉬(fly ash)[19]와 같은 클링커 대체재를 일정 비율 사용하는 것도 일반적인데, 고로 슬래그나 플라이 애쉬는 그 자체로 산업 부산물이기 때문에 이미 저렴한 시멘트보다도 훨씬 저렴하다. 이러한 부산물의 함량을 높일수록 관련 시멘트, 콘크리트 제조사 및 시공사의 수익 개선이 가능하기 때문에 이런 방식의 단가 최적화가 고착되어 왔다.

하지만 역설적으로 낮은 가격으로 인해 탄소 배출을 줄이기 위

---

18 고로 슬래그란 제철소 고로에서 선철을 제조하는 과정에서 발생하는 생성물(즉, 용광로에서 철광석으로부터 선철을 만들 때 발생하는 부산물)을 말하는 것으로 주원료(철광석)와 부원료(코크스, 석회석)의 회분에 존재하는 SiO_2와 AlO_3 등이 고온에서 석회와 반응하여 생성된다. 구성 원소는 일반 암석과 같고, 성분은 시멘트와 유사하며, 냉각방식에 따라 급냉슬래그, 서냉슬래그로 구분된다. 급냉슬래그의 경우 화학 성분이 포틀랜드 시멘트와 유사한 수경성으로 슬래그 시멘트의 원료로 사용되며, 비료, 도로 및 토목용 골재 등의 활용을 통한 자원화율 증대로 국내자원의 절약, 환경오염 저감 등 경제적·환경적 측면에서 커다란 효용을 창출하는 친환경 재료이다.

19 플라이 애쉬란 석탄 화력발전소에서 석탄 연소 후 발생되는 부산물로 전체 석탄회 중 약 75~80%을 차지한다. 플라이애시는 집진기에서 포집되는 미분말 형태로서 그 화학적/물리적 특성상 알루미노실리케이트 계열의 구형 입자이다. 칼슘 존재 하에서 물과 함께 반응하는 특성을 지니고 있어 고로 슬래그와 함께 대표적인 시멘트 대체재로 사용되고 있다.

한 새로운 기술의 적용이나 투자로 인해 상승하는 원가 비율이 높아 신기술 적용이 어려운 측면이 있다.

> 본격적으로 시멘트 산업에서 왜 온실가스가 많이 배출되는지 알고 싶다. 시멘트 제조 공정과 온실가스 배출 원인에 대해 설명해달라.

시멘트는 토목, 건축 등 건설 분야에서 사용되는 무기질 접착제를 일컫는다. 넓은 의미로는 모래, 골재와 같은 무기 재료를 접착시키는 재료로 정의되지만, 잿빛의 물과 섞으면 단단하게 굳는 가루인 포틀랜드 시멘트를 통상적으로 시멘트라고 부른다. 이러한 시멘트(즉, 포틀랜드 시멘트)는 콘크리트의 핵심 원료로서 가장 중요한 건설 재료라고 말할 수 있다. 이는 현재 지구상 대부분의 도시는 콘크리트로 건설되었고 시멘트 없이는 콘크리트를 만들 수 없기 때문이다. 바꾸어 말하면 200년 전 포틀랜드 시멘트가 개발되지 않았더라면 인류는 지금과 같은 풍요로운 환경에서 생활하지 못했을 것이다.

시멘트 제조공정은 설명하면 다음과 같다. ①석회질 원료, 점토질 원료, 규산질 원료, 산화철 원료를 채광 등으로 확보한 후, ②이를 혼합/분쇄하여 조합 원료(Raw Mix)를 만들고, ③조합 원료를 소성로(Kiln)에서 회전시키면서 구워 클링커(Clinker)를 생산한 다음, ④클링

커에 응결지연제인 석고를 첨가하여 분쇄하여 가루 형태로 만들고 포장 및 출하하는 과정이다. 이 중에서 가장 핵심 공정을 꼽으라면 클링커를 생산하는 소성 공정이라고 할 수 있다. 클링커는 고온에서 석회석, 점토, 규석 등의 원료가 합성되어 만들어진 다공질 덩어리로, 일반적으로 3~25mm 크기의 암록색 덩어리 형태를 띄고 있다. 이러한 클링커를 석고와 함께 분쇄하여 분말화한 것이 결국 시멘트이다.

소성 공정이 특히 중요한 이유는 크게 두 가지로 볼 수 있다. 첫째, 이 과정에서 물과 반응하여 단단하게 굳는 물질이 생성되기 때문이다. 주요 성분은 제2 및 제3 규산칼슘(C_3S, C_2S), 알루미나칼슘(C_3A), 철산칼슘(C_4AF)의 네 가지 화합물로서, 이들은 약 1,450°C의 고온에서 이종 재료 간 합성으로 만들어진다.

두 번째 이유는 시멘트 산업에서 발생하는 탄소 배출 대부분이 소성 공정에서 발생하기 때문이다. 이는 칼슘(CaO)의 원료 소스인 석회석의 탈탄산 과정과 관계되는 것으로, 식 (2-1)과 같이 소성 시설에서 석회석($CaCO_3$)이 가열되면 약 800°C 내외의 상대적으로 낮은 온도에서부터 CaO와 CO_2로 분해되기 때문이다. 물론 실제 시멘트 제조에는 보다 높은 온도인 약 1,400°C 내외의 소성 온도가 필요하며, 이는 석회석뿐 아니라 다른 여러가지 부재료가 활용되기 때문이다.

$$CaCO_3 + Heat \rightarrow CaO + CO_2 \qquad (2\text{-}1)$$

뿐만 아니라, 킬른 온도를 일정하게 유지하기 위한 연료의 연소와 분쇄 공정에서의 전력 사용으로 인하여 CO_2가 배출되는데, 이 역시 무시할 수 없을 정도로 많은 양이다.

| 그렇다면 시멘트 산업에서 온실가스 감축을 위한 대표적인 기술은 무엇인가?

현재 대략적으로 시멘트 1t 생산할 때 이산화탄소 1t이 나오기 때문에 시멘트 1t을 안 쓰면 온실가스 1t을 줄일 수 있다. 하지만 지속적인 건설 수요 등을 고려했을 때 시멘트 소비량을 급격하게 줄이는 것은 불가능하기에, 탄소 배출을 최소화하면서도 제품 성능을 유지할 수 있는 기술이 필요하다. 소성 공정에서 배출되는 이산화탄소의 배출을 줄이기 위해 탄산염 원료 자체를 적게 사용[20]하여 공정 배출을 줄이는 방법, 공정의 에너지 효율을 높이거나 저탄소 에너지원을 사용하여 연료 연소로 인한 배출량을 줄이는 방법, 발생한 이산

---

20 비탄산염(Non-carbonate)은 탄산염 이온(CO_3^{2-})을 포함하지 않는 광물이나 물질을 통칭한다. 즉, 탄산칼슘($CaCO_3$)과 같은 탄산염 광물과는 달리 탄소와 산소가 탄산염 이온의 형태로 결합되어 있지 않은 물질로, 비탄산염을 시멘트 원료로 사용하면 석회석 소성 과정에서 발생하는 이산화탄소 배출량을 줄일 수 있다.

화탄소를 포집 및 재자원화 하는 방식 등이 가장 대표적인 온실가스 감축 방법이다.

> 그렇다면 문주혁 교수 연구실에서는 주로 어떤 기술에 초점을 맞추고 있나?

우리 연구실에서는 대표적으로 시멘트를 적게 사용하는 저탄소 콘크리트에 관한 원천 기술 개발을 진행하고 있다. 콘크리트의 핵심 재료이지만 탄소 배출 주범인 시멘트 의존도를 줄이고 다른 대체재 등을 늘려 기존 콘크리트 성능을 유지하는 재료와 기술을 찾는 연구라고 보면 된다. 시멘트를 만들 때 석회석의 고온소성 공정에서 대부분의 이산화탄소가 방출되는 것이기 때문에 시멘트를 덜 쓰고 성능을 만족시킬 수 있다면, 시멘트 생산량 감소만큼 탄소를 저감할 수 있다. 최근에는 저탄소 시멘트/콘크리트 기술의 실제 활용을 위해 교내 벤처기업도 창업하였다. 창업 기술을 간략히 설명하면, 동일 품질 기반의 저탄소 시멘트를 개발하거나 동등 이상의 성능을 내는 저탄소 콘크리트를 생산하여 UNFCCC에 등록된 탄소 배출권을 획득하는 방식으로 수익을 내는 구조이다. 또한, 연구실에서는 국내 시멘트, 콘크리트 및 건설사와 협업하여 저탄소 건설 기술의 실무 보급을 최종 목표로 하는 다양한 국가 과제들도 진행하고 있다.

하지만 현실적으로는 단순히 시멘트를 적게 쓰는 방법만으로

구분	2010	2011	2012	2013	2014
생활 폐기물	49.2	48.9	49.0	48.7	49.9
사업장 일반폐기물	137.9	138.0	146.4	148.4	153.2
건설폐기물	178.1	186.4	186.6	183.5	185.4
합계	365.2	373.3	382.0	380.8	388.5

(단위: 1,000t/일)

폐기물 발생 추이

출처: 김진만, 권성준, 콘크리트 산업에서의 자원순환, 한국콘크리트학회지, Vol.28 No.4, 2016.

시멘트 분야의 탄소중립을 실현할 수 없다. 이 때문에 광물탄산화 기술의 활용은 필수적이다. 광물 탄산화 기술은 산업체에서 포집 또는 배출된 CO_2를 알칼리토금속(칼슘, 마그네슘 이온 등)이 풍부한 천연 광물 또는 산업 부산물과 반응시켜 탄산칼슘($CaCO_3$), 탄산마그네슘($MgCO_3$) 등과 같은 탄산염 광물로 전환시키는 것이다. 즉, CO_2를 고체 형태로 영구히 격리 또는 저장시키는 기술로 정의할 수 있다. 이를 화학 반응식으로 아래와 같이 간단하게 나타낼 수 있다(M: 금속).

$$MO + CO_2 \leftrightarrow MCO_3 + Heat \qquad (2\text{-}2)$$

시멘트 분야에서 광물탄산화는 대부분 액상에 용해된 CO_2를 반응시키는 액상 광물탄산화이며, 이는 다음 쪽의 두 가지 형태로 진행될 수 있다. 이 반응을 통해 생성되는 탄산염의 양은 온도, 압력 등 다양한 조건에 따라 달라지게 되는데, 이 조건을 최적화시키는 것 역시 핵심 연구 주제라고 할 수 있다.

$$M^{2+} + (CO_3)^{2-} \leftrightarrow MCO_3 \qquad (2-3)$$

$$M^{2+} \, 2HCO_3^- \leftrightarrow M(HCO_3)_2 \qquad (2-4)$$

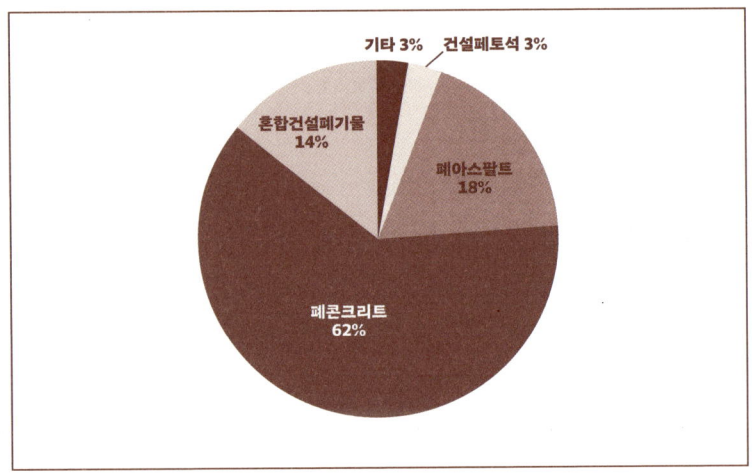

건설폐기물의 종류 (2014년 기준)
출처: 김진만, 권성준, 콘크리트 산업에서의 자원순환, 한국콘크리트학회지, Vol.28 No.4, 2016.

시멘트 분야에서 광물탄산화 반응은 본래의 자리(in-situ 처리) 또는 다른 곳에서(ex-situ 처리) 일어날 수 있다. In-situ 처리의 경우, 콘크리트 제조와 같이 시멘트와 물이 혼합되는 공정 중 CO_2를 칼슘이 풍부한 알칼리 용액(예, 시멘트가 용해된 물)에 직접 주입시킴으로써 이루어진다. 이는 전통적인 지중 저장 방식 탄소 포집저장기술(CCS) 대비 경제성, 범용성 측면에서 큰 장점이 있다. Ex-situ 처리의 경우, 폐시멘트/콘크리트 또는 알칼리성 산업 부산물의 탄산화 공정으로 부산물이 발생하는 동일 사업장 내에서 탄산화 처리가 가능하다. 이 방

용어	정의
회수수	레디믹스트 콘크리트 공정에서 세척에 의해 발생하는 물로서 운반차, 플랜트의 믹서, 호퍼 등에 부착된 콘크리트 및 흘러내린 콘크리트의 세척 배수(이하 콘크리트의 세척 배수라 한다)를 체가름(골재 제거)하여 얻어지는 슬러지 수 및 상징수의 총칭
슬러지수	콘크리트의 세척 배수에서 굵은골재, 잔골재를 분리 회수하고 남은 현탁수
상징수	슬러지수에서 슬러지 고형분을 침강 또는 그 밖의 방법으로 제거한 물
슬러지	슬러지수가 농축되어 유동성을 잃어버린 상태의 것
슬러지 고형분	슬러지를 105~110°C에서 건조하여 얻어진 것
슬러지 고형분율	콘크리트의 배합에서 단위 시멘트량에 대한 슬러지 고형분의 무게 비율을 백분율로 표시한 것

콘크리트의 회수수 관련 용어 및 정의
출처: 한천구, 박선규, 친환경 레디믹스트 콘크리트, 한국콘크리트학회지, Vol. 28 iss. 4, 2016.

식 역시 전통적인 방식 대비 경제성, 범용성 측면에서 큰 이점이 있어 최근 급속도로 확산되고 있다.

광물탄산화 기술은 다음처럼 요약해 볼 수 있다. 발전소, 제철소, 시멘트 공장 등 대규모 사업장에서 대량 발생하는 CO_2(Generation)를 포집, 수송 후 원료 물질과 탄산화 반응을 진행시킨다(Storage process). 이 과정으로 생성된 탄산염 광물은 폐광의 친환경적인 복원, 콘크리트와 같은 건설 재료, 다양한 산업재 원료로 활용된다(Re-use/Disposal).

현재 우리나라는 시멘트 제조 시 제철 및 화력발전 산업 부산물인 슬래그와 애쉬 등이 혼합재로 많이 사용되고 있다고 하셨는데, 전력 부문 탈탄소화로 인해 석탄 화력발전도 조만간 운영을 중단할 것으로 보인다. 이 경우 시멘트 생산에 주요 혼합재 조달이 어려워지는 것은 아닌지?

산업은 우리가 생각하는 것 이상으로 치밀하게 연결되어 있기 때문에 석탄 화력발전 중단 시 시멘트 산업에서 문제가 발생할 수 있다. 석탄 화력발전 부산물인 플라이 애쉬를 이용하지 못하게 되면 시멘트 가격이 올라가고, 건설 경기 침체 또는 공급 감소로 인한 주택 시장의 불안정 등 국내 경기 전반에 악영향을 미칠 수 있다. 이러한 산업 연계로 인해 발생 가능한 문제점을 미리 해결하고자 산업통상자원부 정부 과제로 다양한 혼합재를 발굴하고 적용하려는 기술 개발 연구를 수행 중이다.

예를 들어 기존에 활용하지 못했던 부산물 또는 천연자원을 플라이 애쉬를 대체하여 활용할 수 있다. 전기로 슬래그의 경우 아직 플라이 애쉬 만큼의 반응성이 나오지 않아 시멘트에 혼합하지 못하고 있으나, 혼합재로 활용하기 위해 적정 기술로 처리하여 반응성을 향상시키는 연구를 현재 진행하고 있다. 혼합재 선택 시 유리 석회

(free CaO) 및 유리 마그네슘(free MgO)[21]과 같은 물질에 의한 콘크리트 팽창 문제가 발생할 수 있는 것도 해결해야 할 과제이지만, 장기적 관점에서 플라이애시 대체재 개발 관련 연구를 지속적으로 수행할 필요가 있다.

> 폐콘크리트를 재활용하는 것도 시멘트 생산을 줄일 수 있는 주요한 수단인 것으로 알고 있다. 폐콘크리트 재활용 현황과 전망은 어떠한가?

우리나라에서 발생하는 전체 폐기물 중 건설산업 부산물이 연간 약 6,800만t으로 전체 약 50% 수준이고, 이 중 약 4,200만t이 콘크리트계 폐기물이다. 이는 전력산업 대표 부산물인 석탄재(약 850만t) 및 철강 산업 부산물인 슬래그(약 2,300만t)보다 압도적으로 많은 양이다. 심지어, 1970년대 이후 고도 성장기에 건설된 많은 콘크리트 구

---

21 시멘트뿐만 아니라 슬래그와 플라이애쉬도 고온 소성 과정을 통해 만들어지는 재료이다. 이 과정에서 일부 성분들은 반응하지 않은(즉 미반응) 상태로 남아 있는 경우가 있는데, 이를 유리 상태라고 한다. 유리 석회는 석회석에서 유래된 산화칼슘(CaO)이, 유리 마그네슘은 마그네시아에서 유래된 산화마그네슘(MgO)이 유리 상태로 남아 있는 것을 의미한다. 시멘트 또는 콘크리트에서 유리 석회와 유리 마그네슘 함량을 신경 써야 하는 이유는 이들은 각각 물과 만나면 수산화칼슘과 수산화마그네슘 형태로 전환되기 때문이다. 이러한 전환 과정은 체적 팽창을 동반하고, 굳은 콘크리트에서 발생하는 팽창은 균열을 유발하여 결국 구조물의 안전성과 내구성에 문제를 일으킨다. 이러한 이유로 현행 시멘트 기준에서는 산화마그네슘(MgO) 함량을 5% 이하로 제한하고 있다.

조물의 수명이 다해가는 상황이라, 현재 사회기반시설 노후화가 사회적 이슈로 급부상하였다. 이에, 향후 폐콘크리트 발생량은 급증할 것으로 전망하고 있다. 이러한 대량의 폐기물의 합리적 처리와 재활용 촉진을 위해 국내에서는 '건설 폐기물 재활용 촉진에 관련 법률' 등을 규정하여 건설 폐기물의 재활용을 적극 장려하고 있다.

그러나 현재 페콘크리트는 순환 골재로 극히 일부분만 활용하고 있으며, 시멘트 대체재로서 활용은 못하고 있다. 이는 결국 비용적 문제 때문이다. 우선, 콘크리트에는 철근, 모래, 자갈 뿐만 아니라 비닐, 종이 등 각종 쓰레기도 붙은 상태로 굳어 있기 때문에 이를 분리해내는데 시간과 비용 소비가 지나치게 크다. 하지만 전력 및 철강 부산물 대비 발생량이 많고, 조만간 폐콘크리트 발생량이 급증하여 사회적 문제로 떠오를 것이 분명하므로, 현 시점에서 시멘트 분리 및 활용 기술 개발은 절실히 요구된다고 할 수 있다.

현재 가장 적극적으로 폐콘크리트를 활용하는 형태는 레미콘 (Ready Mixed Concrete) 회수수라고 할 수 있다. 이는 굳은 콘크리트와 달리 굳기 전 콘크리트인 레미콘의 경우 골재와 시멘트의 분리가 간편하기 때문이다. 콘크리트를 제조할 때, 생산기기 및 운반장비 등에 부착된 콘크리트는 시간이 경과되어 굳어지면 사용이 불가능하므로 콘크리트의 제조 및 운반 종료 후에는 즉시 세척해야 한다. 또는 품질불량 등으로 반송된 레미콘은 경화가 진행되기 전에 드럼에서 쏟

아낸 후 드럼 내부를 세척해야 한다. 이러한 작업 과정에 발생하는 콘크리트 폐수를 회수수라고 부른다.

과거 콘크리트 폐수는 자연 상태로 방류하거나 폐기하여 수질 및 토양오염을 유발하였다. 그러나, 최근에는 강화된 환경규제와 이로 인한 폐기물 처리비가 급증하면서 현재는 콘크리트 폐수 전량을 재활용하고 있다. 그러나, 회수수를 사용한 콘크리트의 품질 및 회수수의 재활용 설비에 관한 연구는 여전히 필요한 상황이다. 특히 레미콘 회수수의 고형분 함량에 따라 콘크리트의 품질에 영향을 미치게 된다. 따라서, 이러한 부분을 기술적으로 돌파할 수 있는 연구 개발이 필요한 상황이다.

> 그렇다면 향후 시멘트 산업에서 주도적인 역할을 할 기술은 어떠한 것인가?

2000년대 초반까지만 하더라도 시멘트 산업은 단순히 전통적인 제조업의 한 분야로 인식되어 새로운 기술 개발의 필요성을 거의 체감하지 못하였다. 하지만, 최근 10년 사이 시멘트 산업이 현시대 인류에 당면한 각종 환경문제 해결을 위한 핵심 분야로 급부상하고 있다. 이는 비단 시멘트 산업에서 배출되는 이산화탄소, 질소 산화물과 같은 유해물질의 배출 저감 기술에만 국한되는 것은 아니다. 인류가 배출한 각종 생활(플라스틱) 및 산업 폐기물은 더 이상 토양에 매립되거나 해양에 방류되는 것이 허용되지 않고 있다. 그리고 덜 쓰거나 재활용하는 것만으로는 급증하는 폐기물을 처리할 수 없다는 것에 국민 대부분이 동의할 것이다. 이러한 현실에서, 가장 경제적이고 현실적인 대안은 가연성 폐기물은 고온에서 소성시키고 그렇지 않은 것들은 콘크리트 내부에 안전하게 매립시키는 방식이다. 이에, 플라스틱과 같은 가연성 폐기물은 연료로서 활용하고 철강 및 발전 산업 부산물로 발생한 각종 슬래그와 분진들은 시멘트 및 콘크리트 원료로서 더 많이 활용하기 위한 기술들이 현재 활발히 연구되고 있다.

물론 아직 갈 길이 멀긴 하지만 미래에는 생산 과정 중 탄소를 전혀 배출하지 않는 '탄소중립형 시멘트' 또는 심지어 사용 과정에서 탄소를 흡수하는 '탄소 흡수형 시멘트'가 개발되어 온실가스 배출 없이도 고층 건물을 짓고 사회기반 시설을 구축하는 날이 오지 않을까 생각한다. 이와 관련하여 물이 아닌 이산화탄소와 반응하여 단단해지는 시멘트가 타 선진국을 중심으로 개발되고 있으며, 최근 국내에서도 연구를 시작하였다. 대표적인 탄소 흡수형 시멘트로서 미국의 솔리디아 시멘트(Solidia Cement)와 일본의 CO_2-SUICOM이 있다. 그러나, 이들 제품의 경화 반응은 고농도 CO_2가 공급되는 컨테이너 내부에서만 유효하며, 콘크리트 내부에 매립된 철근의 부식을 억제하지 못하는 심각한 단점 때문에 현재는 벽돌, 블록 등 제한적으로만 사용되고 있다. 한편, 탄소중립형 시멘트로는 미국 Fortera에서 개발한 바테라이트[22] 탄산칼슘 시멘트가 있다. 이 시멘트는 석회석의 주성분인 방해석과 화학식은 동일하지만 결정 구조가 다른 바테라이트로 구성되어 있다. Fortera는 방해석을 바테라이트로 전환시키는 기술을 개발하여 이를 시멘트 제조에 활용하였다. 이 시멘트는 준안정 상태인 바테라이트가 안정적인 방해석으로 전환되는 과정을 통해 단단해진다. 즉, 전통적인 시멘트 지식과 전혀 다른 방식으로 접근하였다는 점에서 혁신적 기술로서 평가받고 있다. 현재 Fortera는 투자를 적극적으로 유치하여 바테라이트 시멘트 사업을 확장하고 있으나, 현재까지 실무적인 데이터가 부족하다는 점에서 사업의 성패 여부는 좀 더 지켜볼 필요가 있다.

---

22 바테라이트는 탄산칼슘($CaCO_3$)구조로 이루어진 준안정 상태의 탄산염 광물이다. 온도, 수분 변화에 따라 보다 안정적인 아라고나이트 또는 석회석의 주성분인 방해석으로 전환된다.

2.2. 국내외 시멘트 산업 기술 및 시장 동향

> 시멘트 생산 기술을 넘어 산업과 시장에 대해 추가적으로 질문을 하고자 한다. 현재 우리나라의 시멘트 산업의 규모는 다른 국가들과 비교하여 어떤 수준인가?

우리나라의 시멘트 산업의 규모는 세계 10위권 내외이다. 전 세계 생산량 약 42억 5,000만t 중 5,100만t을 차지하며, 매출액은 약 5조 원 규모이다. 전 세계 주요 시멘트 생산국으로는 중국, 인도, 미국, 터키, 인도네시아, 베트남, 브라질, 러시아, 이집트가 있고, 이 외 한국은 일본과 유사하다. 특히 중국의 생산량이 압도적이다. 전 세계 생산량 절반 이상을 차지하고 있으며, 우리나라 생산량의 약 40배이다. 따라서 세계 시멘트 업계에서 중국의 영향력은 막대하다고 할 수 있다. 중국과 함께 막대한 영향력을 과시하는 국가는 유럽이다. 놀라운 점은 유럽 내 주요 생산국은 독일이지만, 독일은 생산량 기준 세계 15위 밖이다. 그럼에도, 시멘트 제조사 매출액을 기준으로 하면 5위권 내 3개 사가 유럽을 본사로 두는 CRH PHC(1위, 아일랜드), Holcim Ltd(3위, 스위스), Heidelberg Materials AG(4위, 독일)와 같은 기업이 있다. 국내의 경우 한일과 쌍용 시멘트가 각각 38, 39위로 세계 50위권 내 포진하고 있으며, 일본에서는 Taiheiyo 시멘트가 유일하게 13위로 50위권에 들었다.

국내 시멘트 수요는 1997년 6,200만t으로 최대치를 기록하였으며 IMF 외환위기 이후 감소 추세를 보이다가, 2015년 이후 부동산 및 건설 투자 확대에 힘입어 2017년에는 전년 대비 1.7% 증가한 5,700만t을 기록하였다. 국내 경기 침체와 부동산 규제 강화 여파로 2018년에는 하락세로 전환되어 내수는 2017년 대비 9.6% 하락한 5,100만t을 기록하였다. 이후 코로나 시국을 거치면서 건설 경기가 전반적으로 침체된 상태로 고착화되어 현재는 4,000만t 수준을 유지하고 있다.

▎ 다른 국가와 기술 수준을 비교하면 어떤지?

개인적으로 시멘트 생산 기술은 기본적으로 장치 산업의 특성상 국가별로 큰 차이가 나지 않을 수 있다. 하지만, 탄소 배출량 경감 등 친환경 기술에 있어 단연 앞선 지역은 유럽이라고 할 수 있다. 이는 유럽 지역은 역사적이나 기술적으로 볼 때 시멘트 및 콘크리트 분야에서 단연 선두를 유지하고 있으며, 세계적인 시멘트 회사의 막대한 자본력도 갖추고 있기 때문이다. 유럽에서는 약 30년 이전부터 탄소 감축 정책을 추진해 왔는데, 가장 역점을 두었던 것이 신기술 개발이다. 무수히 많은 시행착오가 있었고 그 결과가 현재 산업에 적용되는 등 기반을 갖추었다. 이를 배경으로 유럽은 2050 탄소중립을 자신 있게 선언할 수 있었고, 최근에는 탄소중립 목표치를 더 상향하기로 선언하였다. 이에 비하여 우리나라는 비교적 최근까지 탄소중립 정책이 거의 추진되지 못하고 있었으나, 현재 탄소중립이 전 세계적 흐름이 되어서야 목표를 설정하고 추진해야 하는 상황에 놓여있다.

> 시멘트는 부피가 크고 무게가 무거워 국제적으로 거래가 많이 되지는 않는 것으로 알고 있다. 친환경 시멘트 기술을 성공적으로 갖추게 되었을 때 해당 기술의 수출도 가능할 것으로 보는가?

현재도 시멘트 자체를 수출하고 있다. 앞에서 언급했듯이 국내 시멘트 가격이 미국 등 주요 선진국 대비 월등히 저렴하기 때문에 선진국 입장에서 운송비를 지불하고도 수입하는 경우가 더 경제적인 경우가 있다. 국내에서는 시멘트 생산 시 폐플라스틱, 폐타이어 등 가연성 폐기물을 연료화함으로써 오히려 폐기물 처리 비용을 받고 있다. 그렇기 때문에 국내 수요와 상관없이 일단 생산한 후에 재고가 남으면 수출하게 되는 것이며, 현재 5,000만t 중 약 800만t은 수출하고 있는 것으로 집계되고 있다.

최근에는 미국 기준에 맞추어 국내 기준(최대 5%) 보다 석회석 함량을 대폭 높인(+10%) 시멘트를 개발하여 미국으로 수출하기 시작하였다. 미국 내 친환경 시멘트 사용량은 2022년에 약 25% 수준이었지만, 불과 2년도 채 안 된 2024년 1분기에 53%까지 급성장하였다. 이에, 가격은 저렴하면서 품질은 동등한 국내 시멘트 업계에는 새로운 판로가 생긴 셈이다. 이처럼 가격 경쟁력과 미-중 간의 국제 관계를 잘 활용하면 국산 시멘트를 북미 시장을 포함한 세계 시장으로 점차 확산하는 것이 가능하리라고 본다. 이를 위해서라도 친환경 및 저탄소 시멘트 기술을 보다 적극적으로 개발할 필요가 있다.

추가적으로, 해외 직접적인 시멘트 수출이 아니더라도, 국가적 차원에서의 탄소 감축을 달성하려면 시멘트 부문 해외 감축 사업이 하나의 대안이 될 수 있다고 생각한다. 즉, 자체 기술력이 부족한 개발도상국에 진출하여 국내 시멘트 산업에서 탄소 배출권을 획득할 수 있는 기회를 마련해야 한다고 생각한다. 개발도상국 입장에서는 사회기반시설을 신속히 구축하기 위해 시멘트가 너무나도 중요한 재료이나, 자체 생산이 안 되어 수입을 하는 경우가 많다. 예를 들어, 몽골과 같이 석회석 자원이 부족한 국가는 중국에서 시멘트를 수입해야 하고 고로 슬래그 미분을 수입하여 저탄소를 달성하려고 노력하는 국가들(예, 싱가포르, 태국 등)도 많이 있다. 국내 저탄소 및 친환경 시멘트 기술 기반으로 시멘트를 덜 사용하는 저탄소 콘크리트 기술을 이러한 국가들에 수출하고 국내 기업이 배출권을 받아 가는 형식 등의 모델도 구상 가능하다.

2.3. 시멘트 산업을 위한 정부와 대학의 역할

> 향후 시멘트 산업의 탄소 저감을 위해 필요한 정부의 지원이나 제도는 어떠한 것이 있는가?

시멘트-콘크리트 산업은 연간 5,000만t의 시멘트와 이를 원료로 활용하여 제조되는 약 3억 3,000t에 달하는 콘크리트를 생산하는 양적으로 매우 큰 건설 분야의 핵심 산업이지만, 2020년 연간 시장 규모는 20조 원 수준으로 국내 GDP의 1% 수준에 불과할 정도로 작기 때문에 그동안 국가 산업 정책에서 소외되어 있었던 산업이다.

연구 현장에서의 노력과 탄소중립 측면의 막대한 잠재력에도 불구하고 국내에서 유독 콘크리트 분야가 탄소중립 정책에서 소외되어 있는 것도 현실이다. 아마도 이는 시멘트 및 콘크리트 산업이 수출주도형 전략산업도 아니고 내수 규모가 철강과 같은 다른 산업에 비해 크지 않기 때문이다. 그러나 2050 탄소중립이라는 국가 주요 정책을 실현하기 위한 핵심 분야로 시멘트, 콘크리트 활용 및 연계 기술이 급부상하고 있으며 시멘트가 핵심 역할을 하는 건설업이 국내 GDP 15%를 차지하는 국가 기반산업임을 명심해야 한다. 따라서 향후 시멘트와 콘크리트 분야가 연계하여 효율적으로 탄소중립 산업으로 체제 전환이 가능하도록 신기술에 대한 적극적인 투자가 필요하다.

또한, 탄소 감축을 위해 시멘트 혼합 비율과 관련된 정책도 재고할 필요가 있다. 시멘트 제조 회사는 주로 대기업이지만, 시멘트 수요처인 콘크리트 업계는 몇몇 시멘트사가 자체적으로 운영하는 브랜드를 제외하면 대부분 중소 또는 중견기업으로 구성되어 있다. 레미콘 기업 입장에서는 시멘트를 적게 사용해야 이득을 극대화 할 수 있으나, 이는 콘크리트 구조물의 안전 문제와 관계되기 때문에 현재의 규제는 오히려 시멘트 양을 증가시키는 방향으로 가고 있다. 이는 탄소중립을 위해 시멘트 생산을 줄여야 하는 방향성과 배치되는 것이지만, 정부 입장에서는 다른 방식으로 규제를 하게 되면 행정 비용도 크고, 실효성 여부도 확실하지 않으며, 현장에서 제대로 지키는지 모니터링하기 어렵다. 따라서, 제일 빠르고 간편한 방식이 시멘트 최소량을 규정하는 것이다. 하지만, 유럽 등 선진국의 경우 우리보다 시멘트를 덜 사용하지만 그렇다고 구조물이 덜 안전하지는 않다. 구조물의 안전성을 담보하면서도 시멘트 사용량을 줄일 수 있는 형태로 정책 방향을 가져가는 것이 필요하다.

> 새로운 기술혁신을 위해서는 대학의 역할도 중요할 것으로 본다. 대학이 할 수 있는 일, 해야 하는 일은 무엇이라고 생각하는가?

우리나라는 유럽, 미국, 일본 등 타 선진국보다 탄소중립 기술 개발을 늦게 시작했다. 그렇다고 중국처럼 인력과 자본이 풍부한 것도 아니다. 따라서 이제 선택과 집중을 해야 된다고 생각한다. 현재 국내 상황을 고려할 때 지중 저장 CCS는 현실적으로 성공하기 어렵고 장기적인 솔루션이 될 수 없다고 생각한다. 지중 저장 CCS에 필요한 비용, 저장 이후 탄소의 안전성 문제는 차치하더라도 이 정도 규모의 저장을 위해 수조 원의 공공 및 민간 자본을 투입하는 것이 바람직한지에 대하여 생각해 봐야 한다. 예를 들어 제가 현재 ISO TC 256 Carbon Capture, Transportation, Geological Storage의 한국 대표 자격으로 활동하고 있는데, 가장 의아했던 점은 다국적 석유회사들에서 매우 적극적으로 참석하고 있다는 점이었다. 또한, ISO에서 제가 함께 방문했던 북미의 한 CCS시설의 경우 탄소 저장의 90%는 EOR의 목적으로 사용되었다고 하며, 이마저도 석유 시추가 종료되면 더 이상의 CCS는 비용의 문제로 진행하지 않는다고 한다. 탄소를 포집, 정제, 압축, 이송하여 땅속에 저장하는 지중 저장 CCS는 석유회사들이 석유를 보다 저렴하게 채취하기 위해 50년 전부터 사용해 오던 방법이지 전혀 새로운 기술이 아니다. 지금이라도 빨리 국내 재원 및 실정에 맞는 타당하고 실효성 있는 전략을 세울 필요가 있다. 예를 들어 국내에서 개발된 저탄소 기술을 통하여 해외배출권을 확보하는 방법, 그리고 광물탄산화를 통한 CCU 또는 non-geological CCS 방법이 그 대안이 될 수 있다고 생각한다. 이러한 선택과 집중을 염두해둔 의사결정을 위해서는 학계 전문가의 더 적극적인 역할이 필요하다.

전 지구적 환경문제인 탄소중립 실현을 위해 시멘트 분야의 학계 및 산업계의 적극적 노력과 R&D 필요성은 수 차례 강조하였다. 물론, 정부 정책과 R&D 비용 투자가 중요한 것에는 이견이 없다. 하지만, 이보다 더 중요한 것은 인적자원 즉 인재 확보에 관한 것이다. 정부가 정책을 추진하고 관련 예산을 배정하여도 관련 분야 인재가 없으면 가시적인 성과가 나올 수 없다. 최근 중국의 과학기술이 눈부시게 발전한 주요 이유 중 하나를 인재 육성을 중심으로 한 이공계 지원 정책으로 보고 있다. 국가 주력 산업에서 중화권 국가와의 기술 격차가 급속도로 좁혀졌거나 일부 분야에는 이미 따라잡기 어려울 만큼 격차가 벌어진 것이 현실이다. 이는 정부가 이공계 인재 육성에 지금보다 더 관심을 가져야 하는 이유이다. 우리나라의 경쟁력은 결국 인적 자본에 있고 특히 이공계 인재 확보가 국가 미래를 좌우한다고 할 수 있다.

시멘트 분야에서 탄소중립 기술에 관한 연구는 시멘트 화학에 대한 심도 깊은 이해를 바탕으로 시작할 수 있다. 고등학교 수준의 화학 기초 지식이 있다면 대학과 대학원 과정에서 시멘트 및 콘크리트 공학을 학습하는 데 전혀 무리가 없다. 이러한 전공 지식과 연구실에서 실험 및 분석 방법을 습득한다면 시멘트 탄소중립 기술에 관한 연구를 수행할 수 있다. 개인적으로는 이보다 더 중요한 것은 전공 분야에 대한 흥미와 열정이라고 생각한다. 우리나라에는 과학에 흥미를 가지고 국가 경쟁력을 한층 끌어올릴 수 있는 이공계 인재가 많다고 생각한다. 이러한 인재들이 자부심을 가지고 마음껏 연구할 수 있도록 연구 환경이 개선되면 좋겠다.

아울러, 시멘트를 비롯하여 제철, 발전, 석유화학 산업은 탄소중립이라는 공통의 방향성을 가지고 있다. 상호 기술 교류와 협력이 활발히 이루어져야 하는 이유이다. 이미 제철 및 발전 산업 부산물은 시멘트 원료로 사용되고 있고 석유화학 산업 골칫거리 중 하나인 플라스틱 폐기물이 시멘트 소성을 위한 원료로 사용되는 것이 일반화되었다. 따라서 이제는 전통적인 시멘트 지식과 학문만으로는 혁신적인 결과를 도출하기 매우 어렵다. 즉, 융합적 사고와 타 학문 분야에 대한 열린 자세가 필요하다. 최근 영국에서는 제철 분야에서 사용하는 전기 아크로(Electrto Arc Furnace) 제강 공정에 폐시멘트를 투입하는 기술 융합을 이용하여 인류 역사상 최초로 탄소 배출 없는 시멘트 제조 기술을 보고하기도 하였다[23]. 이러한 역사적인 발견은

---

23   Dunant, C.F., Joseph, S., Prajapati, R. et al., <Electric recycling of Portland cement at scale>, Nature 629, 1055-1061, 2024.

시멘트와 제철 산업 기반 기술에 대한 심도 깊은 이해를 바탕으로 가능하였다. 본 사례와 같이 혁신적인 기술 개발을 위해 융합적 사고와 학습을 할 수 있는 더 많은 기회를 대학이 제공해야 한다고 생각한다.

3장

서울대학교 화학생물공학부 성영은 교수

탄소중립을 위한 수소 기술:
수전해와 연료전지 기술

*

　수소는 석유 대비 무게당 에너지 용량이 3배 정도 더 크고 탄소가 들어 있지 않는 물질이다. 우주에 가장 풍부한 원소이고 지구 상에는 물속에 풍부하게 들어 있다. 수소는 태양광, 풍력과 같은 신재생 에너지와 달리 에너지 저장과 사용에 용이하기 때문에 차세대 청정 에너지로 주목받고 있다.

　최근 유럽연합(EU)이 수소 전략을 발표한 이후, 미국, 영국, 인도 등에서 수소 산업 육성책을 차례로 내며 전 세계가 수소 기술 개발 및 투자에 관심을 집중하고 있다. 이러한 상황 속에서 현재 한국은 수소 기술 중 수송 및 발전 부문에서 활용되는 수소 연료전지 기술의 선진국으로 평가받고 있다. 하지만 중국, 일본 등 여러 국가에서 이미 빠르게 추격하고 경쟁하고 있는 상황이기 때문에 수소 기술 개발의 고도화 및 안정적인 시장에서의 상용화가 중요해지고 있다.

　신재생 에너지나 원전을 이용한 수소 생산, 이 수소를 사용하여 전기를 만드는 연료전지나 수소 터빈, 수소와 온실가스(CO_2)를 포집하여 수소와 반응시켜 합성연료(e-fuel) 생산, 수소와 질소를 반응시켜 암모니아 생산, 지금의 석탄 대신 수소를 이용하여 철강을 생산하는 수소 환원 제철 등을 모두 수소 기술이라고 하고, 탄소중립으로 향하기 위해 모두 중요한 역할을 할 수 있는 기술이다.

본 장에서는 수전해를 통해 수소를 생산하는 기술과 생산된 수소를 다시 에너지원으로 사용하기 위한 연료전지 기술의 현재와 미래를 알아보기 위해 서울대 화학생물공학부 성영은 교수와 인터뷰를 진행하였다.

성영은 교수

성영은 교수는 2004년 서울대학교 화학생물공학부 교수로 임용된 이후, 재임기간 동안 연료전지, 배터리, 태양전지에 대한 다양한 연구를 진행하였다. 최근까지 한국전기화학회 회장, 한국공업화학회 회장을 역임하며 국내에서 대표적인 수소 기술 전문가로 인정받았고, 한국동서발전 유튜브 인터뷰 등 다양한 매체에 참여하며 수소 기술 개발 증진과 수소 사회로의 중요성을 높이기 위해 노력하고 있다.

3.1. 수소 기술의 원리

> 수소를 이용하여 전기를 만드는 원리, 전기를 이용하여 수소를 만드는 원리에 대해서 설명해달라.

우선 수소를 이용하여 전기를 만드는 수소연료전지의 원리는 다음과 같다. 연료전지는 양극과 음극, 그리고 수소이온이 이동하는 통로인 전해질로 구성되어 있다. 여기에 수소가 공급되면 음극에서 수소이온과 전자로 분리된다. 분리된 전자는 음극에서 양극으로 이동하며 전기를 생산하고, 수소이온은 전해질로 이동되어 산소와 만나 물이 되어 배출되는 것이 수소연료전지의 원리이다. 연료전지는 1960년대 아폴로 우주선이 우주로 나갈 때 전기를 만들기 위해서 개발됐고, 현재 자동차, 선박, 비행기, 발전기 등 수송 및 발전 분야에서 이용이 늘어나는 상황이다.

반대로 물을 전기분해하여 수소를 얻을 수 있다. 이를 수전해 장치(water electrolyzer 혹은 electrolysis cell)라고 한다. 수전해 장치도 앞선 연료전지와 마찬가지로 수소가 발생하는 음극, 산소가 발생하는 양극이 있고, 양쪽 전극 사이에 분리막인 전해질을 통해 이온을 전달하게 된다. 이런 구성으로 양쪽 전극에 전기를 가하면 전기화학 반응으로 수소와 산소가 각각 발생되는 것이다.

참고로 현재 연료전지는 주로 고가의 백금 촉매를 사용하고 있다. 따라서 백금 사용량을 줄이거나 백금을 대신할 저가의 촉매 개발이 필요한 실정이다. 수전해 장치에서도 이리듐(iridium)을 촉매로 가장 많이 사용하고 있으나, 이리듐은 백금보다 3배 정도 더 비싸고 매장량이 적어서 가격 경쟁력이 낮다는 단점이 있다. 따라서 이리듐의 양을 적게 사용해도 동일한 성능이 나올 수 있도록 기술력을 향상시키거나 산소를 잘 발생할 수 있도록 하는 금속 산화물 등 새로운 소재에 대한 기술 개발이 활발히 진행되고 있는 상황이다.

또한, 수전해 장치는 전체 하나의 회로라서 한쪽 전극에서 기체가 제대로 발생하지 못하면 작동이 어렵기 때문에 수소와 산소가 발생되는 양쪽 극의 균형이 매우 중요하다. 그러나 산소 발생 전극에서는 기체 발생 속도가 수소 발생 전극보다 느려 문제가 된다. 물인 상태로 있는 것이 훨씬 안정적이라서 산소가 발생하지 않으려고 하는 속성이 있기 때문이다. 이러한 문제 해결을 위해 촉매를 활용하여 산소와 수소를 더 쉽게 분리해 내려는 노력도 필요한 상황이다.

> 연료전지도 여러 종류의 기술이 있는 것으로 알고 있다. 각 기술이 어떻게 다르고 장단점이 무엇인지 궁금하다.

현재 대표적인 연료전지로는 인산형 연료전지(PAFC), 고분자전해질 연료전지(PEMFC), 용융탄산염 연료전지(MCFC), 고체산화물 연료전지(SOFC) 등이 있다. 각각의 특징은 99쪽의 표에 정리되어 있다.

연료전지의 유형마다 서로 다른 전해질, 즉 수용액에서 전류가 흐를 수 있도록 해 주는 물질의 특성이 다른 것이 특징이다. 전해질은 주로 이온 결합 화합물이나 강산, 강염기와 같은 물질로 구성되며, 용매에 녹으면서 전하를 지닌 이온으로 분리되어 전류가 흐르게 하는 역할을 한다.

인산형 연료전지(PAFC)는 인산이라는 액체 전해질을 사용하는 연료전지로, 가장 오랜 역사를 가지고 있다. 이온 전도도가 우수한 액체 전해질을 사용하며 약 200oC에 가까운 비교적 높은 온도에서 작동하기 때문에 성능과 효율이 뛰어난 편이다. 다만 액체 전해질을 사용하기 때문에 장치의 부피가 상대적으로 커, 주로 발전용으로 사용되고 있다. 현재 국내 여러 지자체에는 국내 기업에 의해 설치된 인산형 연료전지 발전소가 운영 중이다.

고분자전해질 연료전지(PEM)는 고체 고분자를 전해질로 사용하기에 두께가 얇아 각 연료전지를 쌓아 스택으로 만들면 높은 성능을 내면서도 소형화가 가능하다. 이 때문에 주로 수소연료전지차에 사용된다. 다만 고가의 백금 촉매를 사용하기에 가격 저감을 해야 하는 이슈가 남아 있다.

고가의 백금을 사용하지 않는 방법으로 고온에서 구동하는 연료전지를 사용하는 것이다. 그렇게 하여 개발된 연료전지가 용융탄산염 연료전지(MCFC)와 고체산화물 연료전지(SOFC)이다. 용융탄산염 연료전지는 용융염을 전해질로 사용하기에 성능은 우수하나 부식 문제 등으로 실증 단계에서 상업화되지 못한 채 남아 있다. 반면 세라믹을 재료로 사용하는 고체산화물 연료전지는 현재 상업화되어 이미 발전용 등에 사용되고 있다. 고온에서 작동하기 때문에 효율이 높다.

❙ 다양한 수전해 기술에 대해서도 설명해달라.

수전해 장치도 그 구조 자체는 연료전지와 유사하다. 수전해 장치는 알칼라인 수전해(AEC), 고분자전해질 수전해(PEM), 음이온 분리막 수전해(AEM), 고체산화물 수전해(SOEC) 등이 있다(다음 표). 수전해는 연료전지와 반대로 전기 에너지를 흡수하여 물을 분해하는 반응이기에 흡열 반응이라고 할 수 있다.

먼저 알칼라인 수전해는 알칼라인 수용액(KOH, 수산화칼륨)에 전기를 흘려 물을 수소와 산소로 분리하는 방식이다. 1900년대부터 개발된 기술로 가장 오랫동안 연구되어 왔다. 촉매로 니켈 등 비금속을 사용하기 때문에 가격이 저렴하고 생산 구조가 단순하여 대량 생산에 적합하다고 평가된다. 하지만 알칼리 성분으로 인한 부식이 생길 가능성이 있고, 전류밀도 효율이 낮다는 것이 단점으로 꼽힌다. 장치의 전류의 양이 수소의 생산량과 비례하는데, 음극에 수소를 많이 생산하기 위해 전기를 많이 가하면 양극에서 발생하는 산소와 만나 폭발 위험이 존재한다. 액체 전해질을 통한 수소와 산소 기체가 혼합되는 것이다. 이를 막기 위해 전해질이 들어있는 분리막을 두껍게 만들어야 한다. 즉, 장치 및 전해질의 가격 경쟁력은 있지만 전기 효율이 낮은 것이다.

다음으로, 고분자전해질 수전해(PEM)는 고분자 전해질막을 전해질로 사용하는 방식이다. 고체전해질을 사용하기 때문에 두께가 얇아 전류밀도와 에너지 효율이 높고 콤팩트하면서 소형화가 가능하다. 다른 화합물 없이 물만 원료로 사용할 수 있어 수소의 순도도 높다. 하지만 촉매로 백금, 이리듐과 같은 귀금속을 사용하기 때문에 생산 단가가 높아 알칼라인 수전해에 비해 상대적으로 가격 경쟁력이 낮다는 것이 단점이다. 현재 수전해 장치 가격의 60%가 촉매 등에 따른 장치 가격이기 때문에 촉매의 양을 줄이고 전극 두께를 얇

연료전지 종류	고분자전해질 연료전지	인산형 연료전지	용융탄산염 연료전지	고체산화물 연료전지
영문명	Polymer Electrolyte Membrane FC (PEMFC)	Phosphoric acid FC (PAFC)	Molten Carbonate FC (MCFC)	Solid Oxide FC (SOFC)
전해질	고분자 막	액체 인산(H_3PO_4)	용융 탄산염	금속 산화물
전하 수송체	수소 이온(H^+)	수소 이온(H^+)	탄산염(CO_3^{2-})	환원된 산소 이온(O^{2-})
작동 온도	80 °C	200 °C	650 °C	600-1000 °C
촉매	백금	백금	니켈	세라믹 (금속 산화물)
셀 구성요소	탄소	탄소	스테인리스	세라믹
환원극 반응	$0.5O_2 + 2H^+ + 2e^- \rightarrow H_2O$	$0.5O_2 + 2H^+ + 2e^- \rightarrow H_2O$	$CO_2 + 0.5O_2 + 2e^- \rightarrow CO_3^{2-}$	$0.5O_2 + 2e^- \rightarrow O^{2-}$
산화극 반응	$H_2 \rightarrow 2H^+ + 2e^-$	$H_2 \rightarrow 2H^+ + 2e^-$	$H_2 + CO_3^{2-} \rightarrow H_2O + CO_2 + 2e^-$	$H_2 + O^{2-} \rightarrow H_2O + 2e^-$
엔탈피 변화	-286 kJ/mol	-286 kJ/mol	-242 ~ -286 kJ/mol	-242 ~ -286 kJ/mol
열역학적 효율	40-60%	40-50%	45-55%	50-65%

연료전지의 종류와 특징

게 하는 등 소재 비용을 낮추면 가격 경쟁력을 확보할 수 있다.

고체산화물 수전해(SOE 혹은 SOEC)는 고체산화물 전해질로 800°C의 높은 온도에서 수증기를 전기분해하는 방식이다. 세라믹 등과 같은 고체산화물을 전해질과 전극의 소재로 사용하기 때문에 소재 가격이 상대적으로 저렴하다 할 수 있다. 또 부식에 강해 효율이 높고, 전해액을 보충할 필요도 없어 설비 유지 및 보수가 용이하다. 하지만 고온에서 작동하기 때문에 세라믹 등과 같은 재료의 내구성 문제에 관한 연구가 아직 부족하다. 세라믹 성형 기술도 대형화를 위해 필요한 형편이다. 이 수전해 장치는 고온에서 작동하기 때문에 원자력 발전의 전기뿐 아니라 고온의 열도 이용할 수 있는 등의 장점이 있다.

마지막으로 음이온 교환막 수전해(AEM)는 알칼라인 수전해와 고분자전해질 수전해 두 장치의 특징을 합친 것으로 음이온 교환막을 전해질로 사용하는 방식이다. 알칼라인 수전해처럼 액체 형태의 전해질이 아닌 고분자막을 사용하기 때문에 두께를 얇게 만들 수 있고, 고분자전해질 수전해처럼 고순도의 수소를 생성할 수 있다. 그리고 고분자전해질 수전해처럼 고가의 백금이나 이리듐 촉매를 사용하지 않고 알칼라인 수전해처럼 저가의 니켈 등의 소재를 사용하는 점도 큰 장점이다. 하지만 현재 아직까지는 pH가 높은 알칼라인 조건에서 작동하는 고분자 전해질이 개발되지 않았다. 국내 연구소 등에서 지속적으로 개발 중에 있으나 상업적 스케일로 적용하기에는 아직 어려운 상황이다.

| 수소 기술 개발에 있어서 극복해야 할 가장 큰 어려운 점은 무엇인가?

먼저 좋은 성능, 높은 안정성, 저렴한 가격이라는 삼박자를 만족하는 촉매가 개발되어야 한다. 앞서 잠깐 언급한 바와 같이 현재 연료전지나 수전해 장치에 촉매로 사용되는 백금과 이리듐은 kg당 수

수전해 종류	고분자전해질 수전해	알카라인 수전해	음이온교환막 수전해	고체산화물 수전해
영문명	Polymer Electrolyte Membrane (PEMWE)	Alkaline Water Electrolyzer (Alkaline)	Anion Exchange Membrane (AEM)	Solid Oxide (SOE, SOEC)
전해질	고분자 막	액체KOH	용융 탄산염	고분자 막
음극 (수소생산)	백금, 백금합금	니켈, 니켈합금	니켈, 니켈합금	니켈/세라믹
양극 (산소생산)	이리듐, 루테늄	니켈, 니켈합금	니켈. 철, 코발트	세라믹
작동 온도	50–80 °C	60–80 °C	50–60 °C	500–850 °C
완성도	상업화	상업화	실증단계	연구단계
환원극 반응	$2H^+ + 2e^- \rightarrow H_2$	$2H_2O + 2e^- \rightarrow H_2 + 2OH^-$	$2H_2O + 2e^- \rightarrow H_2 + 2OH^-$	$H_2O + 2e^- \rightarrow H_2 + O^{2-}$
산화극 반응	$H_2O \rightarrow 0.5O_2 + 2H^+ + 2e^-$	$2OH^- \rightarrow 0.5O_2 + H_2O + 2e^-$	$2OH^- \rightarrow 0.5O_2 + H_2O + 2e^-$	$O^{2-} \rightarrow 0.5O_2 + 2e^-$
엔탈피 변화	241.8 kJ/mol	241.8 kJ/mol	241.8 kJ/mol	241.8 kJ/mol
열역학적 효율	60–75%	60–75%	60–75%	80–90%

수전해 장치의 종류와 특징

만 달러가 넘는 가격이 매우 비싸고 또 희소하다는 문제가 있다. 이들보다 1,000배 이상 저렴한 니켈이나 철과 같은 전이 금속을 활용하기 위해 많은 연구가 이루어지고 있지만, 실제 작동 환경의 혹독한 조건에서 높은 성능과 함께 안정성까지 지닌 좋은 촉매를 개발한다는 것은 매우 어려운 일이다. 또한, 정밀하게 설계된 구조의 촉매를 생산하기 위해서는 여러 합성 공정과 분석이 필요하기 때문에 많은 비용이 소모된다. 따라서 해당 기술 분야의 상용화를 위해서는 위 조건을 만족하는 촉매를 대량 생산이 가능할 만큼의 기술이 발전하여 규모의 경제를 달성해야 한다. 그리고 전해질 성능의 개선, 전해질 소재에 대한 개발이 필요하다. 이렇게 만들어진 촉매가 부착된 전극과 전해질의 접합 기술(membrane-electrode assembly, MEA) 또한 아주 중요하다. 알칼라인 수전해에서 콤팩트하면서 효율을 향상시키는 제로갭 전극 구조(zero-gap electrode) 등도 이 기술 개발에 해당된다. 현재 이와 관련하여 많은 연구 개발이 이루어지고 있다.

다음으로 생산 단가 문제, 즉 어떻게 경제성을 확보할 것인가이다. 특히 높은 재생 에너지 비용과 낮은 수소 기술 성숙도로 인해 비용이 과도하게 비싼 것을 해결해야 한다. 미국, EU 등 수소 경제 선도국은 대규모 수소 프로젝트를 통해 장기적인 목표를 갖고 기술 개발 및 상업화를 위한 투자를 진행하고 있다. 국내 수전해 기술 및 수소생산 경제성의 현황을 파악하고, 수전해 장치의 높은 설치 비용을 낮추기 위한 방안을 기술적 정책적 측면에서 심도 있게 살펴볼 필요가 있다. 신재생 에너지나 원전 등과의 연계나 해외 신재생 전기의 활용 등이 그 예가 될 수 있다.

3.2. 국내외 수소 기술 및 시장 동향

> 해외 주요 국가들의 수소 기술 수준과 시장 현황도 궁금하다. 기업은 어떤 기술에 초점을 맞춰서 개발을 진행 중인가?

발전용 연료전지 시장에는 미국의 블룸 에너지(Bloom Energy), 퓨얼 셀 에너지(Fuel Cell Energy), 국내의 두산, SK 등이 진출해 선두를 이루고 있다. 미국의 퓨얼 셀 에너지는 독보적인 MCFC 기술을 바탕으로 시장을 주도하고 있으며, 블룸에너지는 미국 내에서 350MW 이상의 발전용 고체산화물 연료전지(SOFC)를 이미 공급한 바 있다. 국내 기업들 또한 기술 개발과 양산성 확보를 통해 세계 시장에서의 입지를 공고히 하고 있으며, 2019년 기준 국내 기업의 글로벌 시장 점유율은 약 48%에 달한다. 전 세계 발전용 연료전지 사용량은 2023년 기준 약 330MW로 보고되었고, 2030년에는 7GW 수준으로 증가할 것으로 전망되고 있다. 한편, 국내의 현대, 일본의 토요타 및 혼다 등은 승용차, 트럭, 버스 등 수송용 연료전지 시장을 개척하기 위해 고군분투하고 있다. 현재 개발된 연료전지 자동차의 전력 밀도

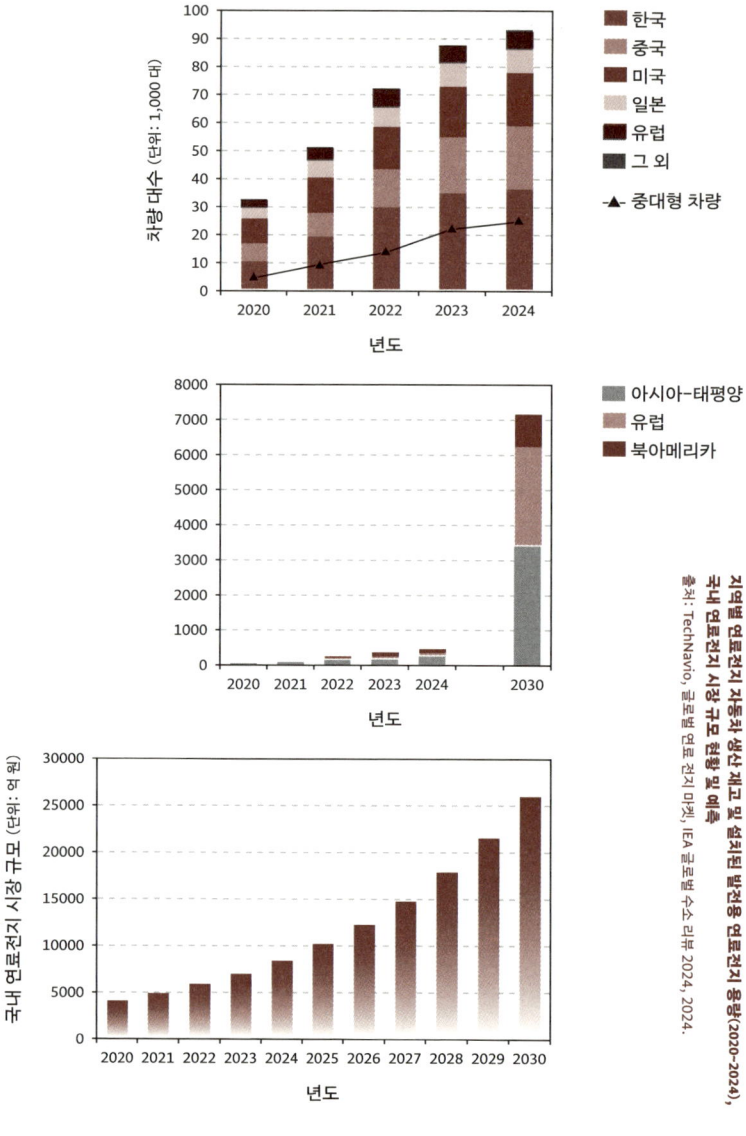

지역별 연료전지 자동차 생산 재고 및 설치된 발전용 연료전지 용량(2020-2024), 국내 연료전지 시장 규모 현황 및 예측
출처: TechNavio, 글로벌 연료 전지 마켓, IEA 글로벌 수소 리뷰 2024, 2024.

는 대략 4~5kW/L 정도이며, 여러 기업이 향후 9kW/L 수준까지의 향상을 목표로 개발에 박차를 가하고 있다. 특히 최근에는 중대형 수송 차량(트럭, 버스)인 HDV(Heavy-Duty Vehicle) 분야에서 연료전지 시장의 성장이 두드러지고 있으며, 전 세계 연료전지 차량 중 HDV의 점유율은 2021년 기준 9% 미만에서 2024년 기준 13% 이상으로 증가하였다. 이에 따라 보급 수요도 지속적으로 증가하고 있는 추세이다(앞의 그림).

수전해 장치는 알칼라인 수전해, 고분자전해질 수전해, 음이온 교환막 수전해, 고체산화물 수전해의 네 가지 유형 모두 활발히 연구되고 있다. 독일의 지멘스(Siemens), 노르웨이의 넬(Nel), 그리고 미국, 중국, 일본 등 세계 유수의 기업들은 이미 수전해 장치의 상업 생산 시설을 갖추고 생산 중이다. 2022년 기준으로 전 세계 수전해 장치의 생산 설비 규모는 약 53GW에 달하며, 이 중 대부분은 알칼라인 수전해와 고분자전해질 수전해가 차지하고 있다. 이 두 수전해 기술은 실증 단계를 넘어 대량 상용화 단계에 접어든 것으로 평가된다.

실제로 전 세계에 설치된 수전해 용량은 2023년 기준 1.4GW를 넘어서며, 2022년 대비 거의 두 배에 가까운 수요 증가를 기록하였다(다음 그림 참조). 이 중 가장 공격적인 투자를 하는 중국이 전체의 약 80%를 차지하고 있으며, 그다음은 유럽과 미국 순으로 점유하고 있는 상황이다. 친환경과 탄소중립과 거리가 있을 것으로 예상하는 중

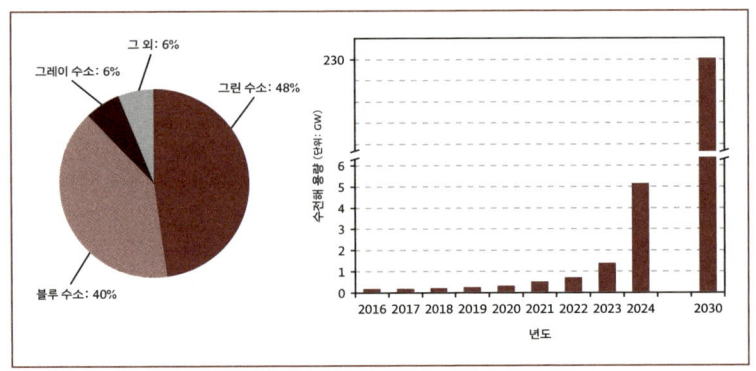

2050년 기술별 전 세계 수소 생산 예측 및 설치된 총 수전해 장치 용량 추이
출처: Statista, 전 세계 수소 산업 2024, IEA 글로벌 수소 리뷰 2024, 2024.

국이 관련 기술을 선도하려고 하는 점은 주목할 필요가 있다.

미국의 Bloom Energy는 가장 효율이 높은 고체산화물 수전해 (SOEC)에 주목하고 있으며, 상업화를 위한 노력을 지속하고 있다. 국내 여러 기업도 이 기술에 많은 관심을 보이고 있다. 한편, 아직 연구 개발 단계에 있는 음이온 교환막(AEM) 수전해 기술은 국내에서는 한화솔루션을 중심으로 활발한 기술 개발이 이루어지고 있다. 유럽에서는 독일의 Fumatech 및 Solvay, 이탈리아의 Acta SpA, 일본에서는 Tokuyama Corporation을 중심으로 AEM 수전해 기술의 상용화가 추진되고 있으나, 아직 글로벌 수준에서 상업화에 성공한 기업은 없는 상황이다. 따라서 국내 기업들이 기술 개발과 사업화를 주도한다면 세계 수전해 시장에서 선도적 위치를 확보할 수 있을 것으로 기대된다.

> 다수의 국가에서 기술 개발을 위해 상당한 노력을 하는 것으로 보인다. 국내 수소 기술 수준과 시장 현황은 상대적으로 어떤 위치에 있는지 궁금하다.

현재 우리나라는 수소를 이용하는 연료전지 분야에서 세계에서 가장 큰 시장 중 하나이다. 두산, SK 등 국내 기업도 상업적으로 연료전지를 생산 중이고, 현대차도 승용차, 트럭, 버스 등 수송용 연료전지 시장을 열기 위해 고군분투하고 있다. 연료전지 선박 등을 위한 새로운 시장 개척을 위한 기술 개발도 활발히 진행 중이다.

반면 우리나라는 아직 수전해 관련 자체적인 기술 확보를 하지 못한 상황이다. 현재 해외에서는 수전해 장치에 대한 수요보다 공급이 부족하여 발주에 수년이 지연되고 있는 실정이다. 국내에서는 기술을 수입해서 선진 기술력을 확보하거나 메가와트(MW) 단위의 큰 스케일로 운전 경험을 축적해 보고 싶지만 주문 자체가 어려워서 기술 개발에 어려움을 겪고 있다. 또한, 정부에서 발표한 2030년 목표 수소 공급량인 300만t을 달성하기 위해서는 최소 3GW 상당의 대규모 수전해 설비가 설치되어야 한다. 이미 58MW를 생산하는 독일과 13MW를 생산하는 프랑스와 달리 우리나라는 아직 2030년 10MW급 수전해 시스템 개발을 진행하고 있어 수소 생산 목표에 한참 못 미치는 수준이다. 특히 1GW당 설비 비용이 약 1조 원 정도로 예측되어 너무 비싸기 때문에 현실적으로 해당 수소 공급량을 맞추기는 쉽지 않을 것으로 보인다. 이런 모든 상황이 기술 개발의 필요성을 더 절실히 보여 준다 할 수 있다.

> 자체적인 수전해 기술을 가지지 못해 어려움이 있어 보인다. 자체 기술 개발이 더딘 이유는 무엇인가?

국내에서 자체적인 기술 개발 및 확산이 어려운 이유는 여전히 패스트 팔로워(fast follower) 전략을 취하고 있기 때문이다. 패스트 팔로워 전략은 퍼스트 무버(first mover)로 일컬어지는 시장 선구자의 기술력을 모방하고 쫓아가는 후발 주자들의 경영 전략을 말한다. 과거 경제발전을 이룩했던 다른 전통 산업의 경우, 해외에서 선진 기술을 수입해 와서 설비 분해 및 설비 시험 운행을 하며 해당 기술에 대한 노하우를 얻으며 기술력을 국산화시키는 과정을 거쳤었다. 하지만 현재 미국의 인플레이션 감축법(IRA), 유럽의 핵심원자재법(CRMA) 등과 같이 자국의 자원이나 기술을 보호하는 제도 및 정책으로 인해 과거와 같은 전략을 이용하여 기술을 획득하는 방법은 어려워진 상황이다. 예를 들어 연료전지의 경우, 우리나라가 전 세계에서 발전용 연료전지를 가장 많이 설치한 최대 수요를 가진 국가이다. 하지만 기술 협약에 따라 설비 운전 데이터나 고장 및 수리 데이터를 해외에서 공유하지 않다 보니 간접적으로 데이터를 추측하여 기술 개발을 달성하는 수밖에 없다. 수소 기술과 같은 분야에서 패스트 팔로워 전략이 전혀 소용이 없다는 말이다. 특히 중국 등과 같이 가격이 싼 석탄으로 수소를 만들어 내며 수소의 가격 경쟁력을 갖춘 국가들이 등장하는 상황에서 우리나라가 보다 적극적으로 자체 기술 개발을 위해 노력해야 한다고 생각한다. 즉, 우리나라의 위상이 퍼스트 무버가 아니면 점점 설 자리가 없어지고 있다 할 수 있다.

새로운 사업이 성장한다는 것은 우리나라가 새로운 시장에 기회가 있다는 의미이다. 타이밍을 놓치지 않고 핵심 기술을 개발하며 이를 전 세계 확산시켜 시장 우위를 점하기 위한 노력을 기울여야 한다. 현재 우리나라는 기술자에 대한 보상이 적고 사회적인 배려가 아직 부족하다고 생각한다. 기술 패권 시대에 기술을 확보하는 것이 점차 중요해지고 있는 상황에서 향후 우수한 인재를 양성하고 유지하기 위해서는 특허 등 기술 개발에 기여했을 때 상당한 경제적·사회적 보상이 필요할 것이다. 과거의 패스트 팔로워 전략에서 벗어나 퍼스트 무버 전략을 취해야 한다. 배터리, 수소 등의 분야처럼 퍼스트 무버 역할을 해야 하는 기술 분야에 성공 사례가 신속하게 나타나서 다른 분야로도 확산이 될 수 있도록 사회 경제적 지원과 정책이 뒷받침되어야 한다.

3.3. 수소 기술 개발을 위한 정부와 대학의 역할

| 수소 기술 개발 및 상용화와 관련해서 정부의 R&D 지원 방향에 대해 조금 더 구체적인 이야기를 듣고 싶다.

우리나라는 세계적인 수소 에너지 기술 핵심 국가 중 하나로, 국가 전략 기술로 지정된 주요 12개 분야에 수전해 수소 생산 및 저장·운송, 수소 연료전지가 포함되어 있어 꾸준한 기술 발전과 비전을 이어 가고 있다. 이에 따라 개방적인 연구를 통해 기술 격차를 빠르게 줄여 가고 있으며, 수소 에너지의 역할에 대한 인식도 점차 확대되고 있는 추세이다. 그러나 장기적인 전략을 수립하는 단계에 접어든 주요 기술 선진국들과 비교해 보면, 우리나라는 전 주기적 관점에서의 연계 기술 경쟁력이 상대적으로 저조한 편이다. 독일 등 해외의 여러 기술 선도국들은 국내 기업뿐 아니라 범국가적 연합 프로젝트를 통해 수소 활용을 위한 기술 개발과 인프라 구축을 활발히 추진 중이다(112쪽 표). 이처럼 성공적인 해외 사례들은 대개 장기

간에 걸친 연구 수행과 다각적인 교류 및 협력을 기반으로 하고 있으나, 국내의 연구 환경은 아직 미비한 실정이다. 그럼에도 불구하고 최근 산·학·연 간 협력이 활발히 이뤄지고 있으며, 공동 과제도 활발히 진행되고 있어 실질적인 성과를 도출하는 과정에 있다. 기술 선도국으로 도약하기 위해서는 향후 다양한 연구 생태계를 조성하고, 초학제적 연구를 활성화할 수 있는 구체적인 방안을 제시해야 한다.

현재 우리나라는 수소 전 분야에서 새로운 기술 개발을 위해 1,718억 원 규모의 여러 국책 과제를 통해 충분한 예산을 배분하고 있지만, 기술을 실질적으로 상업화시키기 전에 파일럿 테스트(pilot test)와 같은 실증 연구를 하여 트랙 레코드(track record)를 축적할 수 있는 부분에 대한 지원이 더 필요하다. 특히 스케일 업(scale-up)한 실증적인 연구가 중요하다. 해외 기업은 10MW와 같이 대규모 설비를 설치하여 진행하고 있기 때문에 국책 연구소, 공기업, 대기업 간의 협업을 통해 규모를 최대로 늘려 연구를 진행해야 한다. 아직 국내에서는 실증 분야에 대한 지원은 부족한 상황이다. 이처럼 다자간의 연구 협력을 촉진하며 인센티브 분배 구조를 체계적으로 구축할 필요가 있다.

그리고 정부와 국내 기업들은 수소 산업의 경쟁력 확보를 위해 긴밀한 협력을 추진해야 할 것이다. 오픈 이노베이션 등 전략적 제휴는 대기업과 중소기업, 스타트업 간의 협력을 통해 수소 생태계를

국가	주요 정책 및 목표	주요 과제 및 지원 현황
한국	• 수소경제 활성화 로드맵(2019): 2040년까지 수소차620만 대 보급, 수소충전소1,200개 구축 목표 • 수소경제 표준화 전략 로드맵(2019): 국제표준을 선점, 2030년까지20%를 점유 목표 • 수소법 제정(2020): 수소 경제 육성을 위한 법적 기반 마련 • 수소 경제 이행 기본 계획(2021): 2050년까지 탄소중립 목표 달성	• 고효율 수소에너지 제조·저장·이용 기술 개발사업단(2003~2013) • 수소산업 육성을 위한 생태계구축기본계획 (2019) • 수소산업 전 분야의 국가연구 개발 과제에1,718억원 지원(2022) • 상용급 액체수소플랜트 핵심 기술 개발사업(2019~2023) • 수소에너지혁신 기술 개발사업(2019)
독일	• 국가 수소 전략(2020): 수소 경제 선점을 위한 기술력 확보, 그린수소 생산 및 수입을 통한 산업 탈탄소화 추진 • 탄소차액거래제도(CCfD): 산업부문의 수소 활용 촉진을 위한 지원 제도 도입 • 수소 및 수소 파생물 수입 전략(2024): 전기화가 어려운 산업에 수소 에너지를 통합하는 것을 목표	• 녹색수소 생산을 위한 모듈식 전해조 연속 생산기술 개발 프로젝트 추진 • 수소IPCEI 프로젝트를 통해EU 연합국의 다른 프로젝트와 네트워크를 구성, 21억 유로 투입(2024)
미국	• 그린뉴딜 정책(2021): 수소 기술 개발 및 인프라 구축을 위해 약95억 달러 지원 • Hydrogen Shot 이니셔티브(2021): 향후 10년 내 청정 수소 비용 80% 감축, 고임금 일자리 창출 • 인플레이션 감축법(IRA) (2022): 수소 생산 단가 절감을 위한 세액 공제	• 연료전지 자동차(FCEV)제조를 위한 제조 설비비용 보조금과 대출 지원 • 산업부문 수소 기술을 포함한 산업용 실증 프로젝트를 위한 지원금 지급 • 청정수소 전기분해 프로그램에10억 달러 투입(2021)
일본	• 수소 기본 전략(2017): 2050년까지 2,000만톤의 수소 공급량 확대 및 수소 가격 인하 • 5차 에너지 기본 계획(2018): 재생 에너지 도입 확대, 에너지 효율 촉진	• 연료전지 버스용 수소 충전소 구축 확대를 통한 버스 차량 대수 증대 • 청정 에너지자동차 도입 사업비 보조금에140억엔 투입(2019) • 연료전지 자동차 보급 촉진을 위한 수소충전소 정비사업비 보조금 지원 • 수소에너지 제조·저장·이용 관련 선진기술 개발 사업 (2014~2022)
중국	• 수소에너지사업 중장기 발전계획(2021-2035): 핵심 수소 생산 기술 개발·확보, 수소 충전소 건설·보급 확대	• 수소 에너지 산업 혁신 시스템 구축 • 수소 에너지 인프라 건설의 통합적 추진 • 수소에너지산업 성장 정책 및 관련 제도 마련 • 수소 에너지 산업 지원 예산 편성, 재정 및 금융 지원 강화

국내외 수소 관련 정책 및 R&D 과제 사례

활성화하고 경쟁력을 강화하는 데 중요한 역할을 할 것으로 예상한다. 규제 완화 정책과 함께 대기업과의 전략적 기술 제휴를 통해 수소 산업 경쟁력을 높여 세계를 선도하는 정책이 필요할 것이다. 또한 초기 투자 비용 문제에 대한 리스크 분담을 위해 정부와 기업 간의 긴밀한 논의를 통해 협력할 수 있어야 한다.

또한 수소 기술의 구현을 위해 이미 제정된 수소법 등의 시행을 원활히 하기 위한 세칙 등 제도 정비에도 지속적 관심을 기울여야 할 것이다. 아울러 수소 생산, 저장, 운반, 저장 등의 국제적 표준화 작업에도 적극 참여하여야 할 것이다. 새로운 산업을 위한 국내외적 법과 제도에서 정부가 그 어느 때보다 큰 역할을 해야 할 것이다.

> 미국이나 중국 등과 비교하면 한국의 경제 규모는 상대적으로 작기 때문에 투자 규모도 적을 수밖에 없어 보인다. 기술 개발에 있어 선택과 집중이 필요할 것으로 보는가?

수소 기술과 관련한 국내 기술 개발의 문제점 중 하나는 연료전지의 실패 사례를 능동적으로 활용하지 못하는 점을 들 수 있다. 과거 POSCO, 두산, 한국과학기술연구원(KIST) 등이 협력하여 용융탄산염 연료전지(MCFC) 개발에 투자한 적이 있었다. 가장 전망이 높아 보이는 기술을 택하여 우리나라 정부와 기업들이 힘을 모아 큰 규모의

R&D와 투자를 진행했다. 하지만 실증을 넘어 상용화를 앞둔 시점에 좌초됐다. 우리나라가 기술력을 올인하여 주도한 유일한 경험이었는데, 이 실패 사례를 경험한 후 위험부담이 큰 연구 개발은 주저하게 되었다. 위험부담을 지지 않으려는 것이다. 그리하여 하나의 핵심 기술을 선정하여 투자하기보다는 여러 기술을 선정하여 지원하기 때문에 스케일 업을 통해 상업화까지 가기에는 지원이 충분하지 못하다는 문제점이 존재한다. 한정된 예산으로 관련된 모든 기술을 개발하는 식으로 연구 개발이 이루어지고 있는 것이다.

이를 극복하기 위해서는 책임감 있는 리더십이 필요하다고 생각한다. 현재 정부 재원의 투자 및 정책에서의 선택과 집중을 위한 리더십이다. 특히 핵심 기술의 스케일 업(Scale-up)을 위해 분산된 기술 투자보다는 집중된 기술 투자가 필요한 상황이다. 이는 기업에서도 마찬가지이다. 기업 전문 경영인의 경우 매년 실적을 내는 것이 더 중요하기 때문에 장기적인 비전을 가지고 투자 위험을 부담하려고 하지 않는 경향이 있다. 또한, 탄소중립이라는 전 세계적 흐름에 대해 안일한 생각을 가지고 있었다고 생각한다. 탄소중립이 단순히 환경뿐만 아니라 정치, 경제, 사회 등 전반적인 분야에 큰 영향을 끼칠 수 있다고 생각하지 못하고 준비가 미흡했던 것이다. 따라서 정부 혹은 기업의 의사결정권자들이 추진력 있는 리더십을 바탕으로 해당 결정에 대한 책임감을 가지는 것이 중요하다고 생각한다.

> 새로운 기술 개발이 중요하기 때문에 대학의 역할 역시 중요할 것으로 보인다. 대학이 할 수 있는 일, 해야 하는 일이 있다면 어떤 것인가?

현재 우리는 에너지 위기와 기후 변화 대응이라는 중요한 기로에 서 있다. 수소 경제는 이러한 문제를 해결할 수 있는 핵심 기술로 자리 잡고 있으며, 탄소중립 실현에 중대한 역할을 할 것으로 기대된다. 수소는 청정 에너지로서 탄소 배출 없이 다양한 산업 분야에 활용될 수 있으며, 특히 재생 가능 에너지를 통해 생산되는 그린 수소는 탄소중립을 달성하는 데 중요한 역할을 한다.

전 세계적으로 현재 생산되는 수소는 약 1억t이며, 이 대부분은 블랙 수소와 그레이 수소로, 주로 석탄과 천연가스에서 생산되고 있다. 일부는 온실가스를 제거한 블루 수소가 생산되기 시작했으나, 수전해를 통한 그린 수소는 아직 미미한 수준이다. 그러나 탄소중립을 실현하기 위해 2050년에는 수소의 수요가 6억t에 이를 것으로 예상되며, 이 중 블루 수소가 38%, 나머지 62%는 수전해 장치를 통한 그린 수소로 충당될 예정이다. 수소 경제의 본격적인 활성화를 위해서는 새로운 산업 구조와 기술혁신이 필요하며, 대학은 이를 해결하는 데 중요한 기여를 해야 한다.

대학에서 수소 기술 분야에 대한 젊은 인재를 양성하는 것은 매우 중요하다. 여기에 더해 화학 산업 등에서의 인력 재배치에 대한 교육 수요도 증가하고 있는 상황을 주시할 필요가 있다. 탄소중립 문제가 현실화됨에 따라 화학 산업에서 온실가스를 줄이기 위해 전기화 공정(Electrification)이나 수소 환원 공정 등을 도입해야 하며, 이에 따라 화학 계통 인력의 상당수가 업무 전환을 추진해야 할 것이다. 따라서 학교는 이러한 기초 지식을 보유한 경력 인재들을 탄소중립을 위한 신기술 개발 및 발전을 위한 인력으로 재교육하는 공간이 되어야 한다.

또한, 학교에서 이루어지는 연구는 기존의 연구 문화를 넘어서 스케일 업을 고려한 연구로 전환되어야 한다. 단순히 논문을 위한 연구라는 비판에서 벗어나, 실제 산업에 적용 가능한 규모의 연구가 이루어져야 한다. 아무리 우수한 연구라 하더라도 산업체에 이전되어 실제 적용되지 못한다면 의미가 없기 때문이다. 이러한 점을 개선해 학교 차원에서 연구를 진행할 때, 실제 산업 규모로 운영되었을 때도 의미 있는 결과인지 여부를 확인하고 증명하는 과정이 필요하다. 이처럼 바로 산업에 투입되어 산업 발전에 기여할 수 있는 연구와, 그러한 연구를 수행할 인재를 육성하는 데 집중해야 한다. 이것이야말로 패스트 팔로워를 넘어 퍼스트 무버로의 연구 전환이라 할 수 있다.

대학은 교육 기관으로서 수소 기술의 실천 및 실증에도 앞장서야 한다. 대학은 수소 기술을 포함한 탄소중립 실천의 모범 사례를 직접 구현해 보여야 하며, 학교에서 이루어진 연구가 교육과 인력 양성에 적극적으로 활용될 수 있도록 해야 한다. 가능하다면 수전해 장치나 연료전지 등 수소 기술 관련 설비가 캠퍼스에 설치되어 교육과 실증의 장이 되도록 해야 한다. 이를 바탕으로 대학 내에서 스타트업이 창출될 수 있다면 더욱 바람직하다. 또한, 정책적 판단이 중요한 탄소중립 기술 분야에서 리더십을 발휘할 수 있는 대학이 되어야 한다.

대학이 수소 경제와 탄소중립 목표 달성에 핵심적인 역할을 할 때, 우리는 지속 가능한 발전을 실현할 수 있을 것이다. 수소 기술의 발전은 한 국가의 산업 발전을 넘어, 전 세계적인 기후 위기 완화에 기여할 수 있다. 서울대를 비롯한 국내 대학들이 수소 기술의 실증 연구를 통해 산업 혁신과 정책적 리더십을 선도해 나간다면, 한국은 수소 경제를 주도하는 세계적인 리더로 자리매김할 수 있을 것이다.

4장

서울대학교 조선해양공학과 강상규 교수

탄소중립을 실현하는
수소 경제

*

　전 세계적으로 청정 에너지로서 수소에 대한 관심이 높아짐에 따라, 이를 활용하려는 움직임도 함께 증가하고 있다. 수소를 기반으로 한 에너지 시스템 구현은 탄소중립을 실현할 수 있는 유력한 수단으로 평가되고 있다. 에너지 운반체로서 수소를 활용하는 기술에 대한 연구 및 개발을 지원하는 정책을 펼치는 국가들이 늘어나고 있으며, 많은 국가가 수소가 미래 에너지 시스템에서 중요한 역할을 할 것으로 전망하고 있다. 하지만 국내에서는 아직 정책적·기술적 불확실성이 존재하는 상황이다. 이에 따라 수소 시스템 기술의 전반적인 개요와 현황, 향후 시장 전망 등을 알아보기 위해 서울대학교 조선해양공학과 강상규 교수와 인터뷰를 진행했다.

강상규 교수
서울대학교 조선해양공학과 교수로 임용된 이후, 재임 기간 동안 그린 수소 생산 기술인 알카라인, 고분자전해질 및 고체산화물 수전해, 수소 활용 기술인 고분자전해질 및 고체산화물 연료전지, 그리고 수소 저장 기술에 관한 연구를 진행하고 있다. 또한, 국무총리산하 수소경제위원회 1기 민간위원으로서의 활동을 통해 국내 수소 정책을 심의 및 의결하는 역할을 수행하였으며 국내 수소 시장의 활성화를 위해 노력하고 있다.

4.1. 수소 시스템의 개요

최근 주변에서 수소 기술에 관한 이야기들을 쉽게 접할 수 있다. 수소 경제 사회(시스템)가 왜 필요한가? 그리고 미래 에너지를 위한 수소의 역할은 무엇인가?

수소는 인류가 발견한 원소 중에서 우주에서 가장 가볍고 풍부한 원소이다. 이렇게 우리 주변에 풍부하게 존재하는 수소는 사용 과정에서 이산화탄소(CO_2), 메탄(CH_4), 아산화질소(N_2O)와 같은 온실가스를 배출하지 않으며, 재생 에너지 발전 기술의 한계를 보완하고 탄소중립 목표 달성을 위한 핵심적인 열쇠가 될 수 있다. 따라서 기후변화가 점점 심각해지는 오늘날, 수소의 필요성은 더욱 강조되고 있다.

기후 위기는 더 이상 먼 북극이나 태평양의 이야기만이 아니라, 지금 이 한반도에서도 현실로 체감되고 있다. 기후 위기의 주범인 온

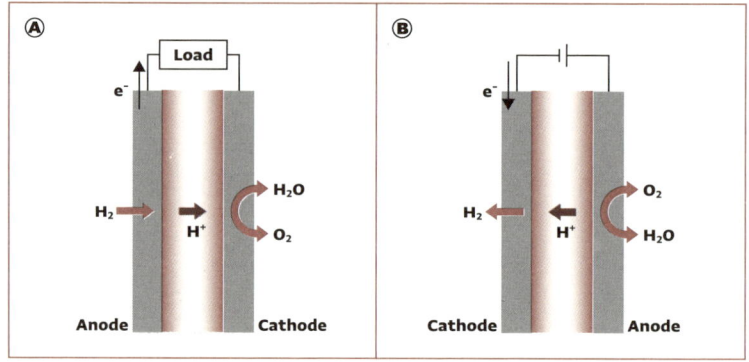

연료전지(좌)와 수전해 개념도(우)

출처: T. Ogawa, M. Takeuchi, Y. Kajikawa. Analysis of trends and emerging technologies in water electrolysis research based on a computational method: a comparison with fuel cell research. Sustainability, 10, 2018.

실가스를 줄이고 탈탄소 사회를 실현하기 위해 기존의 화석연료 기반 에너지 체계에서 재생 에너지 기반 사회로의 전환은 이제 피할 수 없는 시대적 과제가 되었다. 그렇다면 태양광이나 풍력과 같은 재생 에너지만 충분히 설치하면 이 문제가 해결될까? 그렇지 않다. 재생 에너지는 자연환경의 조건에 크게 영향을 받기 때문에, 흐린 날이나 일몰 이후에는 태양광 발전이 불가능하며, 바람이 약한 지역에서는 풍력 발전이 어렵다. 이처럼 전력 수요와 공급 사이에는 시간적, 공간적 불일치가 발생하며, 이는 인간의 통제로 해결하기 어렵다.

따라서 전력이 과잉 생산되는 시간에 남는 전기를 저장해 두었다가 필요한 시점에 활용할 수 있는 방법이 필요하며, 이 지점에서 수소의 역할이 부각된다. 수전해 장치를 이용하면 물(H_2O)에 전기를 가해 수소(H_2)와 산소(O_2)로 분해할 수 있으며, 이 과정을 통해 남는 전기를 수소 형태로 저장할 수 있다. 수소는 매우 가볍고 저장과 운송이 용이하며, 필요할 때 연료전지를 통해 다시 전기로 전환할 수 있다. 나아가 수소는 메탄(CH_4), 암모니아(NH_3) 등의 형태로 합성되어 산업 전반에 활용될 수 있다. 즉, 수소는 재생 에너지 기술의 한계를 보완하면서도, 청정 전력을 다양한 수요처에 공급할 수 있는 매우 유용한 에너지 매개체이다. 이처럼 탄소중립을 위한 수소의 역할은 재생 에너지와 함께 반드시 필요한 요소라 할 수 있다.

> 앞서 성영은 교수와 수전해 및 수소연료전지 기술에 대해 살펴봤다. 강상규 교수는 이러한 개별 기술의 성능을 극대화하는 시스템 최적화를 연구한다고 들었다. 시스템 최적화 기술은 무엇이고 왜 중요한 것인가?

수전해 및 연료전지는 전기화학 반응 장치이다. 주기기인 스택의 성능은 일반적인 화학 반응기와 마찬가지로 온도, 압력, 반응물의 농도 등에 영향을 받는다. 수전해 스택에서 물을 전기분해해 수소를 생산하거나, 연료전지 스택에서 수소를 산화시켜 전력을 생산하는 과정 중에는 엔트로피 변화 및 스택 내부 저항으로 인해 에너지 손실이 발생한다. 이러한 손실을 최소화하는 것이 스택 차원의 성능을 최적화하는 것이다.

스택의 에너지 손실을 줄이기 위해서는 단계별 최적화가 필요하다. 먼저 성능과 경제성을 고려해 효율적인 소재 및 촉매를 개발함으로써 전기화학 반응의 성능을 향상시킬 수 있다. 예를 들어, 연료전지에 사용되는 백금 촉매는 반응 속도를 향상시키지만 고가의 희소 자원이기 때문에 이를 대체할 수 있는 저비용 고성능 촉매가 필요하다. 니켈 합금이나 페로브스카이트계 촉매 등이 대표적인 대안으로 연구되고 있다. 또한 전해질막과 전극을 개선하여 이온 이동 저항을 줄이는 것도 스택 성능 향상의 방법이다.

스택 내에서는 연료가 반응 위치까지 원활히 도달해야 하므로, 물질 전달 저항을 줄이기 위한 매니폴드, 채널, 기체 확산층 등의 구조 최적화가 필요하다. 전환되지 못한 에너지는 열로 방출되며, 열이 제대로 배출되지 않으면 온도 상승으로 성능 저하 및 시스템 수명 단축으로 이어질 수 있다. 이를 방지하기 위해 방열 성능을 고려한 스택 구조 최적 설계가 필요하고, 열 관리 시스템을 통한 스택 열 제어도 최적화되어야 한다.

스택뿐 아니라 BOP(Balance of Plant)[24] 장치들도 최적화되어야 한다. BOP는 시스템의 성능 극대화와 안정적인 운전을 위해 연료 공

---

24 발전소나 연료전지 시스템의 주변 장치를 가리키는 용어이다.

급, 공기 공급, 열 관리, 전력 변환 시스템 등으로 구성된다. 구체적으로는 펌프, 공기 블로어, 밸브, 열 교환기, 응축기, 세퍼레이터, 연소기 등이 포함되며, 이들 부품의 효율이 전체 시스템 효율을 좌우한다. 예를 들어, 열 교환기를 통해 회수한 열을 재활용하면 열 회수율이 높아지고, 이에 따라 시스템 전체의 효율도 증가한다. 펌프나 송풍기와 같은 장치는 연료전지에서 발생한 전기를 사용하므로 이들의 효율 또한 중요하다.

스택과 BOP 부품 자체의 성능이 우수하더라도, 이들을 하나의 시스템으로 통합할 때는 각 부품의 최적 배치가 필수적이다. 이를 통해 고효율 시스템 설계가 가능해지며, 설치 후에는 재생 에너지 또는 특정 부하에 연결되어 운전된다. 전력 공급 또는 수요가 실시간으로 변화하는 만큼, 수전해 및 연료전지의 성능도 이에 따라 변화할 수 있으며, 최적화된 성능 유지를 위한 실시간 제어가 필요하다.

이러한 최적화는 실험을 통해 직접 검증할 수도 있으나, 실험 전 수치해석 기반의 물리 모델을 통해 설계안을 도출할 수 있다. 전기화학 반응, 물질 전달, 열전달을 수학적으로 표현한 물리 지배 방정식을 기반으로 시뮬레이션을 수행하면 다양한 운전 조건에서의 정밀한 분석이 가능하다. 즉, 모델링 및 시뮬레이션 기술을 통해 시스템 운전의 효율과 안정성을 확보하고, 결과적으로 수전해 및 연료전지 시스템의 경제성과 효율성을 극대화할 수 있다.

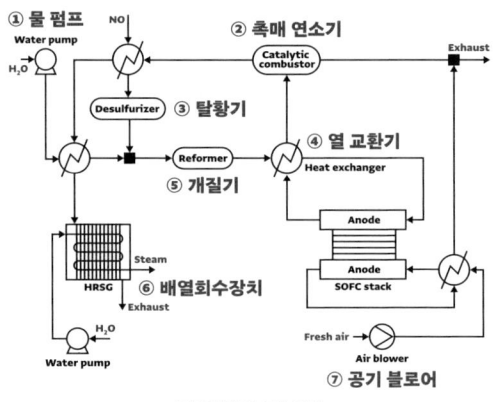

연료전지 시스템 예시

① **물 펌프(Water pump)**: 천연가스에서 수소를 추출하기 위해 필요한 물을 공급하는 장치이다.

② **촉매 연소기(Catalytic combustor)**: 연료전지 스택을 통과하고 남은 미반응 연료(CH_4, H_2 등)를 연소 과정을 통해 추가적인 열을 생산하여 시스템에 열을 공급할 수 있는 장치이다. 주로 고온에서 작동하는 연료전지에 사용되며, 고온의 연료전지 시스템은 적절한 작동 온도를 유지해야하기 때문에 추가적인 열 공급이 필요하다. 또한, 생성된 열은 개질기, 스택 예열, 시스템에 유입되는 공기, 물 및 연료를 예열하는 데 사용된다. 촉매 연소기는 일반적인 연소와 달리 촉매를 이용하여 연소 반응을 촉진시켜 주는 역할을 하며, 주로 연료전지 미반응 가스와 같이 연료 농도가 희박한 연료를 연소시키는데 사용되며, 낮은 온도에서도 연소가 가능하여 유해 배출가스를 줄여주는 역할도 한다.

③ **탈황 장치(Desulfurizer)**: 천연가스에 포함되어 있는 황 원자나 황 화합물(황화수소 등)의 오염물질을 제거하는 장치이다.

④ **열 교환기**(Heat exchanger)**:** 열 교환기는 온도가 높은 유체에서 낮은 유체로 열을 전달해 주는 장치이다. 연료전지 스택에서 전기 에너지로 전환되지 못한 에너지는 열로 전환된다. 촉매연소기 장치에서는 미반응 연료를 연소시켜 열로 전환시킨다. 즉, 연료전지 시스템 내에서 많은 열이 발생한다. 연료전지의 종류에 따라 요구되는 운전 온도가 있다. 따라서, 시스템 내부에서 발생된 배열을 어떻게 활용하는지에 따라 연료전지 시스템의 효율성을 높일 수 있다. 이를 열 교환기를 통해 서로 간의 열 교환을 통해 적절히 유지시켜준다.

⑤ **개질기**(Reformer)**:** 탄화수소(CH_4, C_2H_6 등) 연료에서 수소를 추출하기 위한 장치이다. 가장 많이 사용되는 개질기, 수증기와 탄화수소 연료를 고온에서의 반응시켜 탄화수소에서 수소를 추출하는 장치이다.

⑥ **배열회수장치**(Heat Recovery Steam Generator, HRSG)**:** 연료전지 시스템 배열을 회수하여 스팀 또는 온수를 만드는 장치이다.

⑦ **공기 송풍기**(Air blower)**:** 연료전지 스택에 산소를 공급하는 장치이다.

> 현재 수소 시스템의 발전 단계는 어느 정도인가? 그리고 향후 어떻게 발전할 것으로 전망하는가?

수소 수전해 및 연료전지 시스템 분야는 현재 기술 성장기에 해당한다. 소재, 부품, 시스템 차원에서의 성능 향상 연구가 지속적으로 이루어지고 있으며, 일부 유형은 이미 상용화가 이루어져 대용량 시스템에 대한 수요가 점차 증가하고 있다. 안정적인 대용량 시스템을 구축하기 위해서는 스택 및 BOP 등 부품 차원에서 대형 부품의 최적 설계 기술이 확보되어야 하며, 대용량 시스템 개발을 위한 단위 모듈 시스템의 용량 정립이 시급한 과제이다.

앞서 언급한 수치해석 기반 시뮬레이션 모델은 수소 스택 및 BOP 각 부품의 기하학적 설계 인자를 기반으로 개발되므로, 부품을 스케일 업 설계하거나 시스템의 최적 모듈 사이즈를 정립하는 데 효과적으로 활용할 수 있다.

현재 수전해 및 연료전지 시스템은 내연기관이나 가스터빈 등 기존 에너지 시스템에 비해 내구성이 충분히 확보되지 않은 상태이다. 이에 따라 소재, 부품, 시스템 전반에 걸쳐 내구성 향상을 위한 연구가 활발히 진행되고 있다. 특히 시스템 차원에서는 다양한 운전 조건에서 제어 전략을 수립하여 내구성을 확보하려는 노력이 이어지고 있으며, 이는 모델링 및 시뮬레이션 기술을 통해 시스템 실증 이전에 정립할 수 있다.

향후 수전해 및 연료전지 시스템이 본격적으로 상용화되면, 분산 자원을 통합한 섹터 커플링[25]과 마이크로그리드[26]가 구현될 것으로 예상된다. 섹터 커플링을 완성하기 위해서는 입력 신호의 동적 변동성을 파악하고 이에 적합한 분산 자원을 최적으로 배치하는 것이 중요하다. 이후 전력망에 운전 부하 프로파일이 주어졌을 때, 각

---

25 발전 부문에서 생성된 전력(특히 재생 에너지)를 다른 형태로 변환하여 난방, 수송 등 다른 산업부문(Sector)에서 활용함으로써 에너지 네트워크를 연결(Coupling)하는 기술적 개념을 말한다. 이전에 전력화가 어려웠던 산업부문에서도 재생 에너지 전력을 활용하여 에너지 시스템 전체의 탄소중립을 실현할 수 있는 방법으로 주목받고 있다. 섹터 커플링 개념의 핵심 기술은 P2X(Power-to-X)로 설명된다. 이는 재생 에너지 전력(Power)이 각 다른 에너지 형태(X)로 변환되는 것을 의미하는데, 대표적으로 다음과 같은 예시가 있다.
 - P2G(Power-to-Gas): 수전해를 통해 재생 에너지 전력을 수소로 변환하고 이를 다양한 형태의 가스로 합성하는 개념. 수소는 자체로써 에너지 운반체로 사용되거나 메탄, 암모니아 등 다양한 2차 생성물의 원료 자체로 사용될 수 있다.
 - P2H(Power-to-Heat): 히트 펌프 장치를 통해 재생 에너지 전력을 열로 변환하는 개념. 화석연료 연소에 의존했던 기존 난방 부문을 전력화 할 수 있다.
 - P2M(Power-to-Mobility): 재생 에너지 전력을 운송 부문의 동력원으로 변환하는 개념. 재생 에너지 전력으로 전기차의 배터리에 충전하거나, 재생 에너지 전력으로 생산된 수소를 수소 연료전지차에 공급할 수 있다.
 재생 에너지와 수전해 장치를 통해 생산된 그린 수소는 각 산업부문을 연결하는 매개체의 역할을 할 수 있기 때문에, 섹터 커플링 개념을 완성하는 중요한 열쇠가 될 것으로 예상된다.

26 대형 발전소에서 생산된 전력을 중앙 그리드를 통해 공급받았던 단방향성 시스템과 달리, 단위 공동체 안에서 소비자가 직접 전력을 생산 및 소비(Prosumer)하고 나아가 잉여 전력을 공유하며 소규모 전력망을 형성하여 자급자족을 실현하는 개념이다. 마이크로 그리드는 대규모 발전 및 송전 인프라를 필요로 하지 않아 건설 비용을 절감하고 환경보호 측면에서도 긍정적이다. 또한, 장거리 송전에 따른 전력 손실이 줄며, 작은 단위 수요변화에 따라 효율적인 에너지 관리가 가능하다는 장점이 있다. 다만, 소규모 전력망인 만큼 발전원의 변동성에 따른 영향이 특히 민감하게 나타날 수 있다. 전력의 품질 및 공급의 안정성 확보를 위해 전력 저장 시스템(ESS, Energy Storage System)의 역할이 매우 중요하며, 배터리나 수소가 그 역할을 수행할 수 있다.

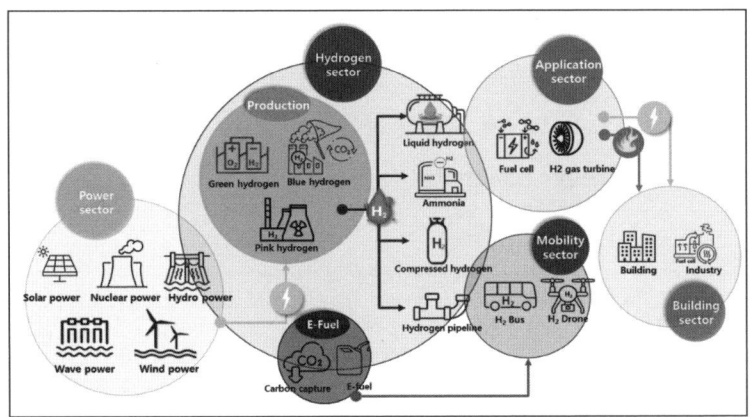

거시적 관점에서의 수소 에너지 시스템

출처: O.J Guerra, J. Eichman. The Role of Hydrogen in Future Energy Systems-Seasonal Energy Storage. NREL. 2020. (출처를 바탕으로 강상규 교수 연구팀 재구성)

수소 기반 분산자원이 효율적이고 안정적으로 운전할 수 있도록 하는 최적의 에너지 분배 알고리즘이 필수적이다.

이를 위해 인공지능 기술을 활용하여 수소, 전기, 열 등 에너지의 실시간 수요를 정확히 예측하고, 각 분산 자원과 스마트 에너지 관리 시스템이 통합된 수치해석 시뮬레이션 모델을 통해 에너지 유형별 최적 분배 전략을 도출할 수 있다. 섹터 커플링에서는 에너지가 실시간으로 전환되며 양방향 공급이 가능하기 때문에, 공급자와 수요자 간의 실시간 에너지 거래 체계가 구축되어야 한다. 이를 바탕으로 스마트 그리드와 가상 발전소(Virtual Power Plant)가 융합된 형태의 플랫폼 개발이 필수적이다.

> 향후 수소 기술의 발전 및 확립을 위해서는 친환경 에너지 시스템 기술의 구현도 상당히 중요할 것 같다. 이를 위해 앞으로 어떠한 노력을 해야 하고, 어떤 문제점에 대비해야 하는가?

탄소중립 사회를 달성하기 위해서는 발전 시 온실가스를 배출하지 않는 재생 에너지원의 역할이 매우 중요하며, 이에 따라 재생 에너지 발전 설비의 확대는 필수적이다. 그러나 재생 에너지는 간헐적이고 변동성이 크기 때문에, 전력 공급과 수요 간의 밸런스를 안정적으로 유지하기 위해서는 수전해 및 연료전지 시스템의 역할이 핵심적이다. 재생 에너지로 생산된 전력 중 사용되지 못한 잉여 전력은 수전해를 통해 수소로 전환·저장한 뒤, 이후 연료전지를 통해 다시 전기로 전환함으로써 에너지 시스템의 유연성을 확보할 수 있다.

수소는 전기로 저장되면 운송과 저장이 용이하며, 연료전지를 통한 전력화는 시간이나 지역에 크게 영향을 받지 않아 다양한 상황에서 효율적으로 활용이 가능하다. 그러나 변동성이 큰 재생 에너지 전력을 수전해 시스템에 직접 인가할 경우, 수소 생산의 핵심 장치인 수전해 셀(Cell)의 내구성이 저하되고, 시스템 운영 및 관리에도 어려움이 발생할 수 있다.

수전해 셀의 내구성 저하는 변동성 전력의 반복 인가, 잘못된 운전 조건, 혹은 정상적인 조건하에서도 촉매층이나 전해질막 등 내부 구성 요소의 구조적 열화 등 다양한 원인으로 인해 발생한다. 이는 수전해뿐만 아니라 연료전지에서도 해결해야 할 중요한 문제이다. 소재의 열화는 잦은 장비 교체를 초래하고, 이는 경제성을 저해하여 수소 경제의 확산을 지연시키는 요인이 된다.

따라서, 구조적 변형에 강한 강건한 소재를 개발하여 셀의 내구성을 확보하는 동시에, 스택 내구성에 영향을 주는 인자를 분석하고 이를 기반으로 시스템 최적 운전 전략을 개발해야 한다. 또한, 배터리와 같은 응답성이 우수한 에너지저장장치(ESS)와의 연계를 통해 수전해에 공급되는 전력의 변동성을 줄이는 방식도 병행할 수 있다.

수소는 발전 분야를 넘어 산업, 교통, 농업 등 다양한 분야에서 활용되고 있으며, 친환경 에너지로의 전환을 위해 청정 수소의 생산량 확대가 필수적이다. 현재 수소는 대부분 천연가스로부터 추출되고 있으며, 이 과정에서 이산화탄소가 다량 배출되어 대기로 방출된다. 수소가 주목받는 이유는 그 생산과 활용의 전 과정에서 이산화탄소를 배출하지 않는 에너지원이기 때문이다. 따라서 천연가스를 활용한 기존의 수소 생산 방식은 지양해야 하며, 재생 에너지 잉여 전력과 수전해 기술을 활용한 '그린 수소' 생산을 증대시켜야 한다.

이를 위해서는 수전해 시스템의 대규모 보급이 필요하며, 이를 가능하게 하려면 수전해 시스템의 생산 및 설치 비용을 낮추는 것이

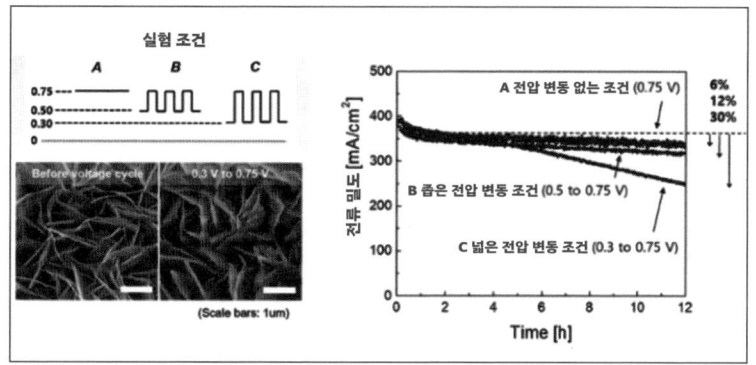

동적 환경에서의 소재 열화 예시

출처: S. Lee, H.S. Cho, W.C. Cho, S.K. Kim, Y. Cho, and C.H. Kim. perational durability of three-dimensional Ni-Fe layered double hydroxide electrocatalyst for water oxidation. Electrochimica Acta, 315:94-101, 2019.

매우 중요하다.

4.2. 국내외 수소 시스템 시장 현황

> 국내 수소 시장 상황이 궁금하다. 국내에서 수소의 생산 또는 사용을 체계적으로 구축하고 적용한 사례가 있는지?

국내외 수소 시스템 활용은 점점 증가하고 있고 특히 국내는 울산/전주·완주/안산을 시범 도시로 시작하여 2021년에 시행된 '수소 도시 조성 및 운영에 관한 법률'에 따라 총 12지역에서 수소 도시를 조성하고 있다. 수소 도시는 수소에너지 수급 생태계를 도시와 연결하고 주거와 건물 및 교통 등에 활용 가능하도록 하는 것을 의미하며, 이는 에너지 전환을 통한 지속 가능한 도시를 실현시킬 수 있다.

각 수소 도시의 주요 방향을 살펴보면 평택은 평택항을 중심으로 수소 교통 복합기지 건설, 당진은 제철소의 부생수소를 활용한 수소 생산, 서산은 대산 산업단지에서 생산되는 부생수소를 활용해 연구특구 등과 연계, 보령은 LNG 터미널과 연계한 글로벌 최대 블루수소 생산 시설 연계, 부안은 재생 에너지(태양광, 풍력)와 연계하여

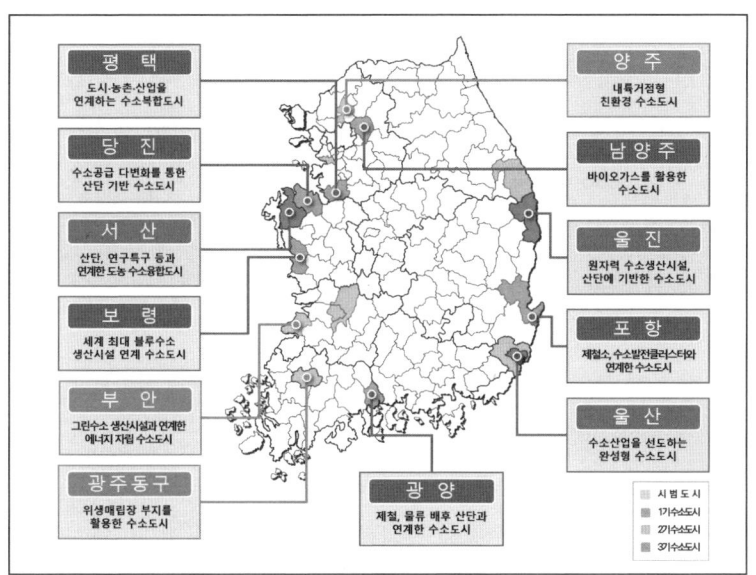

전국 12개 수소 도시
출처: 국토교통부, 수소 도시 2.0 추진 전략, 2024.

그린 수소 연계, 광주 동구는 기피 시설인 위생 매립장을 수소 생산 시설 및 수소 충전소를 포함한 수소 공원 조성, 광양은 제철소 부생수소를 활용한 항만형 수소 도시 조성, 울산은 시범사업으로 구축한 수소 배관 등 인프라를 활용해 조선국가산단 등에 수소를 공급하여 생태계 확장, 포항은 제철소 부생수소를 활용해 수소 발전클러스터와 연계, 울진은 원자력을 활용한 원자력수소 생산 및 공급, 남양주는 바이오 가스를 활용한 수소 생산 및 공급, 양주는 내륙 거점형으로 수소 도시 건설이 계획되어 있다.

국내외 수소 시장 현황을 살펴보면, 국내에서는 두산퓨얼셀이 인산형 연료전지(PAFC)를, 현대자동차가 고분자 전해질 연료전지(PEMFC)를 자체 기술로 생산하고 있다. SK에코플랜트와 삼성중공업 등은 미국 Bloom Energy의 고체산화물 연료전지(SOFC)를 활용하여 관련 사업을 운영하고 있으며, 이로 인해 국내에서는 자체 기술 기반 제품과 해외 제품이 병행 설치되고 있는 상황이다.

수전해 분야에서는 현대자동차가 메가와트(MW)급 고분자 전해질 수전해(PEMEC) 양산을 목표로 기술 개발을 추진 중이며, 수소에너젠은 1MW급 알카라인 수전해(AWE), 엘켐텍은 단일 스택 기준 최대 2.5MW급 PEMEC 수전해 장치를 생산하고 있다. 한편, SK에코플랜트와 SK E&S 등은 각각 미국 Bloom Energy의 고체산화물 수전해(SOEC) 제품과 Plug Power의 고분자 전해질 수전해(PEMEC) 제품을 도입하여 사용하고 있다. 이에 따라 수전해 역시 연료전지와 마찬가지로 국내 기술 제품과 해외 기술 제품이 병행하여 설치되고 있다.

글로벌 시장에서는 연료전지 분야에서 미국의 Plug Power와 Bloom Energy가 기술을 선도하고 있으며, 싱가포르의 Horizon Fuel Cell과 일본의 도요타 또한 주요 기술 선도 기업으로 꼽히고 있다. 수전해 분야에서는 노르웨이의 Nel, 독일의 Thyssenkrupp Nucera, 미국의 Acclera by Cummins, Bloom Energy 등이 각각 알카라인 수전해(AWE), 고분자 전해질 수전해(PEM), 고체산화물 수전해(SOEC) 기술을 주도하고 있다.

다음 표는 주요 기업들의 핵심 제품 용량을 나타낸 것이며, 이를 비교하면 국내 기업들은 해외 기업들에 비해 기술의 대용량화 측면에서 다소 뒤처진 상황임을 알 수 있다.

주요 업체			핵심 제품 용량
Nel	노르웨이	AWE / PEMEC	2.1MW(stack) / 20MW
Thyssenkrupp nucera	독일	AWE	20MW
Accelera by Cummins	미국	AWE / PEMEC / PEMFC	0.5MW / 20MW / 0.15MW
Sunfire	미국	AWE / SOEC / SOFC	10MW / 2.68MW / -
ITM POWER	미국	PEMEC	20MW
Horizon fuel cell	싱가포르	PEMEC / PEMFC	1MW / 0.15MW
Plug power	미국	PEMEC / PEMFC	10MW / 1MW
도요타	일본	PEMEC / PEMFC	기술 개발 단계 / 128kW
SolydEra	이탈리아	SOEC / SOFC	25kW(stack) / 22.5kW
Bloom Energy	미국	SOEC / SOFC	1.2MW / 10MW
두산 퓨얼셀	한국	PAFC	440 kW
현대 자동차	한국	PEMEC / PEMFC	기술 개발 단계 / 95kW
수소에너젠	한국	AWE	1 MW
엘켐텍	한국	PEMEC	2.5MW(stack)

수전해 및 연료전지 주요 업체 핵심 제품 용량 비교

얼마 전 시행한 수소 발전 입찰은 흥행을 거두지 못했다고 들었다. 그 이유는 무엇이라고 보는가?

2022년 수소법 개정안이 공포된 이후, 세계 최초로 국내에 '수소 발전 입찰 시장'이 개설되었다. 이 제도는 수소를 연료로 하여 전력을 공급하는 발전 사업자의 수익성을 보장함으로써 수소 발전을 촉진하기 위한 목적을 가진다. 이에 따라 2025년에는 일반수소(그레이 수소)를 활용한 발전시장이 상업 운전에 들어갈 예정이며, 2028년부터는 청정 수소(블루 및 그린 수소)를 활용한 발전 시장도 본격적으로 상업 운전을 개시할 예정이다.

그러나 2028년에 계획된 청정 수소 발전 경쟁 입찰에서는 총 입찰 물량 6,500GWh 중 응찰 물량이 5,782GWh에 그쳐 다소 미달되었고, 최종 선정된 물량은 750GWh로 전체의 약 11% 수준에 불과했다. 이는 청정 수소 입찰 시장이 기대만큼 활성화되지 못했음을 보여 주는 결과이다.

청정 수소 발전 입찰 시장이 흥행하지 못한 주된 이유는 청정 수소 발전 단가가 여전히 높은 수준이며, 청정 수소 및 암모니아 등을 안정적으로 공급할 수 있는 인프라 구축과 기술 개발이 아직 충분히 이루어지지 않았기 때문이다. 이로 인해 관련 기업들의 적극적인 참여가 제한된 것이다.

연도별 누적 구매량(GWh)				
구분	2025년	2026년	2027년	2028년
일반 수소 발전 시장	1,300	2,600	3,900	5,200
청정수소 발전 시장	-	-	6,500	9,500

일반 수소 및 청정 수소 발전 시장 연도별 누적 구매량

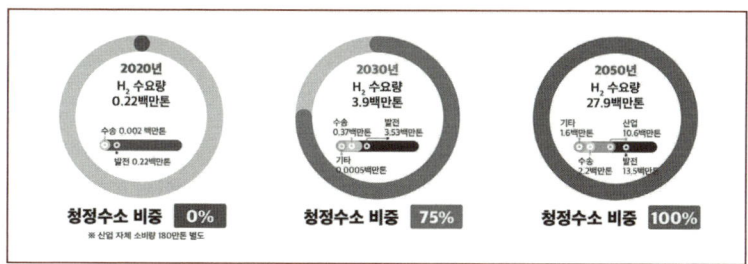

제1차 수소경제 이행 기본 계획 이정표
출처: 산업통상자원부, 제1차 수소 경제 이행 기본 계획, 2021.

청정 수소 발전 시장이 활성화되기 위해서는 수소 가격의 인하뿐만 아니라 충분한 공급이 필수적이다. 그러나 '제1차 수소경제 이행 기본 계획'에 따르면 2050년 청정 수소 자급률은 약 60% 수준에 그칠 것으로 전망된다. 세부적으로 살펴보면, 국내에서 생산되는 청정 수소는 연간 약 500만t이며, 해외에서 수입되는 청정 수소는 약 2,290만t으로, 수입량이 국내 생산량에 비해 압도적으로 많다.

이로 인해 해외 수입 가격의 변동성이 발전 비용에 직접적인 영향을 미칠 수 있어, 청정 수소의 안정적인 공급망 확보는 매우 시급한 과제이다.

수출국	참여 기관	내용	규모	수송 방식
호주	LS일렉트릭, 신한은행, 일렉시드, 한국중부발전, 이지스자산운용	• 호주 퀸즐랜드 주정부와 그린 수소 양산 파일럿 프로젝트 업무 협약 체결	3MW 태양광, 하루 300kg 수소 생산 (연간 11만t)	현지 수요처 전량판매
호주	삼성물산, DGA (미쓰비시 자회사)	• 서호주 지역에 태양광과 풍력 발전단지 조성 및 그린수소 생산설비 구축, 그린암모니아 전환	-	암모니아 해상 운송 (한국&일본 시장 공급)
호주	호주IGE, 삼성물산	• 11MW 노섬 태양광 단지, • 10MW 수전해 및 ESS • 2024년 초부터 하루 최대 4톤 수소 생산 전망 • 추후 태양광 설비 18MW 규모로 확장 예정	연간 1,460t	현지 수요처 전량판매
호주	호주H2U, 동서발전	• 2028년까지 글래드스톤 지역에 수소 허브 구축 목표로 부지확보, 인허가, 사업타당성조사	2050년 연간 110만t	해상 운송 (형태 미정)
말레이시아	삼성엔지니어링, 롯데케미칼, 스코홀딩스, 말레이시아 SEDC에너지, 사라왁전력청	• 안정적인 전력 공급 방안 • 공동 연구 • 변전소, 송전선 등 인프라 설비 • 준비 사항 점검 및 프로젝트 타당성조사 • 2027년 말 상업 생산 목표로 사업 본격화	연간 19만t	암모니아 해상 운송
UAE	한국전력, 삼성물산, 서부전력	• UAE 아부다비 키자드 산업 단지 • 그린 암모니아 생산 플랜트 건설 • 1단계: 연간 3만 5,000t 규모 • 2단계: 연간 16만 5,000t 규모	연간 20만t	암모니아 해상 운송

국내 해외 수소 수입 도입 전략

> 우리나라가 전 세계 수소 시장에서 우위를 선점하기 위해서는 빠르게 연구 역량을 집중해야 할 것이다. 현재 우리나라 수소 시스템 기술 연구가 진행되는 가운데 가장 어려운 문제는 무엇

❙ 이며, 이를 어떻게 타개할 수 있는가?

현재 수소 기술 확산을 저해하는 주요 요인으로는 산·학·연 간 기술 공유 부족을 들 수 있다. 겉으로 보기에는 기술 개발을 위한 산·학·연 협력이 활발하게 이루어지는 것처럼 보이나, 기업체들이 기술 유출에 대한 우려가 있어 실제로는 협업이 원활하게 이루어지지 않는다.

또한 수소 전문 인력의 부족도 중요한 문제이다. 탄소중립이라는 거대한 전환 과정에서 수소 산업이 반도체 산업처럼 독자적인 기술력을 갖춘 핵심 산업으로 성장하기 위해서는 고급 인력의 양성이 필수적이다. 그러나 2022년 8월에 발표된 '에너지 기술 기업 실태조사 고용 현황'에 따르면, 2020년 기준 국내 수소 및 연료전지 관련 인력은 총 9,244명에 불과하며, 이 중 연 매출 300억 원 이상의 기업이 전체의 95.5%를 차지한다.

수소 생산 관련 원천 기술의 연구 개발은 주로 중소기업에서 수행되고 있으며, 이러한 점을 고려하면 수소 생산 분야의 기술 자립을 위한 인력은 턱없이 부족하다. 인력 수급의 불균형 속에서 중소기업은 기술 개발에 필요한 고급 인력이 부족함에도 불구하고 개별적으로 기술 개발을 추진하고 있는 상황이며, 이로 인해 기술 수준 향상이나 비용 절감 측면에서 시장 경쟁력을 확보하지 못하고 있다.

해결 방안으로는 미국 스탠퍼드 대학교의 '수소 이니셔티브(Hydrogen Initiative)'를 참고할 수 있다. 이 이니셔티브는 학문적 연구와 산업계의 요구 사이에서 가교 역할을 수행하며, 커뮤니티에서 생성된 모든 정보와 데이터를 모든 회원에게 공유함으로써 공통적으로 발생하는 문제들을 해결하고 중소기업의 고급 인력 공백을 메울 수 있다.

또한 기업의 핵심 기술은 연구 센터에 별도로 의뢰하여 공통 연구 개발을 추진할 수 있으며, 해당 기업의 수요에 맞춘 전문 인력도 배출할 수 있다. 이와 더불어 수소 이니셔티브는 씽크 탱크(Think Tank)로서 수소 전주기 기술 및 수소 시장 관리 정책을 연구하고 제안함으로써, 국내 수소 산업의 기술 확산을 더디게 만드는 현행 정책 체계를 보완할 수 있다.

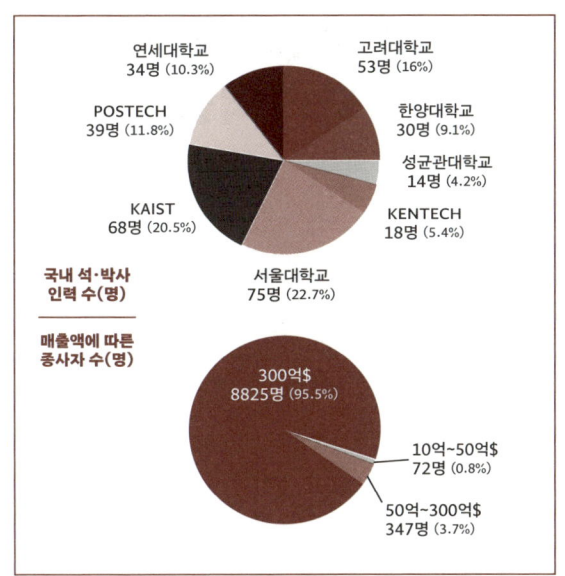

수소 분야 석박사 인력 (좌), 매출액에 따른 종사자 수 (우)
출처: 한국에너지기술평가원, 에너지 기술 기업 실태 조사, 2022.

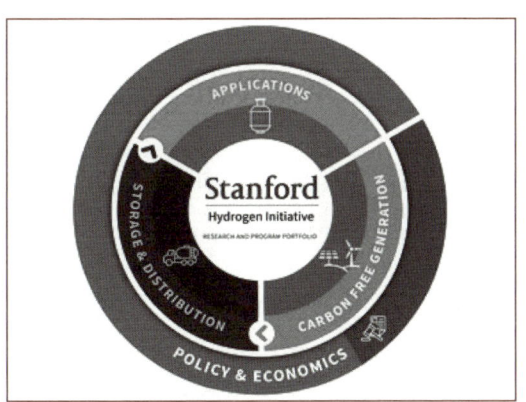

스탠포드 대학교 'Hydrogen Initiative' 연구 범위
출처: Stanford University Hydrogen Initiative. https://hydrogen.stanford.edu/about.

4.3. 수소 시스템 발전을 위한 정부와 대학의 역할

> 현재 수소 시스템 발전을 위한 정부의 지원 현황은 어떠한가? 성공적인 연구를 위한 정부의 지원 중 애로 사항과 그 해결 방안은 무엇이 있는가?

먼저 국내외 수소 관련 정책을 비교해 보면 다음과 같다. 미국은 제1기 트럼프 행정부 당시 파리기후협약을 탈퇴하였으나, 바이든 행정부 출범 이후 다시 협약에 재가입하고, 'IRA(인플레이션 감축법)' 및 'BIL(인프라 투자 및 일자리 법안)'을 시행하면서 청정 수소 생산에 대한 세금 감면, 수소 허브 조성 등 다양한 수소 관련 정책을 추진하고 있다. 그러나 제2기 트럼프 행정부가 출범하면서 파리기후협약 탈퇴 재추진과 함께 수소 관련 정책의 지속 여부가 불투명해졌다.

EU는 2030년까지 그린 수소 1,000만t 생산과 2,000만t 수요를 목표로 하는 도전적인 계획을 수립했다. 또한 'Fit for 55' 패키지를

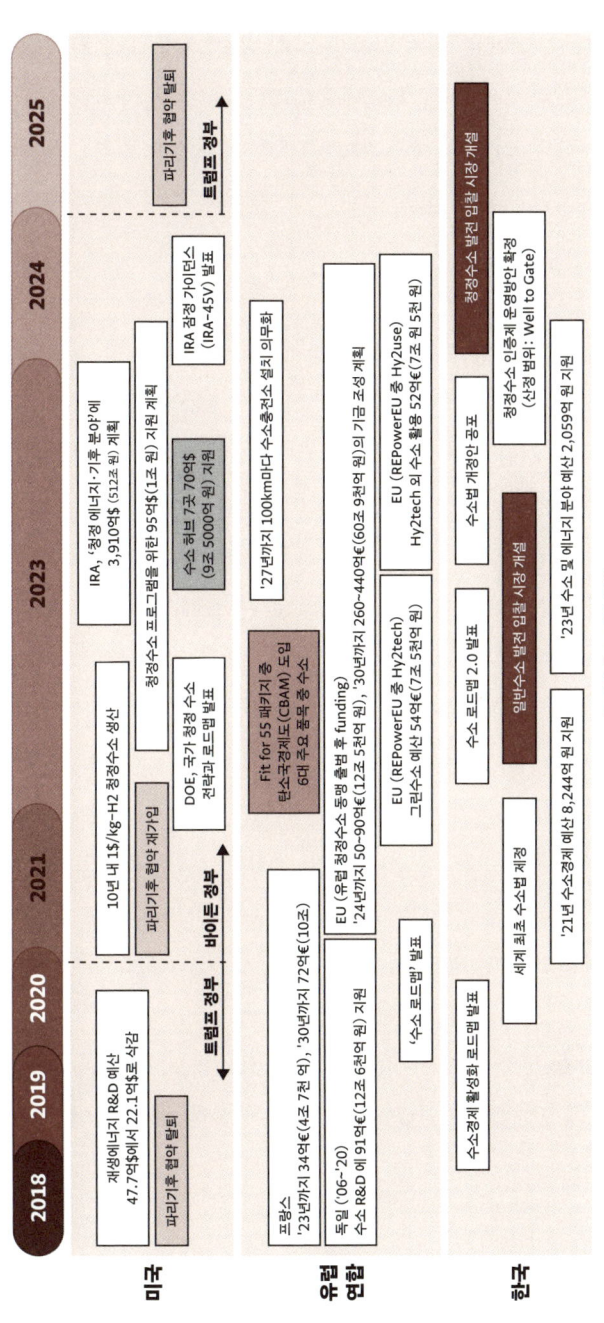

국내외 수소 정책 동향

통해 '탄소 국경 조정 제도'를 도입하였으며, 여섯 가지 대상 품목 중 하나로 수소를 포함시켜 온실가스 배출이 없는 수소 생산의 중요성을 더욱 부각시켰다. 러시아-우크라이나 전쟁 이후에는 블루수소 관련 목표와 정책지원을 폐기하고, 그린 수소 중심의 정책으로 방향을 전환했다.

한국은 세계 최초로 '수소법'을 제정하고, 일반 수소 및 청정 수소 발전 입찰 시장을 개설하였으며, 수소 경제 예산을 지속적으로 지원하고 있다. 이러한 정책적 기반은 국내 수소 기술과 산업의 활성화를 위한 중요한 토대가 되고 있다.

현재 우리나라에서는 에너지 시스템 관련 스케일 업을 포함한 다양한 R&D가 진행되고 있으나, 그에 투입되는 정부 예산은 해외에 비해 약 1/10 수준에 불과하며, 민간의 투자도 충분하지 않은 상황이다. 국내의 R&D 투자가 여러 분야로 분산되어 있기 때문에, 특정 기술에 대해 대규모 투자가 이루어지기 어려운 구조이다. 이에 따라 현재 기술 개발 격차가 크지 않은 기술을 선별하여 집중적으로 투자하고, 최적화된 시스템을 설계한 뒤 상용화 수준까지 발전시키는 것이 하나의 효과적인 개선 방안이 될 수 있다.

또한, R&D를 통해 시스템 최적 설계를 하더라도 실제 제작 공정에서 한계점이 발생할 수 있다. 이 때문에 각 분야 간 협업이 필수적이나, 데이터 보안을 이유로 핵심 정보가 공유되지 않고 양방향 소통이 이루어지지 않아 실질적인 기술 개발이 어려운 상황이다. 이를 해결하기 위해서는 분야 간 신뢰 구축이 우선이며, 기술 유출 시 기업의 피해를 보상하고 유출자에게 징벌적 손해배상을 청구할 수 있는 법적 제도 정비가 필요하다.

> 새로운 기술 개발이 중요하기 때문에 대학의 역할 역시 중요할 것으로 보인다. 대학교가 할 수 있는 일, 해야 하는 일이 있다면 어떤 것이 있는가?

기술 개발이 국가 경쟁력과 지속 가능한 발전을 위한 핵심 요소로 부각됨에 따라 대학의 역할도 더욱 중요해졌다. 전통적으로 대학은 원천 기술 개발과 논문 중심의 기초 연구에 집중해 왔다. 그러나 현재처럼 기술 상용화가 중요한 시점에서는 연구 결과가 산업 현장에서 실질적으로 적용될 수 있도록 기술 성숙도를 높이는 역할이 요구된다.

따라서 대학은 단순히 이론 교육에 그치지 않고, 산업과 협력하여 기술 발전을 선도하는 연구 허브로 기능해야 한다. 특히 수소 경제와 같은 미래 산업 분야에서는 연구소와 대학이 협력하는 상향식(bottom-up) 연구가 중요하다. 기업은 자본 제약으로 인해 시스템 최적화를 우선시하기 어렵기 때문에, 대학과 연구소에서 먼저 소용량 시스템을 구현하고, 이를 바탕으로 점진적인 스케일 업을 통해 에너지 효율 및 최적화 정보를 확보하는 것이 필요하다. 이를 통해 기업에 선제적 정보를 제공하고, 기업은 이를 대규모로 적용하며 실증하는 선순환 구조를 형성할 수 있다.

국내 수소 원천 기술 개발은 대기업보다는 중소기업 중심으로 이루어진다. 그러나 중소기업은 R&D 자원과 우수 인력이 부족하고, 개별 기업이 독립적으로 기술 개발을 진행하다 보니 기술적 장벽을 반복적으로 극복하는 비효율이 발생한다. 이를 해결하기 위해 대학은 중소기업 간 기술 협력을 촉진하는 플랫폼 역할을 수행할 수 있다.

예를 들어, 스탠퍼드 대학의 수소 이니셔티브와 유사하게, 국내 대학에도 '수소 기술혁신 센터'와 같은 연구 클러스터를 구축하여 중소기업이 직면한 기술 문제를 공동으로 해결하고, 공통 기술 장벽을 함께 극복할 수 있도록 지원하는 방식이 효과적이다. 이를 통해 중복 투자를 줄이고, 국가 차원의 기술 경쟁력을 높일 수 있다.

5장

서울대학교 기계공학부 김민수 교수

열 에너지 탈탄소화를 위한 핵심 기술, 히트 펌프

*

　열 에너지는 일상에서 자주 사용되는 에너지 중의 하나이다. 열 에너지는 열의 형태로 에너지를 공급하는 것으로, 물체를 차갑게 만들거나 뜨겁게 데우는 것처럼 생활 속에서 쉽게 접할 수 있다. 이 외에도 열 에너지는 산업, 건물, 수송, 발전 등 다양한 분야에서 활용되며, 전 세계의 최종 소비 에너지 중 약 50%를 차지한다.

　현재 열 에너지 생산의 80% 이상이 화석연료에 의존하고 있기 때문에, 열 에너지 부문의 탈탄소화를 위한 효과적인 방안으로 히트 펌프 기술이 주목받고 있다. IEA(International Energy Agency, 국제 에너지 기구)가 발표한 2050 탄소중립 로드맵에서도 발전, 산업, 수송, 건물 등 전 분야에서 히트 펌프의 확대가 강조되고 있다. 히트 펌프는 재생 가능 에너지원을 이용할 수 있는 대표적인 친환경 기술이며, 이에 대해 보다 자세히 알아보기 위해 서울대학교 기계공학부 김민수 교수와 인터뷰를 진행했다.

김민수 교수

김민수 교수는 1994년 서울대학교 기계공학부 교수로 임용된 이후, 재직 기간 동안 냉동공조(HVAC) 관련 기업들과 히트 펌프 시스템, 냉동 시스템, 전기차 열 관리, 연료전지 운전 장치 연구 등 120여 건의 프로젝트를 진행했다. 특히 이 프로젝트들의 기술 정교화를 통해 248개의 국제 저널 논문과 480개의 컨퍼런스 논문을 발표했으며 지금까지 48개의 대한민국 특허와 8개의 국제 특허를 보유하고 있다. 2023년 IEA에서 주관하는 제14차 히트 펌프 학술대회(HPC)에서는 Peter Ritter von Rittinger International Heat Pump Award를 수상하며 히트 펌프 기술 발전에 크게 기여했다.

5.1. 히트 펌프 기술의 원리

▎ '히트 펌프'라는 새로운 기술은 어떤 원리로 작동되는가?

물은 자연적으로 높은 곳에서 낮은 곳으로 흐르지만, 펌프에 전기 에너지를 공급하면 낮은 곳에서 높은 곳으로 물을 이동시킬 수 있다. 이와 마찬가지로, 열 에너지는 열역학 제2법칙에 따라 자연스럽게 높은 온도에서 낮은 온도로 흐르지만, 히트 펌프는 전기 에너지를 사용하여 낮은 온도에서 높은 온도로 열 에너지를 전달한다.

히트 펌프의 구성 요소를 살펴보면, 압축기, 팽창 밸브, 실내 열교환기, 실외 열 교환기 등 네 가지 핵심 부품이 있으며, 이들 사이를 냉매라는 물질이 순환하며 열을 이동시킨다. 냉매는 실외의 열을 흡수하여 실내로 전달하는데, 인체에 비유하면 혈관 속의 혈액과 같은 역할을 한다. 압축기는 냉매의 순환을 담당하는 핵심 부품으로, 공급받은 전기 에너지를 기계적 에너지로 변환해 냉매를 압축하고, 냉매의 압력과 온도를 상승시킨다.

이 과정에서 냉매는 고온 상태가 되며, 뜨거워진 냉매는 실내 열 교환기를 통과하면서 상대적으로 온도가 낮은 실내 공간으로 열을 방출한다. 이때 냉매의 응축 현상이 일어나기 때문에, 실내 열 교환기를 응축기라고 부른다.

응축기를 지난 냉매는 팽창 밸브를 지나게 되는데, 팽창 밸브는 냉매의 흐름에 저항을 주어 냉매의 압력을 낮추는 역할을 한다. 이로 인해 냉매는 압축 이전의 압력으로 되돌아가게 되며, 팽창 과정을 겪으며 온도도 낮아진다. 이렇게 온도가 낮아진 냉매는 실외 열 교환기를 통과하면서 동절기의 차가운 외부 공기로부터 열을 흡수한다. 이때 냉매는 액체와 기체가 혼합된 2상 상태에서 기체 상태로 변화하는 증발 현상이 일어나며, 이로 인해 실외 열 교환기는 증발기라고 부른다.

증발기를 통과한 냉매는 다시 압축기로 돌아가며 사이클을 완성하고, 히트 펌프는 지속적으로 실내에 따뜻한 공기를 공급하게 된다.

이러한 히트 펌프의 작동 원리는 에어컨은 여름철 실내에서 열을 흡수하여 냉방을 제공하고 흡수한 열을 실외 열 교환기로 방출한다.

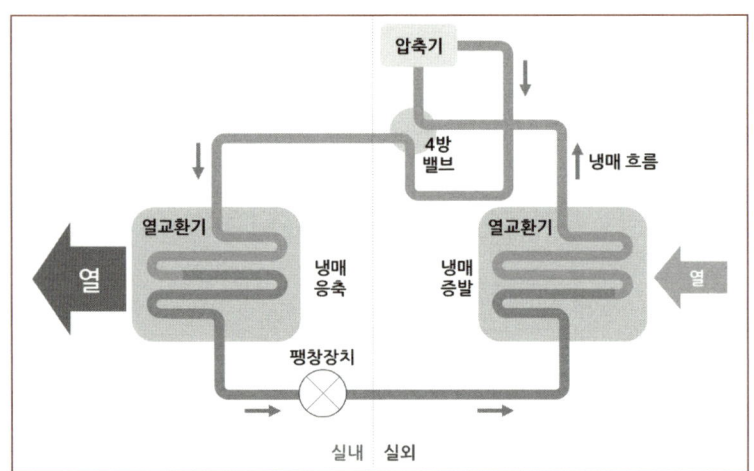

히트 펌프의 작동 원리

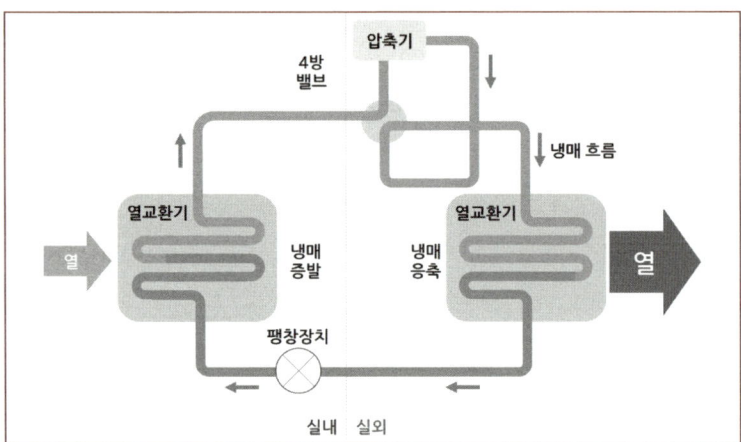

에어컨의 작동 원리

최근 출시되는 히트 펌프 제품은 난방과 냉방을 모두 제공할 수 있도록 4방 밸브(4-way valve)를 탑재하고 있으며, 이 밸브는 냉매의 흐름 방향을 전환해 난방 또는 냉방 모드를 결정한다. 다음 두 그림에서는 4방 밸브의 작동 방식에 따라 압축기를 통과한 냉매가 실외 열 교환기 또는 실내 열 교환기를 통과하게 되는 구조를 보여 준다. 이로 인해 하나의 장치로 계절에 따라 유연하게 대응할 수 있는 것이다.

> 난방이 가능한 전기 보일러, 가스 보일러와 유사한 것으로 보이는데, 히트 펌프가 가진 차이점은 무엇인가?

대표적인 난방 수단으로는 전기 히터와 가스 보일러가 있다. 전기 히터는 전류가 전선을 통과할 때 발생하는 열을 이용하여 다른 물체를 따뜻하게 만드는 장치로, 전류와 전압의 곱으로 발생하는 열량을 계산할 수 있다. 전기 히터는 전기 에너지를 열 에너지로 변환하는데 전기 에너지의 대부분이 열 에너지로 변환된다고 볼 수 있다.

가스 보일러는 천연가스, 석유 등 화석연료를 연소시켜 열 에너지를 발생시키는 난방 장치이며, 온수를 데우거나 증기를 생산하는 방식으로 사용된다. 일반적으로 90~95%의 열효율을 가지며, 높은 온도의 열 에너지를 생산할 수 있기 때문에 대표적인 난방 방식으로 널리 활용된다. 그러나 화석연료를 직접 연소하는 방식이기 때문에, 이산화탄소 등 온실가스를 다량 배출한다는 단점이 있다.

히트 펌프의 효율은 소비된 전기 에너지 대비 전달 또는 흡수된 열 에너지의 비율을 나타내는 성능 계수(COP, Coefficient of Performance)로 표시된다. 난방 운전 시에는 공급된 고온 열원의 열 에너지를 기준으로, 냉방 운전 시에는 흡수된 저온 열원의 열 에너지를 기준으로 COP를 계산한다. 일반적으로 히트 펌프는 난방 운전 시 COP가 3~4 정도로, 이는 투입된 전기 에너지의 3~4배에 해당하는 열 에너지를 공급할 수 있다는 의미이다. 이는 히트 펌프가 단순히 전기 에너지를 열로 전환하는 것이 아니라, 전기 에너지를 이용하여 저온 열원에서 에너지를 흡수해 공급하기 때문이다.

동일한 화석연료 사용량을 기준으로 가스 보일러, 전기 히터, 히트 펌프의 효율을 비교하면 다음과 같다. 가스 보일러는 100의 화석연료로 약 95의 열 에너지를 생산할 수 있다. 반면, 발전소 효율을 50%로 가정할 경우, 100의 화석연료로 50의 전기 에너지가 생산된다. 이 전기 에너지로 전기 히터를 가동하면 최대 50의 열 에너지를 얻을 수 있지만, COP가 3인 히트 펌프를 사용하면 150 이상의 열 에너지를 생산할 수 있다.

이처럼 히트 펌프는 가스 보일러나 전기 히터보다 높은 에너지 이용 효율을 보인다. 즉, 동일한 양의 열 에너지를 공급할 때 히트 펌프는 더 적은 양의 온실가스를 배출하며, 만약 신재생 에너지로 생

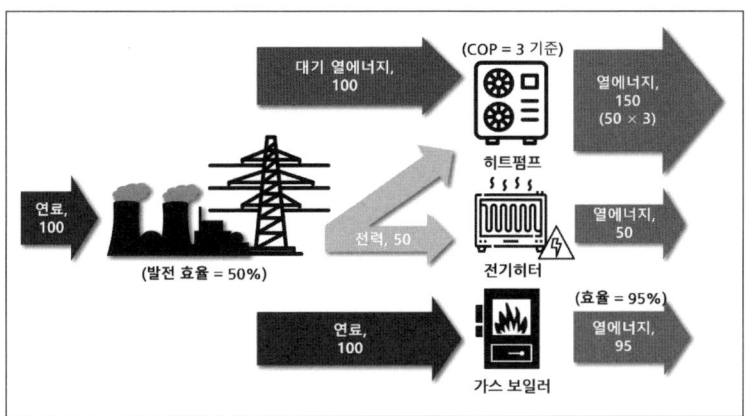

가스 연소 시스템 및 히트 펌프의 난방 에너지 흐름도

산된 전기를 사용할 경우 온실가스를 전혀 배출하지 않고도 열 에너지를 공급할 수 있다는 이야기이다.

2050 탄소중립 시나리오에 따르면, 우리나라는 2018년 기준 건물 부문에서 총 1억 8,000만t CO_2eq의 온실가스를 배출하였으며, 이 중 난방과 취사 등으로 인한 화석연료 직접 배출량은 약 5,210만t CO_2eq를 차지한다. 정부는 2050년까지 이 직접 배출량을 620만t 이하로 감축할 계획인데, 이 목표는 히트 펌프의 보급 확대 없이는 달성하기 어려울 것으로 보인다.

> 현재 국내 히트 펌프는 상용화 초기 단계에 있는 것 같다. 향후 히트 펌프가 어떻게 발전할 것으로 예측되는가?

먼저, 가정용 히트 펌프가 상용화되지 못한 데에는 여러 가지의 복합적인 이유가 있다. 가장 큰 원인 중 하나는 겨울철 히트 펌프의 성능 저하다. 열역학적으로 실외 온도가 낮을수록 히트 펌프의 난방 용량과 성능 계수(COP)는 감소한다. 이는 물을 더욱 높은 곳으로 끌어올릴수록 펌프의 성능이 낮아지는 원리와 같다. 특히 실외 온도가 0°C에 가까워지면 열 교환기 표면에 서리가 형성되어 공기 흐름을 방해하게 되며, 히트 펌프는 이 서리를 제거하기 위해 주기적으로 뜨거운 냉매를 실외 열 교환기로 보내는 제상 운전을 수행하게 된다. 이러한 과정은 혹한기 성능을 저하시키는 결과를 초래한다. 외기 온도가 감소할수록 실내 온도를 유지하기 위해 더 오랜 시간 히트 펌프를 작동시켜야 하며, 때로는 압축기의 회전 속도를 증가시켜 난방 용량을 맞추는데, 이에 따라 전기 에너지 소비가 증가하는 경향이 있다.

또한, 우리나라 주거 문화도 히트 펌프의 보급에 불리하다. 우리나라에서는 주로 보일러를 이용해 온수를 공급하고, 이 온수를 통해 바닥을 데우는 방식을 채택하고 있다. 히트 펌프가 보일러를 대체하려면 온수 생산이 가능해야 하며, 바닥 난방을 할 수 있는 열도 공급해야 한다. 이는 따뜻한 공기를 공급하는 것보다 높은 온도의 물을 요구하므로 히트 펌프의 성능이 떨어지게 된다.

제도적인 문제도 상용화의 걸림돌이다. 선진국의 경우 히트 펌프 설치 및 운용에 정부 보조금을 지급하는 국가가 많지만, 우리나라는 이러한 제도를 시행하고 있지 않으며, 히트 펌프 가동에 필요한 전기에 대해서도 가정용의 경우 누진제가 적용되어 경제적 부담이 매우 크다.

산업용 히트 펌프가 상용화되지 못한 이유는 산업 공정에서 요구되는 고온을 히트 펌프로 달성하기 어렵기 때문이다. 산업 열의 약 11%는 100°C 이하 온수, 26%는 100~200°C 스팀, 11%는 200~500°C 열원, 그리고 52%는 500°C 이상의 고온 열원을 사용한다[27]. 그러나 현재 상용화된 산업용 히트 펌프는 최대 280°C까지의 열만 공급할 수 있으며, 더 높은 온도의 열원을 공급하기 위한 고온 히트 펌프 연구가 진행 중이다. 기존 냉매는 임계점[28]이 낮아 고온에서 응축이 불가능하며, 효과적인 열 전달이 어렵다. 또한 냉매에는 압축기 마찰을 줄이기 위한 냉동기유가 포함되는데, 고온에서 이 냉동기유가 분해되어 탄소 잔류물을 형성하는 경우도 있으며, 이는 냉

---

27 Eurostat, Energy Balances, 2019.

28 액체와 기체의 상을 구분할 수 있는 최대의 온도, 압력 한계점이다. 임계점 이상의 온도 또는 압력 조건에서는 물질의 응축, 증발 현상이 일어나지 않는다.

매의 흐름을 방해하여 성능 저하를 유발한다.

이러한 문제를 해결하기 위해 고온에서도 안정적인 냉매, 냉동기유, 그리고 내열성이 높은 히트 펌프 부품의 개발이 선행되어야 한다.

향후 히트 펌프 기술은 이러한 장애를 극복하는 방향으로 개발될 것으로 예상된다. 특히 한랭지에서의 난방 성능을 확보하기 위한 고효율 압축기, 열 교환기, 제상 기술의 개선이 중요하다. 산업용 히트 펌프의 경우 냉동기유 탄화를 방지하기 위해 무급유 압축기 개발이 진행 중이며, 산업계의 대용량 열 수요에 대응하기 위한 터보 압축기 이용 히트 펌프 개발도 활발히 이루어지고 있다.

> 기술 개발이 활발히 진행되기 위해서는 에너지원 확보, 규제 개선 등 다양한 지원이 선행되어야 할 것으로 보인다. 이러한 히트 펌프 기술 개발에 있어 가장 어려운 지점과 이를 개선하기 위한 방안은 무엇인가?

히트 펌프 기술 개발에 있어서 마주치는 큰 어려움 중 하나는 냉매에 대한 규제이다. 냉매는 히트 펌프 내에서 열을 전달하는 매체로, 액체와 기체 상태로 변하며 열을 흡수하고 방출하는 역할을 한다. 초기에는 물, 암모니아와 같은 자연 냉매를 사용했으나, 이후 더 좋은 열 전달 성능을 가진 합성 냉매가 사용되었다. 그러나 염소화합물이 오존층을 파괴한다는 사실이 밝혀지면서 오존층 파괴지수(ODP)[29]가 0보다 큰 냉매의 사용이 금지되었고, 이후에는 온실가스 문제로 인해 지구온난화지수(GWP)[30]가 높은 냉매에 대해서도 규제가 강화되었다.

현재 대부분의 히트 펌프는 GWP가 높은 냉매를 사용하고 있으며, 유럽을 중심으로 이러한 냉매의 단계적 금지 정책이 시행 중이다. 또한 환경 문제로 인한 PFAS(과불화화합물) 규제[31]도 강화되어 불소를 많이 함유한 냉매의 사용이 제한되고 있다. 이에 따라 친환경 냉매 개발이 시급한 과제로 떠오르고 있다.

---

29 염소화합물이 성층권에 도달할 때 자외선에 의해 염소 원자가 분해되고, 염소 원자가 오존과 반응하여 오존층을 파괴한다. 이러한 방식으로 오존을 파괴하는 화합물의 오존 파괴 잠재력을 서로 비교 가능하도록 정량적으로 나타낸 것을 오존층파괴지수라고 하며, 소위 프레온 가스라고 불리는 $CFCl_3$ 화합물의 값을 1로 간주한다.

30 임의의 화학물질 1kg이 대기 중에 방출되었을 때, 일정 기간 동안 지구온난화에 미치는 영향을 정량적으로 나타낸 것이다. 이산화탄소 1kg이 지구온난화에 미치는 영향을 지구온난화지수 1로 간주한다.

31 탄소(C)와 불소(F)가 결합한 유기화합물을 통틀어 PFAS라고 한다. PFAS 물질은 물과 기름을 밀어내는 성질이 있어 산업계에서 활발히 사용되어 왔다. 그러나, 자연적으로 분해되지 않고 사람의 체내에 쌓이며 암 등의 질환을 유발한다. 이에, 유럽연합과 미국은 PFAS의 사용을 점차적으로 금지하고 있다.

이러한 규제에 대한 대안으로 최근에는 이산화탄소, 프로판, 암모니아 등의 자연 냉매가 다시 주목받고 있다. 자연 냉매는 자연에 존재한다는 장점 외에도, 오존층파괴지수(ODP)가 0이며 지구온난화지수(GWP)가 매우 낮아 친환경 냉매로 분류된다.

특히 이산화탄소 냉매는 지구온난화지수가 1로 매우 낮고, 독성이 없으며 불연성이라는 점에서 장점이 크다. 그러나 이산화탄소는 임계점이 낮고 시스템 작동 압력이 매우 높아 시스템 구축 비용이 높다는 점, 그리고 난방 성능에 비해 냉방 성능이 다소 떨어진다는 문제점이 있어 이를 개선할 필요가 있다. 프로판 냉매는 지구온난화지수가 3으로 낮고 성능이 우수하여 산업 및 가정용 히트 펌프 시스템에 널리 사용될 수 있으나, 그러나 인화성과 폭발 위험성이 존재하므로, 이에 대한 안전 대책이 반드시 함께 마련되어야 한다. 암모니아 냉매는 열전도율이 높고 증발잠열이 커 시스템의 소형화가 가능하다는 장점을 지녀 산업용 히트 펌프의 차세대 냉매로 주목받고 있다. 그러나 암모니아는 독성이 매우 강하므로, 누출을 방지하고 이를 신속하게 감지할 수 있는 기술적 대비가 필수적이다.

이러한 제약에도 불구하고 산업계와 학계는 친환경 냉매 기반 히트 펌프 개발에 집중하고 있다. 예를 들어 일본은 이산화탄소 냉매 히트 펌프 제품을 상용화하였고, 국내 기업들은 프로판 냉매의 충전량을 최소화한 히트 펌프를 출시한 바 있다.

5.2. 국내외 히트 펌프 기술 및 시장 동향

> 히트 펌프가 가정용, 건물용, 산업용 보일러를 대체하기 위해서는 각각의 용도에 맞는 기술 개발이 선행되어야 할 것으로 보인다. 현재 선진국 대비 한국의 히트 펌프 기술 개발 정도는 어떠한가?

우리나라의 가정용 히트 펌프 설계 및 제조 기술은 세계적인 수준이다. 특히 국내 대기업들의 뛰어난 기술력을 바탕으로 세계 시장 공략에 나서고 있다. 기상 냉매 인젝션 기술 등을 적용하여 저온 환경에서도 사용 가능한 히트 펌프를 개발하고 있으며, 2023년에는 유럽 ErP(Energy-related Products) 에너지 등급[32] 중 가장 높은 A+++를 충

---

[32] ErP(Energy-related Products)는 유럽연합의 에너지 소비 기기에 대한 에너지 효율 등급으로서 고효율 기기의 사용을 장려하기 위해 제정되었다. 유럽에서 판매되는 모든 에너지 소비 기기는 ErP 등급을 인증받아야 하며, 인증 시험을 통하여 A에서 G까지의 등급을 부여받는다. A가 가장 에너지 효율이 높은 등급이며, 특별히 A등급은 A+++, A++, A+, A 등급으로 나뉘어 아주 효율이 높은 기기에 A+++ 등급을 부여한다.

족하는 히트 펌프 제품을 선보이기도 했다. 또한, 냉매 규제에 발맞추어 자연 냉매인 프로판 냉매를 사용한 히트 펌프 제품도 출시했다. 국내 대기업의 히트 펌프 해외 시장 판매량이 점차 증가하는 추세인 만큼, 빠른 시간 내에 세계 시장에서 두각을 나타낼 수 있을 것으로 보인다.

신재생 에너지와 연계된 히트 펌프 기술 수준도 매우 높은 편이다. 이를 보여 주는 대표적인 사례로는 인천국제공항 제2여객터미널에 설치된 지열 히트 펌프와 롯데월드타워에 설치된 수열 히트 펌프가 있다. 지열 및 수열 히트 펌프는 땅 내부의 지열 에너지와 강 혹은 호수의 수열 에너지를 열원으로 사용하는 히트 펌프로, 공기를 열원으로 하는 히트 펌프에 비해 효율이 높고 온도 변화가 적어 안정적이라는 장점이 있다. 이를 이용하여 인천국제공항에는 1,500RT[33]급 지열 히트 펌프가 설치되어 냉난방을 공급하고 있으며, 추후 3,000~7,500RT급 지열 히트 펌프를 추가로 설치할 계획이다. 롯데월드타워의 경우 하루 기준 한강 물 5만t을 공급받아 3,000RT의 냉난방을 공급하며, 이는 전체 냉난방 부하의 10%에 해당하는 양이다. 지열 및 수열 히트 펌프는 대규모 용량을 처리할 수 있는 기술력이

---

33 RT는 냉동기와 히트 펌프의 냉방용량 또는 난방 용량을 나타내는 단위다. 0°C의 물 1t을 24시간 동안 0°C의 얼음으로 만들 때 냉각해야 할 총 열량으로 24시간으로 나눈 값으로, 국가마다 물의 융해열을 다르게 두어 약간의 차이는 있으나 우리나라에서는 1RT를 3,320kcal/h로 사용한다. 국제단위계로 변환하면 3,320kcal/h=3.86kW이다.

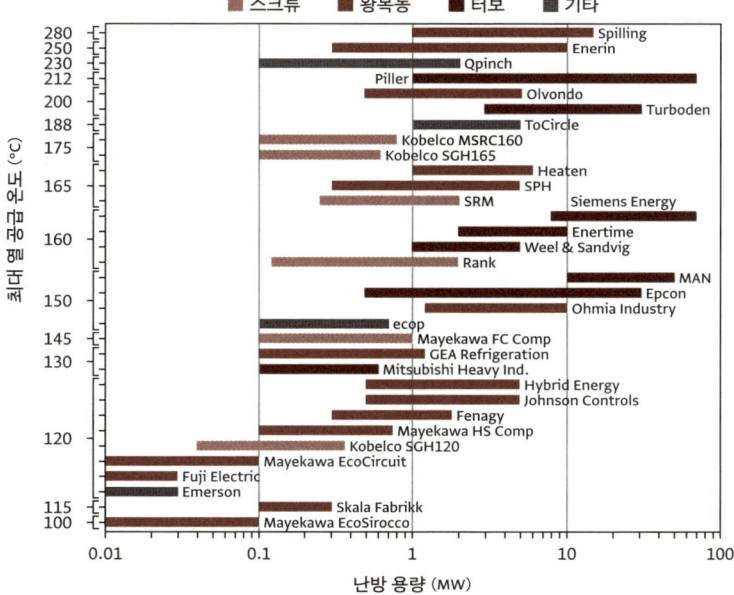

산업용 고온 히트 펌프 현황
출처: Arpagaus et al. ICR 2019.

필수적이어서 구조 설계와 시공이 쉽지 않으나, 국내 기업들은 이러한 높은 기술 수준 요구를 충족하고 있다.

하지만 산업용 히트 펌프에 있어서는 많은 기술 개발이 필요한 상황이다. 해외 선진 제조사들은 이미 수십 kW에서 수 MW 규모에 이르는 다양한 고온 히트 펌프 제품을 출시한 바 있다. 특히 일본의 Kobelco는 증기 재압축기를 활용하여 165°C의 스팀을 생산하는 고온 히트 펌프 제품을 상용화했다. 반면 아직 국내 고온 산업용 히트 펌프는 상용화된 제품이 없으며, 현재는 기술 개발을 하고 있는 상황이다. 최근 국가 연구 개발 사업을 통해 1,000RT급의 120°C 스팀 생산 히트 펌프를 실증하고, 핵심 기술인 무급유 터보 압축기를 개발하는 등의 연구가 진행되고 있는 만큼, 향후 우리나라도 세계적인 기술 수준을 확보할 수 있을 것으로 기대된다.

> 현재 국내외 히트 펌프 기술 시장은 어떠한 상황이며, 향후 어떻게 진행될 것으로 보는가?

현재 국내 히트 펌프 시장은 규모가 크지 않다. 2022년 기준으로 우리나라의 히트 펌프 및 공조냉동기기 시장은 20~30억 달러 수준이며, 히트 펌프는 그 중 약 12%를 차지한다[34]. 히트 펌프 시장 규모가 작은 이유는 앞서 언급한 것처럼 가정용 히트 펌프가 상용화되지 않았기 때문이다. 가정용 히트 펌프는 가스 보일러에 밀려 시장 점유율이 낮은 상황이며, 산업용 히트 펌프는 아직 개발 초기 단계에 머물러 있어 히트 펌프 시장은 중대형 빌딩에 사용되는 상업용 히트 펌프에만 의존하고 있다.

하지만 우리나라도 탄소중립을 목표로 정부 차원에서 제로 에너

34　Minsung Kim, Member Country Report – Korea(Technology Collaboration Programme), 2022.

지 건축물 인증 제도[35]를 시행하고 있으며, 기업 차원에서는 RE100[36]을 추진하고 있기 때문에 국내 히트 펌프 시장도 성장세를 보일 것으로 예측된다. 특히 히트 펌프 시장은 정부의 정책과 지원 제도에 민감하게 반응하는 특성을 지닌다. 과거 정부가 2004년에 해수 표층수의 수열 에너지와 2015년에 지열 에너지를 각각 신재생 에너지로 인정한 이후, 이들 에너지를 열원으로 하는 히트 펌프의 설치 용량이 증가한 바 있다. 정부의 제도적 뒷받침이 지속적으로 이루어진다면 가정용 히트 펌프 시장도 크게 성장할 수 있을 것으로 기대된다.

전 세계적으로도 히트 펌프 시장은 점차 확대될 것으로 전망된다. IEA에 따르면 히트 펌프는 전 세계 건물 난방 수요의 약 10%를 충당하고 있으며, 2021년과 2022년에는 전 세계적으로 히트 펌프 시장이 두 자릿수의 성장을 기록했다. 특히 EU에서는 REPowerEU 계획[37]의 일환으로 현재 약 2,000만 대 수준인 히트 펌프 설치 수를

---

[35] 제로 에너지 건축물 인증 제도란 해당 건축물이 에너지 효율화 관점에서 건축되었는지 여부를 종합 평가하는 제도이며, 단위 면적당 1차 에너지 소비량(kWh/㎡년) 대비 단위 면적당 1차 에너지 생산량(kWh/㎡년)의 비율인 에너지자립률에 따라 인증 등급(1~5등급)을 부여한다.

[36] RE100은 Renewable Electricity 100의 약자이며, 2050년까지 기업이 기업 활동에 필요한 모든 전력을 재생 에너지로 공급하겠다는 자발적인 글로벌 캠페인이다. 글로벌 빅테크 기업뿐만 아니라 국내 기업도 참여하고 있다.

[37] REPowerEU는 2022년 발표된 유럽연합의 에너지 정책 계획으로 러시아-우크라이나 전쟁 이후 나타난 에너지 위기 속에서 러시아에 대한 에너지 의존도를 줄이고 청정에너지로의 전환을 가속화하는 내용을 담고 있다.

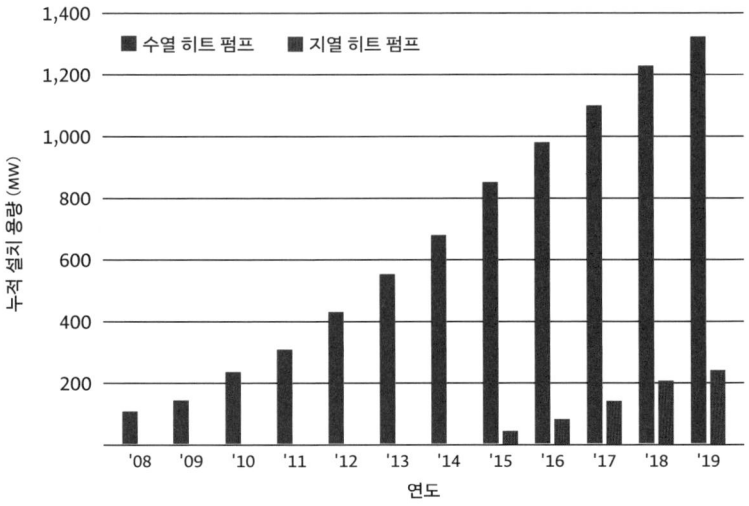

수열 및 지열 히트 펌프의 누적 설치용량 변화

출처: Minsung Kim, <Member Country Report - Korea (Technology Collaboration Programme)>, 2022.

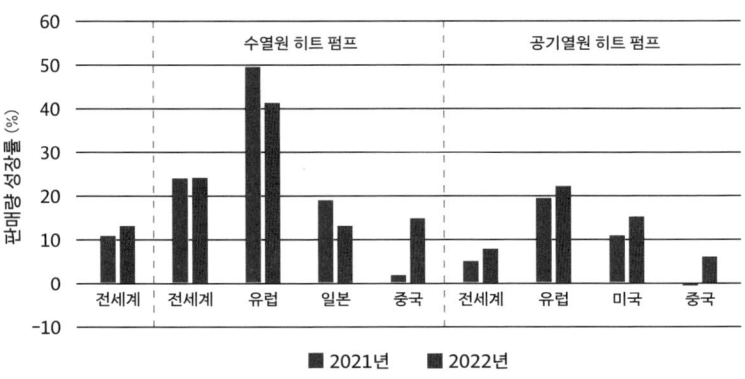

전 세계 및 주요 시장에서의 건물용 히트 펌프 판매량 성장률

출처: IEA Data and statistics, "Annual growth in sales of heat pumps in buildings worldwide and in selected markets, 2021 and 2022" (https://www.iea.org/data-and-statistics/charts/annual-growth-in-sales-of-heat-pumps-in-buildings-worldwide-and-in-selected-markets-2021-2022)

2030년까지 8,000만 대 수준으로 확대할 계획이며, 2022년에만 약 300만 대의 히트 펌프가 판매되었다. 미국 또한 2022년 인플레이션 감축법(IRA)을 통해 히트 펌프 설치와 제조에 대한 재정적 지원을 시행한 바 있다.

따라서 히트 펌프 관련 기술의 개발은 국가 산업 경쟁력을 강화하고 수출 실적을 증대시키는 데 중요한 역할을 하게 될 것이다. 나아가, 우리나라가 탄소중립 목표를 달성하고 탈탄소화를 선도하는 국가로서의 브랜드 이미지를 제고하는 데에도 크게 기여할 것으로 예상된다.

> 전 세계 히트 펌프 시장이 커질 것으로 예측되는 만큼 기술의 상용화에 대한 기대가 크다. 히트 펌프가 실질적으로 가정 및 산업 부문에 보급을 위한 방안과 이에 대한 장단점은 무엇인가?

가정용 히트 펌프의 상용화에 있어 중요한 요소는 앞서 언급한 한랭지 성능 향상과, 이후 언급할 정부의 정책적 지원을 통한 히트 펌프 가격 경쟁력 강화이다. 이외에도 사용자 인식 변화가 동반되어야 한다.

가정용 히트 펌프의 상용화에 있어 사용자가 히트 펌프의 장단점에 대해 정확히 인지하는 것이 중요하다. 난방용 보일러와 냉방용 에어컨을 개별적으로 설치하여 공간을 많이 차지하였던 기존 냉난방 시스템에 비해, 히트 펌프는 하나의 기기로 냉방과 난방은 물론, 경우에 따라 급탕(온수 공급)까지 제공할 수 있다는 점에서 공간 활용 면에서 유리하다는 것이다. 또한, 히트 펌프가 추운 날씨에는 작동하지 않는다는 오해 역시 해소되어야 한다. 히트 펌프의 성능이 혹한기에 다소 감소하는 것은 사실이나, 이를 보완하기 위한 인버터 적용 기술[38], 기상 냉매 인젝션 기술[39] 등이 이미 제품에 적용되고 있으며, 최근에 출시되는 히트 펌프는 혹한기에도 안정적인 성능을 보이는 수준에 도달했다.

산업용 히트 펌프의 확대를 위해서는 200°C 이상의 고온을 공급할 수 있는 히트 펌프의 개발이 필요하다. 그러나 현재 국내 고온

---

[38] 인버터 적용 기술은 기존의 고정된 속도로 회전하였던 압축기 작동 방식(On/Off 방식)과는 달리, 인버터를 사용하여 교류 전원의 주파수를 가변함으로써 압축기의 회전 속도를 조절하는 기술이다. 이 기술을 사용하면, 요구되는 난방 용량이 적을 경우에는 압축기의 속도를 낮추어 에너지 소비를 최적화할 수 있으며, 요구되는 난방 용량이 클 경우에는 압축기의 속도를 높여 안정적인 난방 공급이 가능하다.

[39] 기상 냉매 인젝션은 냉매 압축 과정의 중간에 상대적으로 차가운 기체 냉매를 주입함으로써, 압축기에서 토출되는 냉매의 온도를 낮추는 기술이다. 히트 펌프에서는 압축기의 속도가 빠를수록 난방 용량이 증가하고 이에 따라 토출 온도도 상승하게 된다. 그러나 토출 온도가 지나치게 높아지면 냉매유의 탄화로 인해 장치 고장이 발생할 수 있으므로, 압축기의 속도에는 제한이 존재한다. 기상 냉매 인젝션 기술을 활용하면 이러한 문제를 해결할 수 있으며, 기존 방법보다 더 높은 압축기 속도를 유지할 수 있어 난방 용량을 효과적으로 증가시킬 수 있다.

히트 펌프 개발은 180°C 급 히트 펌프를 대상으로 하고 있으며, 지속적인 연구 개발이 필요한 상황이다. 따라서 히트 펌프의 공급 온도를 더욱 향상시켜 산업용 보일러를 대체할 수 있는 고온 히트 펌프의 개발은 향후 지속적으로 추구해야 할 핵심 과제라고 할 수 있다.

5.3. 히트 펌프 기술 선도를 위한 정부와 대학의 역할

> 탄소중립을 위해 히트 펌프는 꼭 필요한 기술로 보인다. 기술 확산을 위해 정부가 정책적으로 지원할 수 있는 부분은 무엇인가?

히트 펌프 기술 개발을 위해서는 정부의 R&D 직접투자도 중요한 문제이다. 실제로 앞서 언급된 산업용 히트 펌프 기술 개발 R&D가 정부 주도 하에 다수 이루어지고 있는 상황이다. 그러나, 무엇보다 중요한 것은 히트 펌프 시장을 확대시키기 위한 하는 정부의 정책적 지원이다. 현재 국내 가정용 히트 펌프 시장이 작은 규모이기 때문에 기업도 관련 기술 개발에 적극적으로 투자하기 어렵고, 학계도 인재 양성에 어려움이 있는 상황이다.

가능한 정책 지원 중 하나는 공기를 포함한 다양한 열원을 재생에너지원으로 인정하는 것이다. 우리나라의 '신에너지 및 재생 에너지 개발·이용·보급 촉진법(신재생 에너지법)'은 지열, 해수열, 하천수열

만을 재생 에너지로 인정하여 제도적으로 지원하고 있다. 반면, 독일, 영국, 프랑스, 스웨덴 등의 유럽국가들은 2009년부터 지열, 수열과 더불어 공기열을 재생 에너지로 지정해 왔다. 미국, 일본, 중국에서도 지열, 공기열, 수열 등 다양한 자연 온도차 에너지원을 재생 에너지로 분류한다. 이러한 국제적 흐름을 따라가기 위해서는 공기열뿐만 아니라 수열, 지열, 태양열 및 이들 열원을 복합적으로 사용하는 하이브리드 히트 펌프 모두를 재생 에너지 이용 기기로 지정하여 보급 사업을 포함한 정책적 지원을 강화해야 한다.

물론, 공기 열원 히트 펌프의 COP가 혹한기에 감소하고, 이로 인해 때때로 가스 보일러를 추가적으로 가동하여 난방을 공급한다는 비판도 존재한다. 아직은 모든 전기 에너지를 재생 에너지로 만드는 것이 아니기에, 공기 열원 히트 펌프를 재생 에너지로 인정하는 것은 오히려 더 많은 온실가스의 배출을 유발한다는 지적도 있다. 그러나 이러한 문제는 제도적 보완을 통해 해결할 수 있다. 일례로, EU의 경우 각 국가가 위치한 기후에 따라 조금씩 다르지만 공기 열원에 대해서는 계절 성능 지수(Seasonal Performance Factor, SPF)[40]가 2.7 이상인 히트 펌프에 대해, 지열원, 수열원에 대해서는 SPF가 3.5 이

---

40 계절성능지수 SPF는 히트 펌프의 성능을 실제 운영 환경에서 평가하기 위해 계산되는 지표이다. 이는 표준화된 시험 평가 조건이 아닌, 실제 히트 펌프가 설치된 현장의 데이터를 수집하여 성능 계수 COP를 측정하는 방식이다. 이때, 성능 평가 대상 기간은 난방 시즌 전체 또는 한 해 전체의 데이터를 기준으로 평가하게 된다.

히트 펌프열원	열원매체 및 열전달매체	SPF		
		따뜻한 기후	평균 기후	추운 기후
공기열원	공기-공기	2.7	2.6	2.5
	공기-물	2.7	2.6	2.5
	배기-물	2.7	2.6	2.5
	배기-물	2.7	2.6	2.5
지열원	물-공기	3.2	3.2	3.2
	물-물	3.5	3.5	3.5
수열원	물-공기	3.2	3.2	3.2
	물-물	3.5	3.5	3.5

유럽 의회 및 위원회의 훈령에 따른 히트 펌프 재생 에너지 인정 기준
출처: Official Journal of the European Union, DECISION (2013/114/EU)

상인 히트 펌프에 대해서만 재생 에너지로 인정하고 있는 것을 주목할 필요가 있다.

우리나라도 다른 선진국들과 마찬가지로 성능 계수가 일정 수준 이상인 히트 펌프를 대상으로 인정하는 등, 국내 상황에 맞추어 제도를 제정하는 것이 필요하다. 공기 열원 히트 펌프가 재생 에너지로 인정된다면, 이를 기반으로 운영 보조금 지급, 설치 지원금 지급 등 히트 펌프 보급 사업을 보다 효과적으로 추진할 수 있을 것이다.

이외에도 신규 주택에 대해 가스 그리드 설치를 의무화하는 정책 방향성은 히트 펌프 보급을 저해하는 요인이기 때문에 개선이 필요하다. 유럽연합이 신축 가스 보일러 설치를 금지하거나 히트 펌프

설치를 의무화하는 정책을 펼치는 것과는 상반되는 모습이다. 물론 국내 신재생 에너지 발전량이 아직 충분하지 않아 화석연료 기반의 난방 방식을 즉시 금지하는 것은 어려운 일이다. 하지만 히트 펌프를 포함한 재생 에너지를 이용한 난방 비중을 점진적으로 확대해 나갈 수 있도록 해야 한다. 특히, 신축되는 건물부터 히트 펌프 설치를 장려하는 것이 매우 중요하다. 화석연료 난방 방식을 채택한 건물은 앞으로 수십 년간 화석연료를 사용할 수밖에 없기 때문이다.

그 밖에도, 현행 제로 에너지 건축물 인증 제도에서는 건물에서 소비하는 전체 에너지 대비 신재생 에너지 생산량의 비율을 '에너지 자립률'로 평가하여 등급을 매긴다. 여기에 열 에너지 사용에 한정하여 자립률을 따로 평가하고 등급을 매기는 '열 에너지 자립률'을 도입한다면 히트 펌프 보급 확대에 도움이 될 수 있다.

또한, 히트 펌프가 사용하는 전기에는 현재 전기 요금 누진제가 적용되기 때문에 이 역시 개선이 필요하다. 전기 요금 누진제로 인해 히트 펌프를 사용할 경우 전기 요금이 가스 보일러를 사용할 때보다 더 비싸게 나오며, 이로 인해 설치 비용뿐 아니라 운영 비용까지 부담이 커져 히트 펌프를 사용할 이점이 사라지게 된다. 반면, 미국이나 일본은 소비자가 전기 요금제를 선택할 수 있고, 영국, 프랑스, 독일 등은 전기 요금 누진제가 없어 히트 펌프 사용에 제약이 없다. 따라서 지열이나 심야 전력처럼 계량기를 따로 설치하여 전기 요금을 구분 적용하는 방식처럼, 히트 펌프 사용 전력은 누진제에서 제외하는 조치도 적극 검토해야 한다.

> 새로운 기술 개발이 중요하기 때문에 대학의 역할 역시 중요할 것으로 보인다. 대학이 할 수 있는 일, 해야 하는 일이 있다면 어떤 것인가?

히트 펌프와 같은 친환경 냉난방 기기는 미래에 사람들이 더 나은 삶을 살 수 있도록 큰 도움을 줄 기술이다. 이를 연구하고 개발하기 위해서는 먼저 이러한 기기의 중요성과 가능성을 인식하는 것이 매우 중요하다. 고등학교 단계에서는 물리, 화학, 수학을 비롯한 여러 과목을 고르게 학습하여 기초적인 지식을 쌓는 것이 필요하다. 특히 물리와 화학에서 다루는 에너지 보존법칙, 질량 보존법칙 등의 개념을 충실히 이해하고, 효율에 대한 기본적인 원리를 학습하는 것이 중요하다. 결국 히트 펌프를 개발하고 탄소중립을 달성하는 일은 세상 모든 기기의 효율을 높이는 과정에서 비롯되기 때문이다.

대학에 진학해서는 히트 펌프 관련 연구가 기계공학과 밀접하게 연관되어 있다는 점을 이해할 필요가 있다. 하지만 현대의 연구와 기술 개발은 특정 전공의 전문성만으로는 충분하지 않다. 예를 들어, 히트 펌프 기술을 한 단계 발전시키기 위해서는 기계공학뿐만 아니라 전기전자공학, 재료공학 등의 다양한 분야의 지식이 요구되며, 동시에 인문학적·사회적 소양도 중요한 역할을 한다. 따라서 모든 분야의 기초를 폭넓게 학습하고, 균형 잡힌 지식의 축적을 위해 노력해야 한다.

탄소중립을 실현하기 위해서는 대학, 연구소, 기업이 같은 목표를 공유하고 긴밀하게 협력해야 한다. 대학은 새로운 기술을 개발하고 이를 실험실에서 검증한 뒤, 기업으로 기술을 이전하여 규모를 확장할 수 있는 기반을 마련해야 한다. 이 과정에서 고급 인력을 양성하는 것 역시 대학의 핵심적인 역할이다. 단순히 이론을 학습하는 데에만 머무르지 않고, 실험과 실습을 통해 풍부한 경험을 축적하도록 교육 시스템을 강화하는 것이 필요하다. 히트 펌프와 관련된 지식을 대학에서 직접적으로 배우기보다는, 관련된 기본 원리를 이해하고 해석하는 방법을 익히며, 실험을 수행하고 결과를 분석하는 과정을 폭넓게 경험하는 것이 중요하다. 이러한 과정은 산업 현장에 응용 가능한 창의적인 아이디어를 접목하는 데에도 큰 도움이 된다.

뿐만 아니라, 탄소중립을 위한 다양한 분야에서 공통적으로 요구되는 사고방식과 지식을 공유하고 협력하는 태도가 필요하다. 각자가 맡은 분야에서 전문성을 쌓고, 그 지식을 바탕으로 사회에 공헌함으로써 탄소중립의 달성은 물론, 인류 문명의 지속 가능한 발전에도 기여하겠다는 의식을 갖는 것이 매우 중요하다.

6장

서울대학교 건축학과 여명석 교수

탄소중립 건물 통합 설계

*

　우리가 먹고 자고 일하고 생활의 대부분을 보내는 공간은 다름 아닌 건물이다. 그런데 이 건물에서도 과연 탄소중립이 필요할까? 실제로 건물 부문은 2018년 기준 온실가스 배출량이 약 1억 8,000만t으로, 전체 배출량의 25%에 해당하는 매우 큰 비중을 차지한다. 특히 2030년 국가 온실가스 감축 목표(NDC)에 따르면, 건물 부문은 2018년 대비 32.8%나 배출을 줄여야 하는 과제를 안고 있다. 현재 건물에서 주로 사용하는 에너지원은 전력이다. 이로 인해 직접적인 온실가스 배출량은 줄어드는 추세이나, 전력은 석유류나 도시가스에 비해 단위 에너지당 온실가스 배출 계수가 높기 때문에 전체 배출량은 오히려 지속적으로 증가하는 상황이다. 게다가 건물 부문은 우리 삶의 질과 밀접한 관계를 갖고 있어, 2050년 탄소중립 목표를 달성하기 위해 반드시 짚고 넘어가야 할 핵심 영역이라고 할 수 있다. 이에 따라, 건물 부문에 대한 전반적인 이해와 이 분야에서 실현되고 있는 탄소중립 기술의 현황 및 향후 전망을 살펴보기 위해 서울대학교 건축학과 여명석 교수와 인터뷰를 진행했다.

여명석 교수

여명석 교수는 2006년 서울대학교 건축학과 교수로 임용된 이후, 실내 환경 질과 성능(열환경, 빛환경, 공기환경), 에너지 분석과 절약(저비용-고효율 난방 시스템, 건물 에너지 분석), 건물 시스템(HVAC 시스템 디자인 분석, 배관 시스템 디자인 및 분석, 자동 제어) 등 건물의 환경적 성능에 대한 연구를 주로 진행했다. 최근 서울대학교 LnL 시범 사업 운영단 총괄단장을 위임하여 학습과 생활을 통합한 전인교육을 실시하며 뛰어난 인재를 양성하는 데 앞장서고 있다.

6.1. 건물 부문의 온실가스 감축 기술

건물 부문에서 온실가스가 배출되는 요인은 난방부터 취사, 급탕까지 굉장히 다양해 보인다. 현재 이러한 온실가스 감축을 위해서 건물 부문은 어떻게 설계되고 운영되는 것인가?

건물 부문의 온실가스 배출을 이해하기 위해서는 우선 건물 설계 과정에서의 역할 분담을 이해할 필요가 있다. 일반적으로 건물 설계는 건축가(architect)와 엔지니어(engineer)의 역할이 나뉘어 수행된다. 건축가는 건물의 매스(mass), 내부 공간 구성, 외피 등을 설계하며, 구조 설계, 기계/전기 설비, 소방 설비 등의 전문 영역은 엔지니어와 협업하여 총괄한다.

이때 건물의 에너지와 환경을 조절하는 기술은 크게 두 가지로 나눌 수 있다. 하나는 단열, 기밀, 일사차폐 등과 같이 건축적 설계를 통해 에너지 사용을 최소화하는 패시브(passive) 조절 방식이며, 다른

환경	패시브 조절	액티브 조절
열환경	단열, 차양, 자연 냉방* * 외부 공기의 온습도가 쾌적한 경우 냉방장치 가동 없이 자연환기로 냉방을 의미한다.	보일러, 냉동기, 기계적 냉방
공기환경	재료 조절*, 자연 환기 * 실내 공기질에 유해하지 않은 성분의 건축 내장 재료를 사용하는 것을 의미한다.	공기 청정 장비, 기계 환기
빛환경	자연채광	인공조명
음환경	소음원 조절, 방음벽, 음향 설계	사운드 매스킹, 전기 스피커
기타	우수 활용, 발효식 화장실, 하수 자연 식생 정화	상수 활용, 수세식 화장실, 하수처리장

건축설계에서 패시브 조절과 액티브 조절 기법

하나는 보일러, 냉동기, 히트 펌프 같은 설비 시스템을 활용하는 액티브(active) 조절 방식이다. 이 중 패시브 조절은 주로 건축가가 설계하며, 액티브 조절은 엔지니어의 전문 영역으로 다뤄진다.

실제 건물을 설계할 때는 이 두 가지 방식이 적절히 조화를 이루는 것이 매우 중요하다. 패시브 조절은 단열재나 차양 장치 등을 통해 냉난방 에너지를 줄여 주는 역할을 하고, 액티브 조절은 실질적으로 전기나 화석연료를 사용해 건물 내부의 환경을 조절하는 기능을 수행한다. 그러므로 에너지 절약을 위해서는 먼저 패시브 조절 기법을 충분히 적용한 후, 액티브 시스템은 최소한으로 도입하되 그 효율은 극대화하며, 사용되는 에너지원도 신재생이나 대체 에너지로 전환하는 노력이 필요하다.

각 조절 방식의 구체적인 사례를 확인해 보자. 예를 들어, 겨울철 열환경을 고려할 때, 패시브 방안으로 단열재를 보강하면 열 손실을 줄여 난방 부하를 크게 낮출 수 있다. 이후 보완적으로 가스 보일러 같은 액티브 시스템을 적용하는 것이 바람직하다. 반대로 처음부터 단열 없이 가스 보일러만 설치할 경우, 에너지 손실이 크며 비효율적이다.

냉방 측면에서도 마찬가지다. 먼저 외부 블라인드 등으로 일사에 의한 냉방 부하를 줄이는 패시브 설계를 적용한 후, 이후 에어컨을 사용하는 것이 에너지 절약에 도움이 된다. 환기의 경우에도 개구부를 통해 자연환기나 온도차에 의한 부력 환기 등을 활용하면, 전기를 소모하는 팬보다 훨씬 효과적이다. 조명 역시 낮에는 창을 통한 자연 채광을 활용함으로써 인공조명 사용을 줄일 수 있다. 결국, 건물의 탄소중립을 달성하려면 패시브 설계를 우선하고, 액티브 시스템은 필수할 때만 효율적으로 사용하는 접근이 필요하다.

> 그렇다면 국내외 건물 부문에서 온실가스를 줄이기 위한 기술은 무엇인가?

환경적으로 쾌적하면서도 에너지 효율적인 건물 설계를 위해서는, 그림처럼 거시 기후(macro climate)를 기반으로 한 미시 기후(micro climate)를 식생이나 수 공간(water body)을 활용해 최대한 조절하는 것

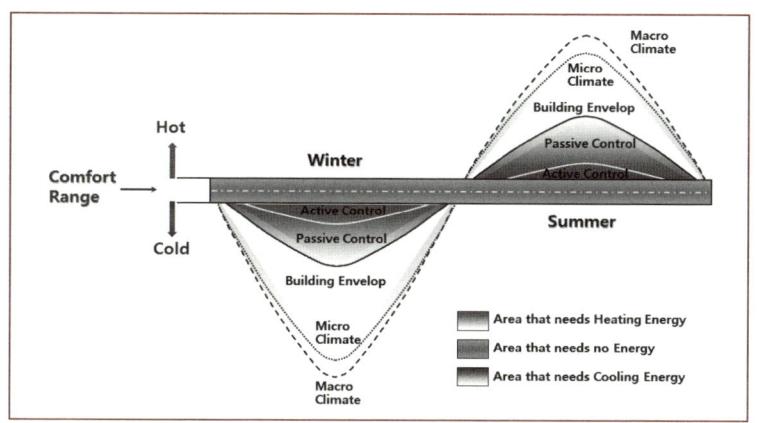

건축설계에서 패시브 조절과 액티브 조절의 통합 설계

이 필요하다. 이를 통해 외부 환경의 부하를 줄인 뒤, 건물 외피(building envelope) 설계와 같은 건축적인 패시브 조절(passive control) 방안을 최대한 활용해야 한다. 이후 화석연료 등의 에너지를 사용하는 액티브 조절(active control) 기법은 최소한으로 제한하면서도, 동시에 액티브 시스템의 효율을 높이고 대체 에너지나 신재생 에너지를 활용할 수 있도록 설계되어야 한다.

현대 대규모 건물은 복잡한 환경 조절이 요구되기 때문에 오로지 패시브 시스템만으로 쾌적 환경을 유지하기는 어렵다. 따라서 패시브 조절이 가능한 시기와 조건에서는 패시브 시스템을 우선적으로 활용하고, 패시브 조절이 어려운 조건에서는 액티브 시스템이 보완적으로 작동하도록 하는 하이브리드형 설계가 필요하다. 이를 실현하기 위해서는 건축가가 주도하는 패시브 설계와 엔지니어가 담당하는 액티브 설계를 하나로 아우르는 통합 설계(integrated design)가 이루어져야 한다.

현재 국내의 경우, 다양한 패시브 및 액티브 기법들이 기술적으로나 경제적으로 일부 특정 기술에만 한정되어 적용되고 있다. 특히, 패시브와 액티브 기법을 유기적으로 결합하는 하이브리드 통합 설계는 아직까지 활발히 이뤄지고 있다고 보기는 어렵다.

반면 해외에서는 외피의 단열 성능과 기밀[41] 성능은 물론, 일사 차폐[42]와 같은 다양한 패시브 신기술이 접목되어 기능적으로나 미적으로도 뛰어난 건물이 설계되고 있다. 액티브 시스템에서도 단순한 공기 열원 EHP/GHP 냉난방 시스템을 넘어, 복사 냉방(radiant cooling)[43], 데시칸트 제습(dessicant dehumidification)[44] 등 보다 친환경적이고 효율적인 기법들이 적극적으로 활용되고 있다. 이처럼 국외 건축계는

---

41 기밀은 건물 개구부 틈새 등의 밀실함으로 외부 공기가 유입되어 냉난방 부하를 감소시키는 것을 의미한다.

42 일사 차폐는 여름철 태양일사 유입으로 인한 냉방 부하를 줄이기 위해 일사 유입을 차단하는 것을 의미한다.

43 복사방은 천장 면 등을 차갑게 하여 공기 대신 차가운 복사 면에 의해 냉방하는 방식으로 공기를 이용한 대류 방식보다 팬 동력을 줄일 수 있다.

44 데시칸트 제습은 기존 여름철 냉방기에 의한 냉각 제습 대신 흡습제를 이용하여 제습하는 방식이다.

에너지 환경 기술을 중심으로 한 설계를 적극 도입하고 있는 반면, 국내는 여전히 외관 디자인 중심의 접근이 많은 편이라 할 수 있다.

> 국내 건물 부문에서는 어떠한 탄소중립 기술이 적합하고 생각하는가?

한국의 건물 부문에는 국내 여건에 맞는 다양한 패시브 및 액티브 설비 시스템을 개발하여 적용하는 것이 중요하다. 국내의 경우, 벽체 및 창호 단열, 기밀화 등의 패시브 기술은 상당히 개발되고 활성화되었는데 냉난방 설비 등의 액티브 기술은 상대적으로 다양화하고 활성화되지 못한 실정이다. 국내 액티브 설비 시스템을 살펴보면, 주거용 건물은 난방의 경우 지역난방 및 고효율 가스 보일러를 주로 사용하고, 냉방의 경우 공기 열원 패키지 에어컨을 주로 사용하고 있다. 그리고 상업용 건물은 공기 열원 히트 펌프를 냉난방 용도로 주로 이용하기 때문에 액티브 설비 부문에서는 획일화된 설비 시스템에서 벗어나서 다양화된 설비 시스템의 개발과 지원 제도가 필요한 상황이다.

건물에서 패시브 기술과 액티브 기술이 각각 어떤 부분에 사용되어야 하는지를 파악하기 위해서는, 먼저 건물의 에너지 사용 요소를 이해하고 이에 따른 적절한 접근 방식을 구분할 수 있어야 한

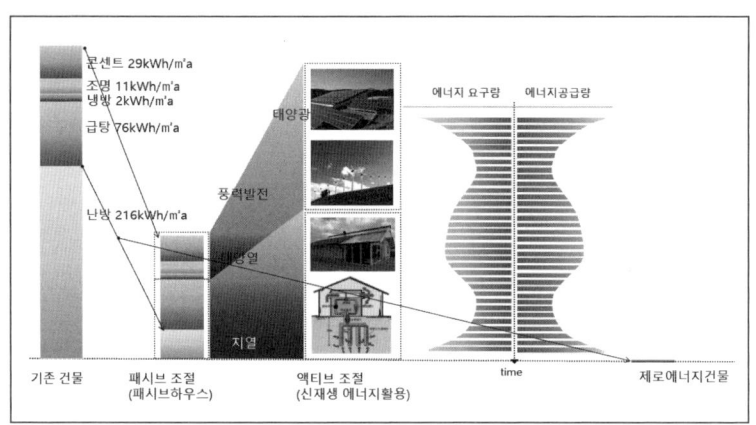

건물의 에너지 사용 요소와 패시브 및 액티브 조절의 방법론 예시

다. 일반적으로 건물에서는 난방, 냉방, 급탕(욕실 온수), 조명, 전기 콘센트 사용 등에서 많은 에너지가 소비된다. 이러한 에너지 사용량을 효과적으로 줄이기 위해서는, 우선적으로 패시브적인 설계를 통해 기본적인 에너지 부하를 감소시켜야 하며(이런 개념을 적용한 것이 '패시브 하우스'이다), 이후 남은 에너지 수요를 보일러, 냉방기와 같은 액티브 시스템이 담당하도록 해야 한다.

특히, 이러한 액티브 시스템 역시 전통적인 가스나 석유 등 화석연료 기반에서 벗어나 태양열, 태양광, 풍력, 지열 등과 같은 신재생 에너지와 대체 에너지를 적극 활용해야 한다. 이를 통해 장기적으로는 건물의 에너지 소비를 제로 수준까지 줄일 수 있는 '제로 에너지 건물' 구현이 가능해진다.

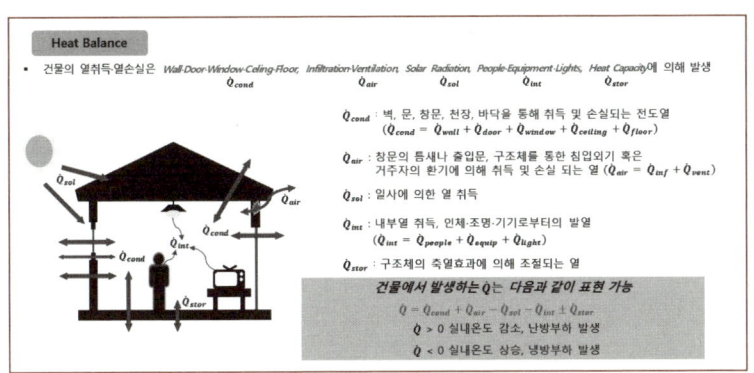

건물의 열평형에 의한 냉난방 부하 요소

　앞 그림은 건물 에너지 소요량 중에서 상당한 비중을 차지하는 냉난방 부하의 구성 요소를 나타낸 것이며, 이러한 요소의 열평형 과정에서 냉방 및 난방 부하가 발생하게 된다. 다음 표는 난방 부하 중 가장 큰 열 손실의 원인이 되는 외피, 즉 벽체, 창문, 지붕 등에서 발생하는 전도 열 손실과 창문이나 문 틈새로 유입되는 외기에 의한 침입 열 손실에 대한 물리적 수식을 제시하고 있다. 일반적으로 외피를 통한 열 손실은 열관류율(U-value)로 산정되며, 이는 벽체 열저항의 역수에 해당하고, 단열 성능을 나타내는 대표적인 지표로 사용된다.

　한국의 건물 부문에서는 국내 기후 및 주거 문화에 적합한 다양한 패시브 및 액티브 설비 시스템을 개발하여 실제 건축에 적용하는

요소	내용		식	
전도에 의한 열손실 ($\dot{Q}cond$)	벽, 문, 창문, 처장, 바닥을 통하여 열관류에 의해서 손실되는 열량 ($\dot{Q}cond=\dot{Q}wall+\dot{Q}door+\dot{Q}window+\dot{Q}ceiling+\dot{Q}floor$)	벽 문 창문 천장 바닥	$q=UA\Delta t$	U : 열관류율 [W\m²K] A : 각 부위의 면적 [m²] Δt : 실내외 온도차 [°C]
침입외기에 의한 열손실 ($\dot{Q}air$)	창문의 틈새나 출입문, 구조체를 통한 침입외기를 실내공기 상태로 가열하는 데 소요되는 열량 ($\dot{Q}air=\dot{Q}inf$)	창문 틈 출입문 틈 구조체 틈	현열 $q=pC_p\dot{V}\Delta t$ 잠열 $q=\dot{V}r\Delta x$	$\dot{V}$: 침기량 [m³/h] P : 공기의 밀도 [1.2kg/m³] C_p : 공기의 비열 [1.01kJ/kgK] r : 수증기의 증발잠열 [kcal/kg] Δt : 실내외 온도차 [°C] Δx : 실내외 절대습도차 [kg/kg]

난방 부하에서 외피를 통한 전도열 손실과 침입 외기에 의한 열 손실

것이 무엇보다 중요하다. 국내에서는 벽체와 창호의 단열 강화, 기밀화와 같은 패시브 기술은 비교적 활발히 개발되어 왔고, 현장에서도 광범위하게 적용되고 있는 편이다. 그러나 냉난방 설비와 같은 액티브 기술 분야는 아직 다양성이 부족하며 기술 발전과 시장 활성화도 미흡하다.

현재 주거용 건물의 경우 난방은 주로 지역난방이나 고효율 가스 보일러에 의존하고 있으며, 냉방은 공기 열원 패키지 에어컨이 일반적으로 사용되고 있다. 상업용 건물에서는 공기 열원 히트 펌프를 냉난방 용도로 많이 사용하고 있으나, 이 역시 설비 방식이 획일화되어 있어 다양성과 효율성 측면에서의 개선이 요구된다. 앞으로는 이러한 획일적인 액티브 설비 시스템에서 탈피하여, 다양하고 고효율적인 액티브 시스템을 개발하고, 이를 제도적으로 지원할 수 있는 정책적 기반을 마련하는 것이 시급하다.

6.2. 국내외 건물 부문의 기술 및 시장 동향

> 국내외 건축에 온실가스 저감 기술이 적용된 사례를 설명해 주시면 이해하기가 더 편할 것 같다. 구체적인 기술과 사례가 있는가?

유럽과 미국 등은 앞서 언급한 바와 같이 패시브와 액티브 분야의 설계 기술 개발이 다양하고 활발하게 전개되고 있다. 특히 패시브와 액티브 기술의 통합 설계(hybrid design)를 통해 최적의 환경과 에너지 소비를 건물에서 유도하고 있다. 이러한 패시브 및 액티브 기술들은 종류가 매우 다양하다. 지역 단위, 단지 단위, 건물 단위 등으로 나누어 적용할 수 있으며, 단순히 에너지 절감(energy conservation)을 넘어 에너지 생산(energy production)까지도 가능하다.

각각의 세부 기술은 무수히 많고 그 내용 또한 방대하므로 이 자리에서 모두 언급하기는 어렵다. 우선은, 미국 건축가 협회(AIA)에

① 설비열 태양열 시스템
　(Active solar thermal system)
② 대체 에너지(Alternative energy)
③ 대체 교통수단(Alternative transportation)
④ 적정 면적 및 규모
　(Appropriate size and growth)
⑤ 건물 형태(Building form)
⑥ 건물 모니터링(Building monitoring)
⑦ 건물 향(building orientation)
⑧ 탄소 상쇄(Carbon offset)
⑨ 단열 공간 중공벽
　(Cavity walls for insulating airspace)
⑩ 열병합발전(Cogeneration)
⑪ 에너지 절약 시스템과 기기
　(Conserving systems and equipment)
⑫ 건설 공사 폐기물 관리(Construction waste management)
⑬ 쿨 루프(Cool roof)
⑭ 철거 및 재생 재료
　(Deconstruction and salvage materials)
⑮ 자연채광(Daylighting)
⑯ 지중구조(Earth sheltering)
⑰ 효율적인 인공 조명(Efficient artificial lighting)
⑱ 효율적인 경관 조명
　(Efficient site lighting system)
⑲ 에너지 모델링(Energy modeling)
⑳ 에너지원 세분화(Energy source ramification)
㉑ 에너지 절약 전기제품과 장비
　(Energy saving appliances and equipment)
㉒ 환경 교육(Environmental education)
㉓ 지중 열교환(Geoexchange)
㉔ 지붕 녹화(Green roof)
㉕ 고효율 기기(High efficiency equipment)
㉖ 통합 설계 프로젝트 수행
　(Integrated project delivery)
㉗ 생애주기 분석(Life cycle assessment)
㉘ 축열 효과(Mass absorption)
㉙ 내재 에너지 평가 재료선정
　(Material selection and embodied energy)
㉚ 자연환기(Natural ventilation)
㉛ 개방형, 가동형 자연채광 공간
　(Open, active, daylit space)
㉜ 패시브 태양열 집열
　(Passive solar collection opportunities)
㉝ 태양광(Photovoltaics)
㉞ 기존 건물 보존과 재활용
　(Preservation/reuse of existing facilities)
㉟ 복사 냉난방(Radiant heating and cooling)
㊱ 신재생 에너지(Renewable energy resources)
㊲ 적절한 장비 용량(Rightsizing equipment)
㊳ 스마트 제어(Smart control)
㊴ 공간 구획화(Space zoning)
㊵ 스태프 트레이닝(Staff training)
㊶ 일사차폐(Sun shading)
㊷ 시스템 커미셔닝(Systems commissioning)
㊸ 시스템 튠업(Systems tune-up)
㊹ 열교(Thermal bridging)
㊺ 전체 건물 커미셔닝
　(Total building commissioning)
㊻ 일사차단용 식재(Vegetation for sun control)
㊼ 보행 가능한 커뮤니티
　(Walkable communities)
㊽ 폐열회수(Waste-heat recovery)
㊾ 수자원 절약(Water conservation)
㊿ 창문과 개구부(Windows and openings)

미국 건축가 협회에서 선정한 탄소중립을 위한 50개의 에너지 절감 기술

서 제안한 50개의 에너지 절감 요소 기술을 간략히 정리한 바 있다. 그러나 이 요소 기술들만이 유일한 것은 아니며, 또한 모든 나라에

획일적으로 적용될 수 있는 것도 아니다. 무엇보다 이러한 다양한 에너지 절감 요소 기술들은 기후 조건, 경제적 여건, 사회문화적 차이, 생활 방식 등에 따라 다양하게 선택되고 변형되어 구현되는 등 여러 가지 적응 조건에 따라 다양화되는 것이 일반적이다. 그러므로 우리 역시 우리에게 적합한 기술이 선택되고 효과적으로 활용될 수 있도록 지속적인 노력이 필요하다.

또한 국내에서 다양한 패시브 기술의 개발과 활성화를 이루기 위해서는 정부의 지원과 정책이 반드시 필요하다. 아울러 건물주와 거주자의 인식 변화 또한 병행되어야 한다. 패시브 기술과 액티브 기술의 하이브리드 통합 설계(integrated design)를 구현하기 위해서는 건축 설계자와 엔지니어 간의 협업과 새로운 기술의 통합 적용을 위한 노력이 무엇보다도 중요하다.

액티브 설비 시스템으로서 히트 펌프를 효율적으로 활용하기 위해서는 히트 펌프의 열원(heat source/sink)을 안정적으로 확보하는 것이 매우 중요하다. 열원으로는 지열, 수열, 태양열 등의 신재생 에너지원뿐만 아니라 폐열 및 미활용 열 등을 활용할 수 있다. 특히 개별 건물 단위에서 이러한 열원을 확보하는 것도 중요하지만, 도심에서는 블록 단위, 지구 단위로 열원을 상호 확보하고 공유하는 광역화된 계획이 함께 병행되어야 한다.

탄소중립을 위한 에너지 절약형 국내외 건축 사례를 살펴보면, 먼저 패시브하우스가 있다. 패시브하우스는 독일에서 처음 시작된 건축 방식으로, 고단열 외벽과 고성능 창호, 고기밀 시공, 지중열 및 배기열 회수 환기장치 등을 통해 외부 에너지 사용 없이도 쾌적한 실내 환경을 유지할 수 있도록 설계된 건물이다. 이러한 패시브한 기법들을 최대한 적용함으로써 난방과 냉방에 필요한 에너지 소요를 최소화하고, 결과적으로 탄소 배출을 현저히 줄일 수 있는 대표적인 사례이다.

다음은 일본 오사카 시립체육관 사례이다. 이 체육관은 지중건축물로 설계되어 지중열을 통해 기본적인 냉난방 부하를 줄일 수 있었으며, 상부에 개구부를 설치하여 자연환기와 자연채광이 가능하도록 했다. 또한, 지중열을 더욱 적극적으로 활용하기 위해 체육관 바닥 콘크리트 피트에 외부 공기를 유입시켜 공급 공기의 온도를 조절하는 방식이 적용되었다.

다음은 복사냉난방 시스템을 보여 주는 사례이다. 이 시스템은 바닥이나 천장에 매립된 배관에 저온의 온수 또는 고온의 냉수를 흘려 냉난방을 수행하는 방식이다. 바람을 이용하는 기존 냉난방 방식과 달리 공기를 반송하기 위한 팬동력을 줄일 수 있고, 저온의 온수 및 고온의 냉수를 사용하는 특성상 보일러 및 냉동기의 에너지 효율도 높일 수 있다. 아울러 다양한 신재생 에너지 시스템과 결합하여 사용할 수 있다는 장점이 있다.

6.3. 건물 부문의 탄소중립을 위한 정부와 대학의 역할

| 국내 건물 부문 온실가스 감축을 위해 정책적으로 노력해야 할 점은 무엇인지 궁금하다.

현재 서울시에서는 2023년에 2030년까지 지열 에너지를 원전 1기 설비용량에 해당하는 1GW[45] 수준으로 확대하는 '지열 보급 활성화 종합 계획'을 통해 지열을 이용한 히트 펌프를 활성화하겠다고 발표했다. 이처럼 탄소중립 달성을 위한 히트 펌프의 도입이 본격화될 전망이다. 이를 위해서는 먼저 에너지 가격이 안정화되어야 한다. 해외 대비 국내의 전기 요금체계를 조정하고 에너지 가격을 안정화시켜 에너지 효율 및 탄소 절감에 도움되는 설비 설치의 필요성을 강조할 필요가 있다고 생각한다. 다음으로 설계 및 공사 비용에 대

---

45 10의 9승, 즉 10억W로 일반 가정에서 5kW 사용 시 20만 가구에 해당되는 양을 의미한다.

한 인식 제고가 필요하다. 건설 및 설계에서는 대부분 기존 관행대로 보수적으로 설계하는 경향이 많은데 정부는 설계자를 위한 지원, 건강한 설계 환경 조성 등으로 부담을 줄여주고 창의적인 설계가 창조될 수 있도록 다양한 설계 아이디어가 도출될 수 있는 환경 및 지원 제도가 마련돼야 한다.

또한, 부동산의 가치와 인식에 대한 변화가 필요하다. 건물주의 경우 에너지 측면에서 건물을 짓기 위해서는 추가적인 비용이 필요하다. 하지만 보통 직접 거주하지 않고 임대자에게 빌려 주는 형태로 운영되기 때문에 에너지 효율 및 탄소중립 달성 등을 위한 설계에 대한 동기부여가 크지 않다. 따라서 부동산 가치가 단순히 비용뿐만 아니라 다양한 방면으로 평가받을 수 있도록 제도나 시장 시스템의 변화가 필요하다. 예를 들어, 세입자에게는 에너지 효율이 높은 주거지가 유틸리티(utility) 비용을 줄여 주기 때문에 월세를 더 받게 할 수 있도록 하는 제도나 에너지 효율이 좋지 않은 건물을 지을 시 세금을 더 부과하는 등 제도를 개선해야 한다. 아울러 현재 국내에서 건물의 가치는 에너지 및 탄소중립보다는 부동산적 가치가 더 우위를 차지하고 있는데 이러한 국내 건축 문화 인식도 제고되어야 한다.

마지막으로, 도시 단위로 실증해 볼 수 있는 실험적 과제를 제공해야 한다. 건물 부문은 자체 건물 안에서만 탄소중립을 달성하기 어려울 수 있다. 따라서 블록 단위, 지구 단위 등 도시 전체의 협력

관계가 필요하다. 특히 컴팩트 도시(compact city)[46] 등의 개념도 도출되었는데 패시브 기술과 액티브 기술의 건물 자체 활용뿐 아니라 광역적인 차원에서 이를 활용할 수 있는 것을 실증해 볼 기회가 필요할 것이다.

> 새로운 기술 개발 및 적용이 중요하기 때문에 대학의 역할 역시 중요할 것으로 보인다. 대학이 할 수 있는 일, 해야 하는 일은 무엇인가?

건축 부문에서는 다양한 패시브 및 액티브 기술에 대한 개발과 적용, 활성화가 더욱 필요한 시점이다. 건물의 패시브 및 액티브 기술 관련 기존 개발된 기술의 적용 한계와 난제를 풀어내고, 새로운 기술을 개발하고 적용할 수 있도록 해야 할 것이다. 특히 서울대는 다양한 전공의 교수와 연구진이 있으므로 이러한 기술 개발과 융합화가 더욱 용이할 것이다.

아울러 패시브 및 액티브, 건축가와 엔지니어가 융합된 통합 설계(integrated design) 영역의 발전과 활성화가 필요하다. 각 분야의 전문

---

[46] 직주 근접 도시 개념으로 직장 뿐 아니라 모든 근린시설들도 보행 및 자전거 등 대체 교통수단으로 이동 가능한 커뮤니티(walkable communities)라고 볼 수 있다.

성도 필요하지만 향후 이를 통합하는 연결고리 역할을 하는 기술 개발과 인재 양성이 중요해질 것이다. 해외의 건축 설계사무소에는 건축의 서로 다른 분야를 연결하고 신기술을 소개하고 적용하게 해 주는 기술 코디네이터라고 하는 직업이 실제로 존재한다. 서울대에서도 과목 신설, 융합 전공 개발 등 다양한 교육 시스템을 통해 전반적인 건축 부문을 통합할 수 있는 역량을 가진 리더를 키우는 역할을 할 필요가 있다고 생각한다.

또한, 전 세계 대학 캠퍼스 탄소중립 전환의 흐름에 발맞춰 현재 서울대학교가 건물 부문의 탄소중립 전환을 선제적으로 시도하는 것도 좋다고 생각한다. 해외에서는 현재 탄소중립 캠퍼스 전환을 위한 노력이 활발히 진행되고 있지만, 국내에서는 일부 대학을 제외한 대부분 대학에서는 기후 위기 극복을 위한 대학 캠퍼스 탄소중립 전환의 노력이 크게 진전되지 못한 상황이다. 특히 서울대학교 캠퍼스는 2012년 에너지 사용량 집계 시작 이후 10년 연속으로 서울시 에너지 사용량 1위, 온실가스 배출량도 1위를 유지하고 있다. 최근 서울대학교의 2030년 온실가스 배출량을 예측한 결과, 2030 NDC가 목표인 온실가스 배출량의 32.8% 감축을 하기 위해서는 서울대학교의 전력량은 현재로부터 18% 정도 증가해야 서울대학교 건물 분야 온실가스 감축 목표를 달성할 수 있다. 즉, 도시가스가 전기화가 이루어지면 서울대학교에서 사용하는 전기 에너지가 모두 재생 에너지로 전환되고 서울대학교 탄소중립 캠퍼스 전환은 이루어질 수 있다는 것이다. 꾸준한 연구를 토대로 서울대학교의 탄소중립 캠퍼스 전환을 달성한다면, 다른 학교로의 긍정적인 스필오버 효과를 기대해 볼 수 있을 것으로 예상된다.[47]

---

47 Alison G. Kwok, Stein, Benjamin, John S. Reynolds and Walter T. Grondzik, Mechanical and Electrical Equipment for Buildings, Wiley, 2010.
  Lechner, Norbert, Heating, cooling, Lighting Design Methods for Architects, John Wiley Sons, 1991.
  Jan F. Kreider, Heating and cooling of buildings(2nd edition), McGraw-Hill, 2002.
  R. McMullan, Environmental science in building, The Macmillan press Ltd., 1983.
  Tao Janis, Mechanical and electrical systems in buildings, Prentice Hall, 2002.
  Seonyoung Yun, Dongyoung Kim, Myoungsouk Yeo, Hyejin Jung, Jeyong Yoon, Journal of Appropriate Technology, 2024.

7장 서울대학교 전기정보공학부 이규섭 교수

탄소중립 시대의 핵심 인프라:
전력 계통 혁신

*

　전력 부문은 국내 온실가스 배출량의 37%를 차지하는 핵심 분야이다. 탄소중립 달성을 위해 반드시 감축해야 할 영역이며, 산업과 수송 부문의 전기화를 지원함으로써 탄소 감축에 기여해야 하는 중요한 역할을 맡고 있다. 현재 국내 전력 생산에서 석탄 발전이 41.9%, 액화천연가스(LNG) 발전이 26.8%를 차지하고 있어 전체 전력의 약 70%가 화석연료에 의존하고 있는 실정이다. 이러한 현실을 극복하고 탄소중립을 이루기 위해서는 에너지 소비를 줄이거나, 현재 6.2%에 불과한 재생 에너지 비중을 대폭 확대해야 한다. 그러나 우리나라는 기상 조건과 환경적 제약으로 인해 태양광 및 풍력과 같은 재생 에너지의 확대가 다소 어려운 상황이다. 또한 재생 에너지는 간헐성과 변동성이 높기 때문에 전력의 안정적인 공급을 위해 에너지저장시스템(ESS)과 수소 연료전지와 같은 보조 발전원이 반드시 필요하다. 이에 따라 전력 시스템 산업의 현황과 국내외 시장 전망을 살펴보기 위해 서울대학교 이규섭 교수와의 인터뷰를 진행하였다.

이규섭 교수

이규섭 교수는 2024년 서울대학교 전기정보공학부 교수로 임용된 이후, 신기술에 기반하여 미래 전력 계통을 안정적으로 운영하기 위한 종합적인 연구를 수행하고 있다. DC그리드, 멀티에너지시스템과 같이 신기술과 기성 전력 계통의 연계를 주요 주제로 하고 있다. 특히 산업통상자원부, 한국전력공사 등에서 다양한 활동을 통해 우리나라 전력 계통의 안정성 확보를 위한 여러 활동을 수행하고 있다.

7.1. 전력 시스템의 개요

> 현재 연구하는 전력 시스템 연구 분야에 대한 자세한 설명을 부탁한다.

전력공학은 전기공학과 전자공학의 기초가 되는 핵심 학문이다. 그 역사는 약 150년 전 에디슨이 전기를 발명한 시점부터 시작되었다. 이때부터 연구되기 시작한 학문이 바로 전력 시스템이며, 현대에 이르러 전기를 효율적으로 생산하고, 전달하고, 소비하는 데 필수적인 역할을 하고 있다.

전력공학은 크게 세 가지 파트로 나눌 수 있다. 첫 번째는 우리 사회를 이루고 있는 전력 시스템 내에 존재하는 전기기기에 관한 부분이다. 대표적인 전기기기로는 발전기와 변압기를 들 수 있다. 발전기와 변압기는 전통적인 기기처럼 보이지만, 이에 대한 수요는 오늘날에도 지속적으로 증가하고 있다. 대표적인 예로는 인공지능 기술의 발전에 따라 전기기기 수요가 폭발적으로 증가하고 있는 현상이 있다. 2025년 현재, 전 세계의 전기기기 관련 기업들은 매일 최고 매출을 경신하고 있으며, 이와 관련된 인력 수요도 지속적으로 증가하고 있다. 또한, 초전도 기술이나 새로운 소재를 기반으로 한 전기기기와 같이 신기술이 적용되면서 전기기기 기술은 계속해서 진화하고 있다.

두 번째는 전력 전자 기술이다. 기존 전력 계통은 발전기에 기반한 AC(교류) 전력 시스템이었다. 그러나 에너지 전환을 위해 요구되는 다양한 재생 에너지 및 배터리 기술은 대부분 DC(직류) 전력을 생산한다. 이 직류 전력을 기존의 교류 전력 시스템에서 활용하기 위해서는 DC를 AC로 변환하는 기술이 필요하며, 이러한 장치를 인버터(Inverter)라고 한다. 인버터 기술은 대규모 전력 시스템에서만 사용되는 것이 아니라, 휴대폰 충전기, 컴퓨터, 에어컨 등 다양한 가전제품에도 널리 활용되고 있다. 특히 최근에는 전기자동차가 주요한 연구 주제로 부상하면서 전력 전자 기술에 대한 수요가 더욱 증가하고 있다. 전력 전자 분야에서는 새로운 회로 구조 개발, 효율 향상, 신뢰성 증대 등 다양한 연구 과제가 존재한다.

세 번째 분야는 전력 계통이다. 전기를 사용하려면 어디선가 전기가 생산되어야 하며, 이를 위해 발전기가 필요하다. 그러나 발전소는 일반적으로 전기를 사용하는 지역에서 멀리 떨어진 곳에 위치한다. 예를 들어, 우리나라에서는 동해안을 중심으로 원자력 발전소가 위치하고, 충청도 지역에는 많은 화력 발전소가 자리 잡고 있다.

이렇게 생산된 전기를 수요지로 전달하기 위해 필요한 것이 바로 도로망과 같은 역할을 하는 전력 시스템이다. 도체에 흐르는 전류가 높을수록 손실도 커지기 때문에, 전력을 전달할 때는 전압을 높여 송전해야 한다. 따라서 발전소에서 생산된 전기 에너지는 고전압(수백 kV)으로 변환된 후, 최종적으로 가정에서 사용하는 220V로 다시 낮춰 공급하는 과정을 거치게 된다.

전력 시스템은 서울의 가정집 콘센트와 부산 해운대의 콘센트를 연결할 수 있을 정도로 광범위한 네트워크를 형성하고 있으며, 이는 아주 크고 복잡한 전기 회로를 해석하는 학문이다. 이러한 대규모 시스템을 안정적이고 경제적으로 운영하며 유지하는 것이 전력 계통 분야의 핵심이다.

> 오랜 기간 안정적으로 전기를 잘 사용하고 있는데 새롭게 연구할 내용이 아직도 많은가?

전기는 오랜 역사를 가진 학문으로, 이미 산업화가 상당히 진행된 분야로 평가된다. 이 때문에 더 이상의 연구 개발이 필요하지 않을 것이라는 오해를 받을 수도 있다. 그러나 최근 탄소중립이 중요한 글로벌 과제로 부상하면서 전력 시스템의 중요성과 필요성은 더욱 커지고 있다.

탄소중립을 달성하기 위해서는 기존의 석탄 화력이나 LNG 기반 발전원을 태양광, 풍력과 같은 재생 에너지로 전환해야 한다. 석탄이나 LNG 발전원은 전력 수요에 맞춰 연료 주입량을 조절할 수 있기 때문에 발전기의 출력을 변화시켜 전력 시스템의 안정성을 유지하기 용이하다. 반면, 태양광과 풍력은 기상 조건에 따라 전력 생산량이 변동되며, 필요한 만큼 생산되는 전기 에너지를 임의로 조절하기 어렵다.

전기는 기본적으로 저장이 어려운 자원이기 때문에 모든 시간대에 걸쳐 공급과 수요가 정확히 일치해야 한다. 따라서 재생 에너지를 기존 전력 시스템에 통합하는 것은 석탄 화력 발전보다 훨씬 더 복잡한 문제이다. 현재 우리나라의 재생 에너지 비중은 약 7~8% 수준이며, 탄소중립을 달성하기 위해 필요한 60%에 한참 못 미치고 있는 실정이다. 그럼에도 불구하고 이미 여러 곳에서 전력 시스템의 안정성과 관련된 문제들이 발생하고 있다.

이러한 문제를 해결하고 기존 전력 시스템의 안정성을 유지하면서 재생 에너지 비중을 확대하기 위해서는 새로운 기술 개발이 반드시 필요하다. 특히 에너지저장시스템(ESS), 스마트 그리드, 그리고 재생 에너지의 변동성을 보완할 수 있는 첨단 기술들이 필수적으로 요구된다. 이러한 새로운 설비들에 기반한 전력 계통을 안정적으로 운영하기 위해서는 지속적인 연구가 필요하다.

> 탄소중립을 위해 화석연료를 무탄소 전기로 대체하는 게 꼭 필요하다고 본다. 전기 에너지의 미래를 어떻게 전망하고 있나?

미래 전력 시스템의 변화는 발전원뿐만 아니라 에너지 수요 측면에서도 큰 혁신을 요구하는 상황이다. 현재 우리의 일상생활과 산업 전반에서 소비되는 에너지 형태는 전기, 가스, 석탄 등으로 다양하지만, 이 중 가스와 석탄은 사용 과정에서 탄소를 다량 배출하기 때문에 탄소중립을 목표로 하는 미래 사회에서는 점차 사용을 지양해야 할 에너지원이다.

반면, 전기는 재생 에너지를 활용하여 친환경적으로 생산할 수 있기 때문에 탄소중립 달성을 위해 전기 에너지 사용 비중을 적극적으로 확대해야 한다. 이러한 변화는 '전기화(Electrification)'라고 불린다. 전기화의 예시는 우리의 일상생활에서 쉽게 확인할 수 있다. 몇 년 전만 하더라도 가정에서는 요리를 위해 가스레인지를 사용하는 경우가 대부분이었으나, 최근 새로 지어지는 주택에서는 가스레

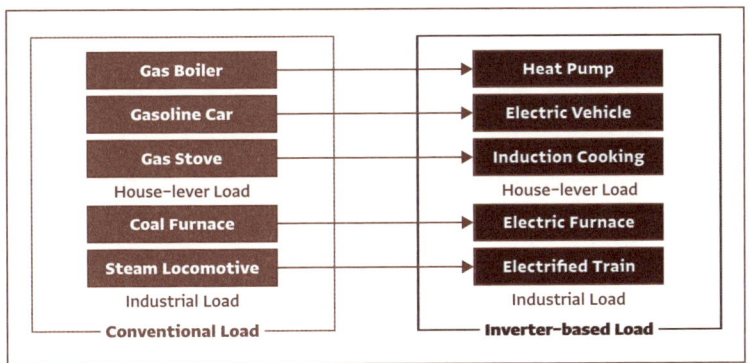

우리 사회에서의 전기화 모습

인지 대신 인덕션을 사용하는 것이 일반화되고 있다. 가스레인지는 LNG 가스를 연료원으로 사용하는 반면, 인덕션은 전기를 사용한다.

이와 비슷한 변화는 자동차 분야에서도 관찰된다. 점차 가솔린 자동차에서 전기자동차로의 전환이 이루어지고 있으며, 이미 많은 사람이 전기자동차를 이용하고 있는 상황이다. 현재에도 대부분의 에너지는 전기 에너지 형태로 소비되고 있으며, 이러한 경향은 산업 부문에서도 지속적으로 확대되고 있다. 그에 따라 전력 소모량 역시 점차 증가할 것으로 전망된다.

특히, 전력 전자(Power Electronics) 기반 컨버터 기술의 발전은 전기 에너지 기반 장치의 효율성을 지속적으로 향상시키고 있으며, 이는 전기화의 가속화를 이끄는 주요 요인으로 작용하고 있다.

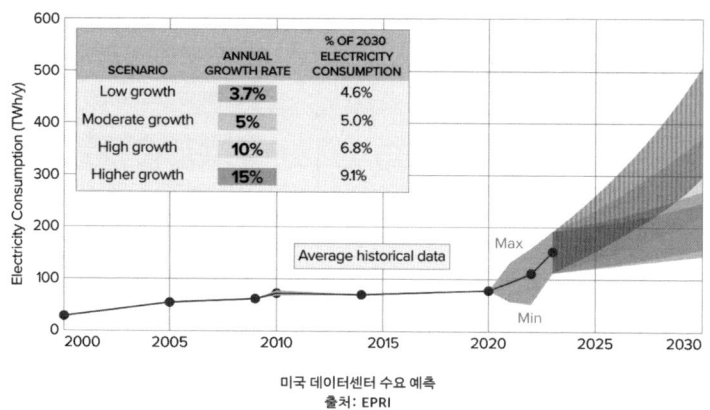

미국 데이터센터 수요 예측
출처: EPRI

최근들어 각광받고 있는 AI 기술을 뒷받침하기 위해서는 전력 계통 측면에서도 많은 혁신이 필요하다. 생성형 AI 기술, 특히 챗GPT와 같은 모델의 부상으로 인해 전 세계적으로 데이터 센터 수요가 급격히 증가하고 있는 상황이다. 데이터 센터는 막대한 전력을 소모하는 시설이기 때문에, 이러한 수요 증가에 대응하기 위해서는 송전망과 배전망의 확충이 반드시 필요하다. 미국 전력연구원(EPRI)에 따르면, 2030년까지 향후 5년간 미국 내 데이터센터 부하가 최대 5배까지 증가할 수 있을 것으로 전망하고 있다.

그러나 송·배전망의 건설에는 데이터 센터보다 훨씬 더 오랜 시간이 소요되기 때문에, 현재의 전력 시스템은 디지털 전환의 속도를 따라가지 못하는 상황이며 이는 디지털 인프라 확대의 주요 제약 요인이 되고 있다. 이처럼 탄소중립 시대의 전력 시스템은 이중적인 도전에 직면하고 있다. 에너지 공급 측면에서는 재생 에너지 확대에 따른 발전원 안정성 저하 문제를 해결해야 하며, 수요 측면에서는 전기화와 디지털 전환으로 인한 급격한 부하 증가를 효과적으로 관리해야 한다.

이 두 과제는 서로 밀접하게 연관되어 있어, 전력 시스템의 구조적 혁신 없이는 안정적이고 지속 가능한 에너지 전환을 이루기 어려운 실정이다. 따라서 미래의 전력 시스템은 재생 에너지의 간헐성을 보완하기 위한 에너지 저장 기술, 스마트 그리드 기술 등 다양한 첨단 기술을 적극적으로 활용해야 한다. 동시에 송·배전망의 효율적인 확장과 디지털화된 에너지 관리 시스템을 구축함으로써 급변하는 부하 요구에 유연하게 대응해야 한다.

> 탄소 배출이 없는 전력 생산과 전력 시스템을 안정적으로 운영하기 위해서는 어떤 기술이 필요한가?

탄소중립 전력 시스템을 달성하기 위해서는 단계적인 기술 개발이 요구되는 상황이다. 그중에서도 가장 시급한 과제는 전력 저장 기술의 발전이다. 에너지저장장치(Energy Storage System, ESS)로 불리는 전력 저장 기술은, 재생 에너지가 발전량의 제어가 어렵기 때문에 공급과 수요를 일치시키는 데 핵심적인 역할을 수행하게 된다. 전력

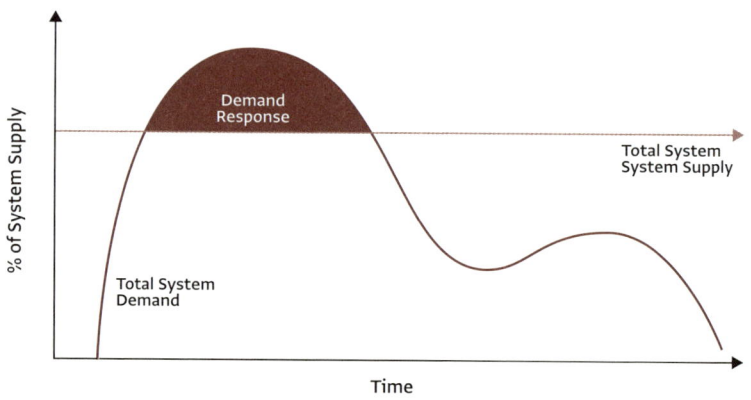

수요 반응 기술의 개념
출처: ENCORP

수급의 균형을 유지하려면 일 단위, 월 단위, 연 단위 등 다양한 시간 주기에 따라 에너지를 저장할 수 있는 기술이 필수적이다.

현재 상용화된 저장 기술 중에서는 리튬이온 배터리가 유일하게 효과적인 수단이지만, 이 역시 단기적인 전력 저장에 적합할 뿐 장기적인 저장에는 한계가 존재한다. 전력 저장 기술은 기존의 교류 발전원이 제공하던 유연성(Flexibility)과 안정성(Stability)을 재생 에너지 기반 전력 계통에 보완적으로 공급할 수 있어야 한다. 그러나 현재로서는 경제적으로 실현 가능한 저장 기술이 배터리에 한정되어 있고, 이마저도 화재 등 안전 문제로 인해 보급에 제약이 있는 상황이다. 또한 희토류와 같은 자원의 안정적인 확보 문제 역시 기술 확산의 큰 장벽으로 작용하고 있다.

이러한 현실을 극복하기 위해서는 전기를 다른 형태의 에너지로 변환하여 저장하는 다양한 기술의 개발이 필요하다. 단주기, 중간 주기, 장주기 저장이 가능하고, 동시에 경제성과 안정성을 확보할 수 있는 기술이어야 한다. 다음은 대표적인 예시들이다.

- 열 저장 장치: 전기를 열로 변환하여 저장한 뒤 필요할 때 다시 사용하는 방식이다. 히트 펌프와 같은 기술이 대표적이며, 주로 난방용 온수 저장 및 냉방 기술에 활용된다.
- 수소 저장 장치: 전력을 이용해 물을 전기분해하여 수소를 생산하고 저장한 뒤, 수소 연료전지나 수소 터빈 등을 통해 다시 전기로 변환하는 시스템이다. 재생 에너지 잉여 전력을 효과적으로 활용할 수 있다는 장점이 있다.
- 압축 공기 저장 장치: 전기를 이용해 공기를 고압으로 압축하여 저장하고, 필요 시 압축된 공기를 방출해 터빈을 구동함으로써 전기를 생산하는 방식이다. 미사용 터널 등 공간을 활용한 저장 인프라가 핵심이다.

이와 같은 다양한 전력 저장 기술은 단기적인 전력 수급 불균형 해소뿐만 아니라 장기적인 전력 시스템의 안정성 확보 및 탄소중립 실현에 필수적인 기술이다. 이러한 기술들의 R&D는 국내외에서 활발히 진행 중이며, 향후에는 경제성과 안전성을 모두 충족할 수 있는 에너지 저장 기술이 확립되기를 기대한다.

다음으로 필요한 기술은 수요 제어 기술이다. 수요 제어 기술이 미래 전력 시스템에서 필요한 이유는 아주 단순한 원리에 기반한다. 기존의 전력 시스템에서는 전력 수요와 공급의 균형을 맞추기 위해 주로 공급 측면을 제어해 왔다. 발전기의 연료 주입량을 조절하여 발전량을 변화시키는 방식이 대표적인 예이다. 그러나 탄소중립을 지향하는 미래 전력 시스템에서는 태양광, 풍력 등 발전원의 특성상 이러한 출력 조절 능력이 제한되기 때문에, 공급이 아닌 수요를 조절하여 균형을 맞춰야 하는 상황이다.

따라서 전력 수요를 무조건 줄이는 것이 항상 정답은 아니다. 예를 들어, 태양광 발전 비중이 매우 높은 시스템에서는 낮 시간대, 특히 1시에서 2시 사이에 전력이 과잉 생산되는 경우가 생길 수 있다. 이럴 때는 수요를 줄이기보다는 오히려 수요를 늘려 잉여 전력을 흡수함으로써 전력망을 안정시키는 것이 더 효과적일 수 있다. 이러한 관점에서, 시간대별로 수요 수준을 조정하는 수요 반응(Demand Response) 기술은 탄소중립 시대 전력 시스템에서 필수적인 기술이다.

수요 반응 기술은 현재도 상용화되어 있으며, 우리나라를 포함한 여러 국가에서 실제로 활용되고 있다. 그러나 현재의 수요 반응 기술은 대부분 대규모 전력 부하를 필요 시 차단하는 방식으로 제한적으로 사용되고 있으며, 능동적으로 수요를 변화시키는 기술로의 발전이 요구된다. 이를 위해서는 에너지 관리 시스템(Energy Management System, EMS) 기술의 고도화가 필수적이다.

이와 같은 EMS 기술이 모든 부문에서 고도화되고 도입된다면, 시간대별로 전력 수요를 유연하게 조정할 수 있게 되어 전력망의 안정성은 크게 향상될 것이다. 나아가, 재생 에너지와 같은 간헐성 높은 전원의 변동성도 효과적으로 보완할 수 있게 되며, 전력 자원의 효율적인 활용과 탄소중립 목표 달성에 실질적인 기여를 할 것이다.

마지막으로, 전력 시스템 자체의 혁신이 필요하다. 재생 에너지는 친환경적이지만, 전력 시스템 관점에서는 비효율적인 측면을 가지고 있다. 이를 이해하기 위해 태양광과 석탄 화력 발전을 비교해 볼 필요가 있다. 예를 들어, 태양광 발전의 평균 이용률이 15%라고 가정하면, 100MW 용량의 태양광 발전기는 하루 24시간 동안 평균 15MW의 전력을 생산하게 된다. 반면, 석탄 화력 발전은 일반적으로 80% 이상의 이용률을 가지므로, 같은 15MW의 평균 출력을 위해 20MW 용량만 있으면 100MW 태양광과 같은 양의 에너지를 생산할 수 있다.

즉, 두 발전원이 생산하는 에너지 양은 동일하지만, 전력 시스템에 요구되는 인프라의 규모는 크게 차이가 난다. 태양광 발전은 낮 시간대(예: 1~2시)에 100MW의 전력을 생산하지만, 이를 수용하려면 100MW를 전송할 수 있는 송전망과 배전망이 필요하다. 반면, 석탄 화력은 20MW의 송전망만으로 동일한 에너지를 공급할 수 있다. 이는 태양광을 기반으로 동일한 양의 에너지를 공급하기 위해서는 기존 석탄 화력 기반 시스템의 약 5배 규모의 인프라가 필요하다는 것을 의미한다.

이와 같은 인프라 요구를 충족하려면 대규모 송·배전망 건설이 필요하지만, 이는 시간, 비용, 환경적 제약 등으로 인해 현실적으로 어려운 과제이다. 특히, 우리나라에서는 높은 사회적 비용으로 인하여 신규 송전선로를 건설하는 것이 현실적으로 불가능하다. 현재의 우리나라 전력망을 기준으로 과연 재생 에너지를 얼마나 수용할 수 있을지 연구한 결과가 있다. 해당 연구에 따르면, 우리나라 전력 시스템의 재생 에너지 수용 가능 양은 120.9GW 정도이다. 하지만, 탄소중립 달성을 위해서는 700GW 수준의 재생 에너지가 필요하다는 것이 널리 알려진 사실이다. 이처럼, 재생 에너지 기반 전력 시스템을 만드는 것은 많은 전력 시스템 인프라를 필요로 하는 일이다.

> 전기의 수요지와 생산지가 다르기 때문에 여러 어려움이 있는 것 같다. 이를 해결할 수 있는 근본적인 방법은 없는지?

전력 시스템은 근본적으로 지역적 불균형 문제를 가진 구조이다. 이는 우리나라뿐만 아니라 전 세계 대부분의 국가에서 공통적으로 나타나는 현상이다. 전력 소비가 집중되는 지역(대도시권)과 재생에너지 발전이 활발히 이루어지는 지역(지방)이 지리적으로 멀리 떨어져 있기 때문에 이러한 문제가 발생하게 되는 것이다. 예를 들어, 우리나라에서는 전력 소비의 대부분이 서울과 수도권에 집중되어 있는 반면, 재생 에너지 발전은 전라남도와 같은 지방에서 더 활발히 이루어지고 있는 상황이다. 비슷하게, 영국도 재생 에너지 발전이 활발한 지역은 북쪽이며, 전력 수요가 많은 지역은 런던을 중심으로 한 남쪽이다.

이러한 지역적 불균형 문제를 해결하기 위해서는 대규모 전력을 장거리로 전송할 수 있는 기술이 필요하다. 지역 간 전력을 효율적으로 이동시키기 위해서는 대규모 송전망의 구축이 필수적이다. 특히, 장거리 전력을 경제적이고 안정적으로 전송할 수 있는 기술로 초고압 직류 송전(High Voltage DC, HVDC)이 주목받고 있는 중이다. HVDC 기술은 전력을 장거리로 송전할 때 손실을 최소화하기 위해 교류(AC) 전기를 직류(DC)로 변환하여 송전한 뒤, 다시 교류로 변환하는 방식이다. 이는 기존의 교류 송전에 비해 효율이 높고 안정적

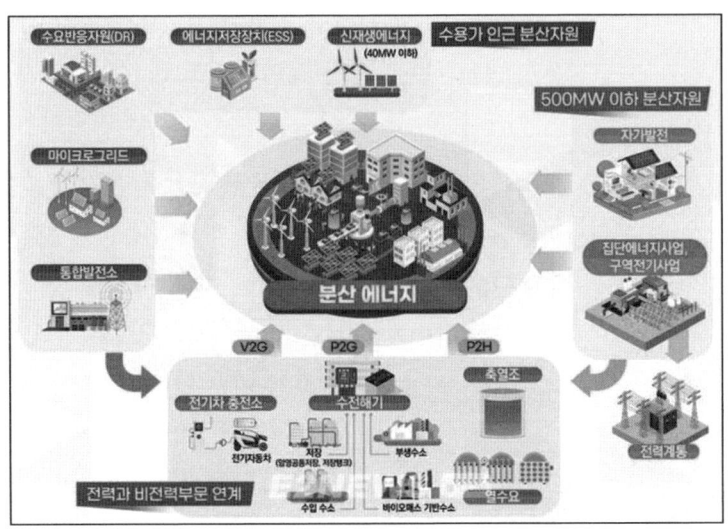

분산에너지의 개념
출처: 산업통상자원부, 분산 에너지 활성화 추진 전략, 2021.

이며, 대규모 전력을 송전하는 데에 적합한 방식이다.

우리나라의 경우, 서해안 HVDC와 동해안 HVDC 프로젝트를 통해 각각 전라남도의 재생 에너지를 수도권으로, 동해안 원자력 발전 전력을 수도권으로 송전하는 프로젝트가 진행 중이다.

지역적 불균형 문제를 해결한다 하더라도, 재생 에너지의 낮은 이용률 문제는 여전히 중요한 과제로 남아 있는 상황이다. 증가하는 전력 소비를 감당하기 위해 송전 선로를 지속적으로 건설하는 것은 경제적, 환경적, 시간적 제약으로 인해 현실적으로 불가능하다.

이를 보완하기 위해서는 지역 내 에너지 자급자족 시스템을 구축하는 것이 필요하다. 지역에서 생산된 전력을 지역에서 직접 소비하도록 유도하면, 지역 간 대규모 송전 요구를 줄일 수 있으며, 송전 인프라 확장의 필요성을 최소화하고 장거리 송전 중 발생하는 전력 손실을 줄임으로써 에너지 효율을 향상시킬 수 있다. 이를 실현하기 위해서는 소규모 태양광, 풍력 발전소, 배터리, 그리고 지역 단위 독립 전력망을 구축하는 것이 필요하다. 이러한 소규모 자원은 분산 에너지(Distributed Energy)라고 불리며, 이를 효과적으로 활용하면 전력 시스템의 구조적 문제를 크게 완화할 수 있다. 우리나라는 2024년에 '분산 에너지 활성화 특별법'을 도입하여 분산 에너지 활용을 촉진할 수 있는 제도적 기반을 마련한 상태이다. 이 법은 지역 내 분산 에너지 자원을 효율적으로 활용할 수 있는 정책과 인프라 구축을 지원하며, 탄소중립 목표를 달성하기 위한 중요한 전환점이 될 것이다. 분산 에너지는 지역 내에서 에너지 자급자족을 실현하며, 송전망의 부담을 줄이고 전력 시스템의 효율성을 높이는 데 핵심적인 역할을 할 것이다. 이를 통해 탄소중립 시대의 안정적이고 지속 가능한 전력망을 구축할 수 있을 것이다.

7.2. 전력 시스템의 국내외 시장 현황 및 전망

> 우리나라의 전력 시스템은 다른 국가와 비교하면 어떠한 특징이 있는가?

현재 우리나라의 재생 에너지 비중은 약 10% 수준이다. 이는 영국, 독일 등 유럽 주요 국가나 미국 캘리포니아 주의 30~40%에 비해 현저히 낮은 수치이다. 이러한 차이는 단순한 기술적 문제 때문만이 아니라, 우리나라 전력 시스템이 가지고 있는 구조적 한계에서도 비롯된 것이라 할 수 있다.

우리나라는 다른 국가와 전력망이 연결되어 있지 않아, 전기적으로 고립된 상황이다. 반면 유럽의 경우는 여러 국가 간 전력망이 촘촘하게 연결되어 있어, 특정 국가에서 재생 에너지의 출력이 불안정하더라도 인접 국가의 전력을 통해 이를 보완할 수 있는 구조를 가지고 있다. 예를 들어, 독일은 재생 에너지 비중이 높은 나라 중 하나이지만, 원자력 발전 비중이 높은 프랑스와 전력망이 연결되어 있어, 재생 에너지의 출력이 부족할 경우 프랑스의 원전 전력을 수입하여 안정적인 전력 공급이 가능하다. 미국 캘리포니아 또한 마찬가지로, 재생 에너지 비중이 높지만 미국 본토 전체와 전력망이 연결되어 있어 계통의 안정적 운영이 가능하다.

그러나 우리나라는 동북아시아라는 지정학적 위치, 정치적 요인, 환경적 제약 등의 이유로 인해 중국, 일본, 러시아 등 인접 국가와 전력망을 연결하는 데 큰 어려움이 있다. 이러한 이유로 타국과의 계통 연계망을 활용한 변동성 보완이 불가능한 상태이다.

또한 우리나라는 좁은 국토에 인구와 산업 활동이 수도권에 집중되어 있는 과밀 전력 수요 구조를 가지고 있다. 수도권 지역에 전체 전력 소비의 절반 이상이 집중되어 있으며, 이러한 고밀도 부하는 출력 변동성이 큰 재생 에너지와 상호작용할 때 시스템의 안정성에 큰 부담을 초래하게 된다. 이로 인해 다른 나라에서는 재생 에너지 비중이 30~40% 수준에 도달해야 발생하는 계통 안정성 문제가, 우리나라에서는 아직 재생 에너지 비중이 10% 수준임에도 불구하고 이미 현실에서 발생하는 중이다. 이러한 구조적 문제는 단순한 기술 개발로 해결될 수 있는 것이 아니며, 전력 인프라 구조의 대대적인 전환과 함께 정책적, 제도적 대응이 동시에 이루어져야 할 과제라 할 수 있다.

> 현재 우리나라는 중앙 집권적인 전력 시스템을 보유하고 있다. 분산 전원 등이 도입되면서 향후 전력 시스템의 전망은 어떠한가? 또한, 기술 발전을 위해 어떠한 노력이 필요한가?

과거 우리나라의 발전기 수는 약 200여 개에 불과하였다. 그러나 최근 소규모 태양광 발전 사업자가 급증함에 따라 발전기 수는 100만 개를 넘어선 상태이다. 이로 인해 발전기를 개별적으로 물리적으로 제어하는 것이 사실상 불가능해졌으며, 전력 시스템의 안정성을 유지하기 위해서는 새로운 방식의 전력 운영 기술이 필요해졌다.

대표적으로 구역별로 전력을 직접 관리할 수 있는 마이크로그리드(Microgrid) 기술과, 다수의 발전기를 가상적으로 하나의 발전기처럼 통합·운영할 수 있는 가상 발전소(Virtual Power Plant, VPP) 기술이 있다. 이러한 기술들은 개별 분산형 전원을 효과적으로 통제하고, 계통 전체의 안정성을 유지하는 데 필수적이다.

현재 우리나라의 발전 시장은 민영화되어 있지만, 재생 에너지는 석탄 발전과 달리 출력 예측이 어렵고 불확실성이 높아 기존의 발전기처럼 입찰 시장에 참여하기 어렵다. 즉, 재생 에너지는 전력을 먼저 생산하고 실제 생산된 양만큼 사후 정산 방식으로 대금을 지급받는 구조로 운영되고 있으며, 이는 기존의 예측 기반 입찰 시스템과는 전혀 다른 방식이다.

반면 해외의 경우, 재생 에너지도 발전 입찰 시장에 참여할 수 있도록 제도적으로 보완되어 있으며, 이로 인해 재생 에너지도 기존 발전기와 유사한 방식으로 운영이 가능하다. 우리나라도 이에 대응하기 위해 제주도에서 일부 마이크로그리드 및 VPP 관련 기술 실증을 진행하고 있으며, 정책과 제도 개선을 병행하고자 노력 중이다.

그러나 우리나라 전력시장의 특성상, 한국전력공사가 공기업으로 존재하면서 전력 판매를 독점하고 있고, 전기 소비자 요금도 다른 국가에 비해 상대적으로 낮은 수준으로 책정되어 있다. 이와 같은 낮은 판매가격 구조는 전력 시스템과 관련된 다양한 신사업 모델의 출현과 활성화를 저해하고 있으며, 장기적으로 전력 인프라 및 기술 발전에도 부정적인 영향을 줄 수 있다. 따라서, 전력 시스템의 안정성 확보와 기술 개발 촉진을 위해서는 전기 요금 체계를 현실화하고, 글로벌 수준으로 가격 구조를 조정하는 정책적 노력이 반드시 병행되어야 한다.

7.3. 전력 시스템 발전을 위한 정부와 대학의 역할

> 현재 한국의 전력 시스템 관련 정책 및 R&D 지원 현황은 어떠한가?

앞서 전력 시스템 분야는 다른 연구 분야에 비해 현실에 직면한 분야라고 이야기한 바 있다. 이처럼 전력 시스템 기술에 대한 수요는 국가 차원의 에너지 안보와 탄소중립 실현뿐 아니라, 한국전력공사, 발전공기업, 민간 에너지 기업 등 다양한 주체에게서 존재하고 있다. 이러한 수요로 인해 전력 시스템 분야에 대한 R&D 지원은 다른 연구 분야에 비해 상대적으로 우수한 편이다. 이는 단순히 국내적인 현상에 그치지 않고, 세계적인 흐름에서도 동일하게 나타나는 경향이다.

다만, 미래를 대비한 장기적 기술 개발에 초점을 맞춘 여타 분야와 달리, 전력 시스템 분야는 이미 현실에서 문제가 발생하고 있는 상황을 해결하기 위한 기술을 개발해야 하기 때문에 R&D의 기획과 실행 주기가 짧을 수밖에 없다. 즉, 연구 개발의 호흡이 타 분야에 비해 빠르며, 시급한 기술 수요에 대응하는 구조를 가지고 있다.

국내에서는 전력 시스템 분야의 연구 개발(R&D)을 과학기술정보통신부보다는 산업통상자원부에서 주도하고 있다. 특히 산업통상자원부 산하에 있는 한국에너지기술평가원(이하 에기평)이 전력 시스템과 관련된 다양한 기술 및 정책 연구 개발 지원을 총괄하고 있다. 에기평은 탄소중립 실현을 위한 기술 및 에너지 신산업 육성을 위한 중점과제를 발굴하고 있으며, 특히 전력 시스템과 관련한 R&D에서는 다음과 같은 핵심 과제들이 활발히 추진 중이다.

첫 번째로, 전력 계통의 직류화(DC화)에 대한 연구 개발이 대표적이다. 기존의 교류(AC) 중심 전력 시스템을 초고압직류송전(HVDC) 및 중전압직류(MVDC) 시스템으로 전환하려는 시도가 진행되고 있으며, 이는 송전 효율 향상과 재생 에너지 연계성 증대 측면에서 중요한 기술이다. 특히 HVDC는 대용량 장거리 송전에, MVDC는 도심지나 섬 지역 등 다양한 응용 환경에서의 활용을 목표로 하고 있다.

두 번째로는, 에너지저장장치(ESS)를 전력 계통 내에 안정적으로 통합·운영하는 기술이 중점적으로 다뤄지고 있다. 다양한 저장 기술이 재생 에너지의 간헐성과 전력 수급의 불균형을 해소할 수 있는 열쇠가 되기 때문에, 이를 시스템 관점에서 효과적으로 제어하는 기술이 R&D의 중요한 과제로 부각되고 있다.

세 번째로는, 에너지 신산업 관련 정책 및 기술 개발이다. 이는 단순한 기술 개발을 넘어, 전력 시스템 내에서 새로운 서비스 모델을 창출하고 산업 경쟁력을 강화하는 데 초점을 맞추고 있다. 예를 들어, 분산형 전원 기반의 전력 중개, 에너지 프로슈머(Prosumer) 모델, VPP 운영 알고리즘, 수요 반응 기반의 거래 체계 구축 등이 이에 해당한다.

이와 같은 현실 기반의 기술 수요는 앞으로도 지속될 것으로 예상되며, 이에 따라 전력 시스템 분야는 국내 R&D 환경에서 매우 중요한 위치를 차지하고 있다.

그러나 한편으로는, 단기적인 문제 해결에만 집중하다 보면 중장기적 기술 경쟁력 확보에서 뒤처질 수 있다는 우려도 존재한다. 특히, 전력 시스템은 인프라 중심의 장기적 기술 발전이 필요한 분야이기 때문에, 당장의 계통 안정화나 재생 에너지 연계 기술뿐 아니라 30~40년 후를 내다보는 미래지향적 기술 연구도 반드시 병행되어야 한다.

예를 들어, 완전한 직류 기반 전력 계통(DC grid), 우주 태양광 발전(Space Solar Power), 초전도 송전망(Superconducting Grid)과 같은 기술들은 아직 상용화까지는 많은 시간이 필요하지만, 미래 전력 인프라의 게임 체인저가 될 수 있는 기술이다. 이러한 기술들은 단기간 내의 실용화를 목표로 하기보다는, 기술 주도권을 확보하고 글로벌 시장을 선도하기 위한 전략적 투자가 필요한 영역이다.

하지만 현실적으로, 현재 우리나라의 R&D 정책은 단기적 성과 위주의 구조에 치우쳐 있고, 미래 기술 확보를 위한 장기적이고 대담한 투자에는 비교적 소극적인 편이다. 이로 인해 대학이나 연구기관에서도 미래를 향한 연구보다 당장의 기술 수요에 대응하는 프로젝트 중심의 연구가 우세한 실정이다.

결론적으로, 현실 문제 해결과 미래 기술 확보는 양립할 수 없는 목표가 아니라, 반드시 병행되어야 하는 과제이다. 이를 위해서는 정책적으로 장기적 R&D 투자를 독립적으로 지원하는 제도적 기반 마련이 필요하며, 연구자 또한 단기 성과에 머무르지 않고 미래 전력 시스템의 비전을 설계하는 자세가 요구된다.

> 현실 문제와 가까운 만큼 전력 시스템을 전공하고자 하는 학생이 많아질 것으로 보인다. 이를 전공하기 위해서는 어떠한 역량과 지식이 필요할 것인가?

전력 시스템에서 가장 중요한 역량은 에너지 문제를 해결하고자 하는 관심과 의지이다. 전력 시스템은 물리적·수학적으로 복잡할 뿐만 아니라, 사회적·경제적 제약과도 얽혀 있는 분야이기 때문에 단순한 기술적 지식만으로는 해결이 어려운 문제들이 많다. 그렇기 때문에, 현실에 존재하는 문제를 해결하고자 하는 현장감 있는 태도와 끈기가 무엇보다 중요하다.

기술적으로는, 전력 시스템이 결국 전기회로의 확장 개념이기 때문에 전기공학적 지식이 기본이 되어야 한다. 전압, 전류, 임피던스 등 회로 이론을 이해해야 실제 전력망에서 발생하는 다양한 현상을 해석할 수 있다. 아울러, 컴퓨터 기반 시뮬레이션을 통해 복잡한 계통을 모델링하고 해석해야 하므로 컴퓨터 공학적인 역량, 특히 프로그래밍 능력과 수치해석에 대한 감각도 중요하다.

한편, 전력 시스템이 물리학적 법칙에 따라 작동한다는 점에서 물리학과의 연관성이 크지만, 실제 연구와 설계에서는 수학적 모델링과 계산이 훨씬 더 중요한 역할을 한다. 고등학교 과정에서 접하는 미적분학은 시간에 따른 전력량, 전압의 변화 등 연속적인 물리량을 다루는 데 활용되고, 행렬과 선형대수학은 수많은 버스(bus)와 노드(node)로 구성된 전력망을 해석할 때 필수적인 도구로 활용된다. 실제 전력 계통 해석 프로그램(Power Flow Analysis 등)에서도 대부분의 알고리즘이 행렬 기반의 수치해석 기법에 의해 구현된다.

즉, 전력 시스템 분야에 진입하기 위해서는 수학을 도구로 삼고, 물리학을 이해의 틀로 삼으며, 컴퓨터 기술을 수단으로 활용하는 종합적 접근이 필요하며, 이를 바탕으로 실질적인 문제 해결을 도모하는 자세가 요구된다.

> 탄소중립을 위한 전력 시스템 연구와 교육 관점에서 대학의 역할을 어떻게 평가하는가?

대학이 수행해야 할 가장 중요한 역할은 인력 양성이다. 특히 전력 시스템 분야에서는 단순한 기술 전문성만으로는 한계가 있으며, 기술, 경제, 정책, 그리고 사회적 이해까지 포괄할 수 있는 융복합적 사고를 지닌 인재를 양성하는 것이 핵심이다.

전력 시스템은 기술 중심의 분야로 보이지만, 실제로는 전력시장 구조, 요금제 설계, 정책적 인센티브, 전력망 투자 판단, 국제적 에너지 전환 흐름 등 복잡하고 다양한 분야가 얽혀 있기 때문에, 공학적 지식 외에도 경제학, 정책학, 사회학적 통찰이 함께 요구된다.

또한, 전력 시스템에서 핵심적 역할을 하는 에너지저장장치(ESS)나 연료전지, 수소기술 등은 전기·전자공학 외에도 화학공학, 재료공학적 이해가 병행되어야 한다. 배터리의 전기화학적 반응, 소재 안정성, 수명 예측 등은 전력 기술을 넘어서는 영역으로, 이에 대한 이해 없이는 실질적인 기술 개발과 적용이 어렵다.

따라서 대학은 전통적인 전기공학 교육에서 한 걸음 더 나아가, 융합적 커리큘럼과 다학제 협업 환경을 제공해야 한다. 예를 들어, 전기공학과와 함께 에너지자원공학, 화학생물공학, 환경공학, 정책학 등이 연계된 교육과 연구를 추진해야 하며, 학생들이 다양한 분야의 문제를 포괄적으로 이해하고 해결할 수 있도록 문제 기반 학습(PBL) 중심의 실천적 교육도 필요하다.

결국, 미래 전력 시스템을 안정적으로 이끌고 탄소중립 시대를 준비하기 위해서는 대학이 먼저 변화해야 하며, 현장과 학문을 연결하고, 기술과 사회를 통합할 수 있는 인재를 체계적으로 육성할 수 있는 기반 마련이 무엇보다 중요하다.

8장   서울대학교 에너지자원공학과 정훈영 교수

탄소중립 사회로 가는 징검다리: 탄소 포집·저장 기술

*

    IPCC(Intergovernmental Panel on Climate Change)는 2023년 발간된 보고서를 통해 글로벌 온실가스 감축 경로 모델에 탄소 포집·저장(CCS, Carbon Capture and Storage) 기술을 중요한 감축 옵션으로 포함하였다. 다양한 감축 수단을 적용하더라도 일부 산업에서는 감축 비용이 지나치게 비싸거나 감축이 불가능한 경우가 있을 수 있고, 이 경우 불가피하게 탄소 포집을 활용해야 하기 때문이다. 저탄소 사회로의 신속한 전환이 예상보다 어려운 현실 속에서 브릿지(Bridge) 기술로 평가받는 CCS 기술에 대해 알아보기 위해 서울대 에너지자원공학과 정훈영 교수와 인터뷰를 진행하였다.

정훈영 교수

정훈영 교수는 2018년부터 서울대학교 에너지자원공학과에서 교수로 재직 중에 있다. 지하 암석층과 배관 내 유체 유동과 관련하여, 암석 및 배관의 물성 모델링, 유동 시뮬레이션, 최적화, 역산 기법, 데이터 사이언스를 활용한 효율화 기법 등을 연구하고 있다. 이러한 연구를 바탕으로 탄소의 수송 및 저장, 유·가스의 생산 및 수송, 지열 에너지 개발, 고준위 방사성 폐기물 처분 등에서의 안전성과 효율성 제고를 위한 교육과 연구에 힘쓰고 있다.

8.1. CCS 기술의 원리

> CCS는 어떤 원리로 대기 중에서 이산화탄소를 제거할 수 있는 것인가? 포집과 저장 기술에 대해 설명 부탁한다.

CCS는 배가스의 CO_2를 포집하여 저장소로 수송하고, 수송된 CO_2에 압력을 가하여 땅 속에 주입하고 주입된 CO_2를 대기와 장기간 격리시키는 기술이다.

CO_2 포집 기술은 크게 흡수, 흡착, 분리막 방식으로 구분된다. 흡수 방식은 배출가스에 포함된 이산화탄소(CO_2)를 액체 상태의 흡수제에 흡수시킨 후, 이 흡수제에서 다시 CO_2를 분리해 내는 방식이다. 이때 가장 널리 사용되는 흡수제는 아민(amine) 수용액으로, 아민기는 질소 원자를 중심으로 한 화합물로 CO_2와 화학적으로 반응하여 쉽게 결합할 수 있는 특징을 가진다. 그림에 나타난 과정처럼, 배가스가 아민 용액을 통과하면 CO_2가 흡수되고, 이후 흡수된 혼합 용

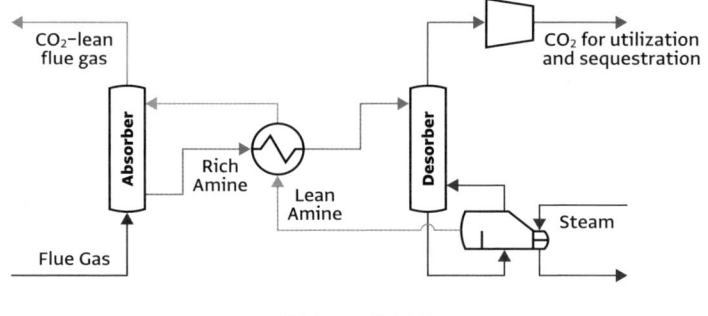

전형적인 CO_2 흡수 공정
출처: Ooi et al., 2020

액의 온도를 상승시켜 CO_2를 다시 분리한 후 포집한다. 아민 수용액은 재생되어 반복적으로 사용할 수 있다.

흡착 방식은 이산화탄소를 고체 흡착제에 물리적 혹은 화학적으로 붙게 한 다음, 온도나 압력 변화를 이용해 CO_2를 다시 떼어 내는 방식이다. 이때 사용되는 흡착제는 보통 고체 형태로, 액체 흡수제를 사용하는 흡수 방식과는 구별된다. 이 방식은 오염된 물을 숯을 통과시켜 정화하는 정수기 원리와 유사하며, CO_2 흡착제는 정수기 내 숯처럼 선택적으로 CO_2만 흡착하는 역할을 한다.

분리막 방식은 특정 물질만 투과할 수 있는 성질을 지닌 막을 이용해 배가스 내의 CO_2만 선택적으로 통과시켜 분리하는 기술이다. 이 방식은 물리적인 구분을 기반으로 하며, 다른 가스들은 막을 통과하지 못하게 하여 고농도의 CO_2만을 효과적으로 분리할 수 있다.

포집된 CO_2는 파이프라인, 트럭, 선박 등의 운송 수단으로 저장소까지 수송된다. 파이프라인으로 CO_2 수송 시 비용이 파이프라인의 길이에 비례하여 증가하므로 장거리 수송 시 선박이 경제적으로 유리할 수 있다. 수송된 CO_2의 저장을 지상 탱크에 고압의 CO_2를 저장하는 것으로 오해할 수 있는데, 지속적으로 배출되는 막대한 양의 CO_2를 지상 탱크에 저장하는 것은 부지 부족으로 인해 불가능하다.

그림처럼 지상 탱크가 아닌 지하 암석층에 CO_2를 저장하는 것을 탄소 저장이라 한다. 일상 생활에서 접할 수 있는 암석은 언뜻 보기에 내부에 빈 공간이 없는 것처럼 보일 수 있으나 빈 공간이 암석 전체 부피의 많게는 20~25%까지도 차지할 수 있다. 이러한 암석 내부의 빈 공간을 공극이라 부르고 전체 암석 부피 대비 공극 부피의 비율을 공극률이라 한다. 암석 내부를 확대한 그림에서 푸른 색으로 되어 있는 부분이 공극이며 불균질한 암석 알갱이 모양으로 인해 암석 알갱이 사이에 공극이 존재한다. 지하 암석층에 CO_2를 주입하고 주입된 CO_2는 암석층 공극에 존재하게 된다. 공극률이 크다는 것은 암석 전체 부피에 비해 암석 알갱이 사이 공간이 많다는 것이므로, 다른 조건이 동일하다면 공극률이 클수록 더 많은 CO_2를 암석층에 저장할 수 있다.

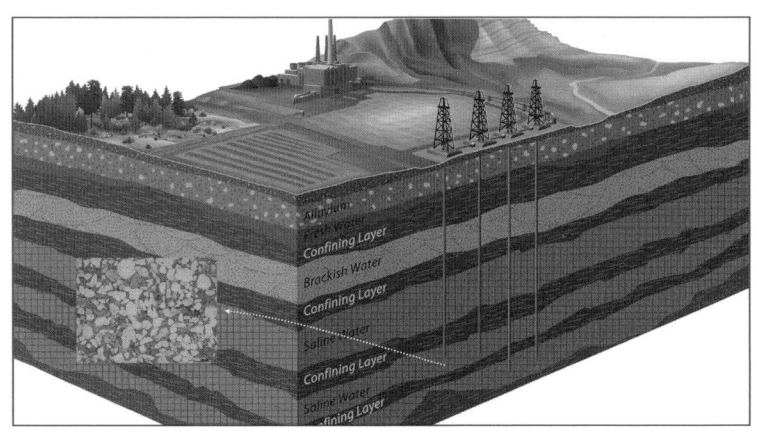

CO_2 암석층 저장
출처: Colorado Geological Survey(https://coloradogeologicalsurvey.org/energy/e-co2/),
http://oildoc.ir/tag/porosity/

> 대부분 암석 사이에 공극이 존재하면 CO_2를 저장할 수 있는 공간도 많을 것 같다. 비용의 문제가 없다면 포집된 CO_2의 양이 많아도 저장하는 데 물리적 한계는 없는지?

주입된 CO_2를 암석층 공극에 저장하는 데 물리적 한계를 이해하기 위해서 공극에 대한 3가지 질문에 대해 답하는 형식으로 이해를 돕고자 한다. 첫째, "CO_2가 저장되는 지하 암석층 공극은 주입 전에 빈 공간으로 존재하나?"이다. 정답은 "그렇지 않다"이다. 지하 암석층 공극은 공기가 아닌 대부분 물로 채워져 있다. 낮은 확률로 물이 아닌 유가스로 공극이 채워져 있을 수 있다. 우리가 일상 생활에서 사용되는 유가스는 바로 이 유가스로 채워진 공극으로부터 생산된 것이다. 유가스로 채워져 있는 암석층 공극으로부터 유가스를 생산하고 생산이 종료되면 공극 속에 유체 양이 감소되면 공극 내 압력도 감소하게 된다. 생산이 종료된 유가스전을 고갈가스전, 고갈유전(또는 폐가스전, 폐유전)이라 하며 공극 내 압력이 낮아 낮은 압력으로도 CO_2를 공극에 밀어 넣어 저장할 수 있다. 가스전은 가스의 높은 압축률 때문에 유전에 비해 많은 양을 생산할 수 있어 고갈가스전은 고갈유전에 비해 보다 많은 양의 CO_2를 저장할 수 있다. 공극이 물로 채워진 암석층을 대수층이라 하는데 물은 압축률이 낮아 CO_2 주입시 높은 압력이 필요하고 CO_2 주입시 압력 상승 정도가 커 대수층은 동일 공극 부피 고갈가스전에 비해 CO_2 저장 용량이 작다. 그러나 앞서 언급한 것처럼 대부분의 암석층은 공극이 물로 채워진 대수층이므로 대수층은 고갈가스전, 고갈유전보다 더 흔하게 존재한다는 장점을 가진다.

둘째, "공극률과 CO_2 저장 용량의 어떤 관계가 있나?"이다. 앞서 설명한 것처럼 공극률은 전체 암석층 부피 대비 공극 부피의 비율이고 CO_2는 공극에 저장되기 때문에 암석층 공극률이 클수록 많은 양의 CO_2를 저장할 수 있다. 따라서 공극률과 CO_2 저장 용량은 매우 밀접한 관련이 있다고 할 수 있다. 공극률은 현장에서 채취된 암석 시료로부터 측정되거나 암석층의 시추공에 장비를 투입하여 측정하는 물리검층을 통해 평가할 수 있다.

셋째, "단위 시간당 CO_2 주입양은 공극률과 어떤 관계가 있나?" 이다. 두 암석층이 동일한 부피 및 공극률을 갖는다면 같은 부피의 CO_2를 저장할 수 있으나 단위 시간당 주입할 수 있는 CO_2 양은 다를 수 있다. 같은 1,000만t을 저장할 수 있다 하더라도 연간 주입량 100만t과 10만t은 사업 수익성에 있어 크게 차이가 난다. CO_2 주입 유량은 공극률이 아닌 암석의 유체투과율과 밀접한 관련이 있다. 암석의 유체투과율은 공극의 크기를 나타내는 지표로 공극이 크다면 유체와 암석 알갱이 사이의 마찰 면적이 적어 유체가 더 빠르게 유동할 수 있다. 따라서 암석의 유체투과율이 크다면 단위 시간당 더 많은 양의 CO_2를 주입할 수 있어 CO_2 저장 사업의 높은 수익성을 달성할 수 있다. 유체투과율도 공극률과 마찬가지로 현장에서 채취된 암석 시료로부터 측정할 수 있으며 암석 시료 실험 외에도 현장에서 유체 유량과 압력의 변화로부터도 유체투과율을 평가할 수 있다.

| CCS 기술 개발에 있어 가장 주요한 이슈는 무엇인가?

각 부문의 기술 개발 이슈를 설명하기에 앞서 포집, 운송, 저장에 들어가는 비용의 비중을 비교해 보자. 240쪽 표는 CO_2 1t당 투입되는 CCS 단계별 비용을 보여 준다. CCS 전체 비용 중 일반적으로 50% 이상을 포집 단계에서 소비하며, 수송 및 저장이 나머지를 거의

동일한 비율로 차지한다. 포집 부문의 기술 개발 이슈는 앞서 언급했듯 높은 비중을 차지하는 CO_2 포집 단가를 절감하는 것이다. 그림은 배출원에 따른 포집 비용 단가의 범위를 보여 준다. 배출원의 물질 구성, CO_2 농도, 포집 방식 등에 따라 포집 비용 단가의 범위가 크게 달라질 수 있다. 포집 비용을 포함한 CCS 비용은 결국 탄소 배출 제품의 가격에 반영될 수밖에 없기 때문에, 기술 개발을 통해 CO_2 포집 단가를 낮추어야 한다. 현재 포집 방식의 에너지 효율 개선, 공정 개선, 소재 개발 등을 통한 포집 단가 절감 연구가 수행되고 있다.

최근 CCS 분야에서 주목받고 있는 연구는 직접 공기 포집(Direct Air Capture, DAC) 기술이다. CCS 기술 적용에 있어 가장 어려운 점은 포집원과 저장소의 물리적 거리이다. CO_2 농도가 높아 포집에 유리한 포집원의 위치와 공극률과 유체투과율이 높고 저장에 적합한 저장소의 위치가 가까워야 CCS 사업의 경제성을 높일 수 있기 때문이다. DAC 기술을 이용하여 CO_2를 포집한다면 저장소와의 공간적 거리 제약을 받지 않는다. 다만 낮은 대기 중 CO_2 농도로 인해 DAC의 포집 비용 단가가 높아 이를 획기적으로 낮출 수 있는 연구들이 수행되고 있다.

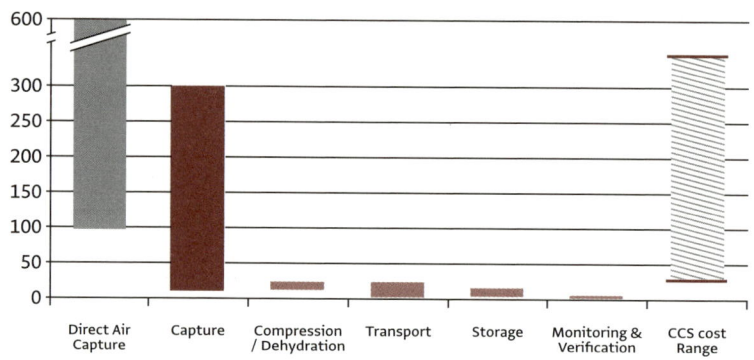

배출원에 따른 포집 비용 단가
출처: IEA, 2021

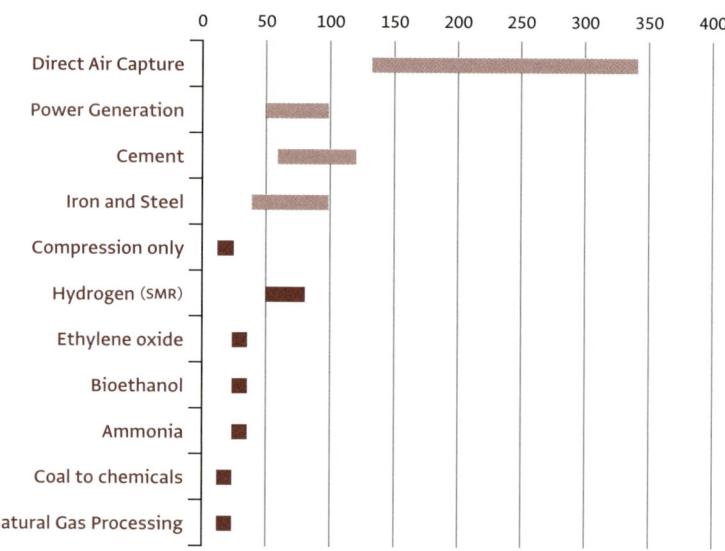

배출원에 따른 포집 비용 단가
출처: IEA, 2021

포집원과 저장소의 물리적 거리가 중요한 이슈라면, 포집된 이산화탄소의 운송을 위한 기술 개발도 필요할 것 같다.

CO_2 운송은 선박 또는 배관으로 이루어지는데 안전한 CO_2 배관 수송을 위해서는 불순물 조성에 따른 CO_2 부식, 하이드레이트 생성, 상변화 조절 등의 문제 해결이 필요하다. 일부 CO_2가 물에 용해되어 산이 생성되면 배관 부식을 일으킬 수 있다. 파이프라인으로 CO_2 수송 시 물이 일정량 이상 존재하면 파이프라인 부식을 야기해 부식된 부분으로 CO_2가 누출될 수 있다. 이러한 부식은 지상과 지하 암석층 간의 연결관에서도 발생할 수 있다. 부식을 방지하기 위해서는 금속 코팅 및 합금 사용이 대표적이나 경제성 때문에 수백 km에 달하는 파이프라인에는 이를 적용하기 어려워 CO_2 수송 전에 충분히 탈수시켜 부식을 방지한다. 부식율은 압력, 온도, 유체 조성, 유속 등의 영향을 받으나 현재 CO_2 농도가 높은 경우에 대한 부식율 평가 연구 결과가 부족한 상황이다. CO_2와 불순물이 포함된 각기 다른 조성의 여러 공급원이 있을 경우 파이프라인 수송 시 부식율에 대한 적정한 평가가 어려워 여러 사업자로부터 CO_2를 공급받는 것이 제한적일 수 있다. CO_2 사업 확장성 향상을 위해 CO_2로 인한 부식율 평가 관련 연구가 필요하다. 이외에도 불순물 조성에 따른 하이드레이트 생성 유무 및 상변화 예측에 대한 추가 기술 개발이 필요하다.

> 마지막으로, 저장 부문에는 기술 개발 이슈가 있고, 해결을 위해 어떤 연구가 이뤄지고 있는가?

저장 부문의 첫 번째 기술 개발 이슈는 CO_2 주입으로 인한 공극압(공극 내 존재하는 유체 압력)의 과도한 상승 억제이다. CO_2 주입으로 인해 공극압이 과도하게 상승하면 CO_2 누출 및 지진이 발생할 수 있다. CO_2를 암석층 공극에 주입하여 대기와 장기간 격리하는 것이 CO_2 저장의 목적이다.

그러나 지하에 저장된 CO_2는 덮개암 파쇄, 유정 주변 균열, 유정 손상 등으로 인해 의도한 암석층으로부터 빠져나올 수 있다. 덮개암은 지하에 있는 물보다 가벼운 CO_2가 의도한 암석층에서 빠져나가는 것을 방지하기 위한 암석층으로, 덮개암 파쇄가 발생할 경우 CO_2가 덮개암의 균열을 따라 누출될 수 있다. 또 다른 유출 원인으로는 CO_2 주입 및 공극압 감소를 위해 유정을 설치하면서 생긴 유정 주변의 균열이나 유정의 노후화로 인한 유정 손상 등으로 인해 CO_2가 누출될 수도 있다. 또한 CO_2 주입으로 인해 단층이 재활성되면 지진이 발생해 큰 피해가 발생할 수 있다. 따라서 같은 양의 CO_2를 주입하더라도 공극압 상승 정도가 낮을수록 보다 안전하다고 할 수 있다. 공극압의 과도한 상승을 억제하기 위한 주입 효율 및 암석층 공간 활용도의 향상을 위해서는 주입하는 CO_2의 유동성을 높여 더 잘 흘러 들어갈 수 있도록 해 주는 첨가제 개발 및 CO_2 용해 및 광물화 포획 비율 최대화를 위한 주입 조건 최적화 등의 연구가 수행되고 있다. CO_2가 지중에 격리된 후 오랜 시간이 흐르면 CO_2가 물에 용해되거나 탄산염 광물로 광물화되는 과정을 거치는데, 이 과정을 촉진할 수 있다면 유체 상태로 있는 CO_2의 양을 줄일 수 있어 공극압 감소에 도움을 줄 수 있다.

두 번째 기술 개발 이슈는 CO_2 저장 안전성 모니터링의 효율화이다. CO_2 주입 종료 이후에도 주입된 CO_2가 의도한 암석층에 안전하게 저장되어 있는지 장기간 모니터링이 필요하다. 2024년 1월에 국회에서 통과된 '이산화탄소 포집·수송·저장 및 활용에 관한 법률안'에도 저장사업자의 모니터링 의무에 대한 조항이 포함되어 있다. CO_2 주입으로 인한 암석층의 압력, 밀도, 변위, CO_2 농도 변화를 모니터링하게 되는데, 모니터링에서 관측된 변화가 정상적인지 판단하는 데 상당한 분석 및 계산 비용이 발생할 수 있다. 분석 및 계산 비용을 절감하여 CO_2 저장 안전성 모니터링을 효율화하기 위해 기계 학습을 이용하는 연구들이 수행되고 있다. 예를 들어, 고갈 가스전에서의 CO_2 저장 관련 인자를 분석하여 기계 학습 기반의 저장 효율 지수를 예측하거나, 기계 학습을 이용하여 더 적은 탄성파 데이터를 사용하여 모니터링을 진행할 수 있는 모델 개발 등이 있다.

세 번째 기술 개발 이슈는 석회암층 및 비전통 암석층 CO_2 저장이다. 현재까지 대부분의 CO_2 저장은 사암층에 이루어져 왔는데, 사암층은 공극률이 크고 공극 간 연결성이 양호하며 CO_2와 반응성이 낮아 CO_2를 안정적으로 저장할 수 있다는 장점이 있다. 공극률이 크고 공극 간 연결성이 양호한 석회암층 또한 CO_2 저장소로 적합할 수 있으나, CO_2가 용해된 물과 석회암이 반응하여 석회암이 용해되면 누출, 지반 침하, 저장 효율 저하 등의 문제가 발생할 수 있다. 암석 시료에 대한 석회암층 CO_2 주입 실험은 많이 이루어졌으나 상업적 규모의 석회암층 CO_2 저장소 개발은 현재 계획 단계에 있다. 상업적 규모에서 석회암 용해로 발생할 수 있는 문제의 위험성을 낮출 수 있는 기술 개발이 필요할 것으로 판단된다. 석회암층 외에도 미래에는 현무암층, 셰일층, 가스가 함유된 석탄층(Coalbed Methane, CBM)과 같이 유체투과율이 낮은 비전통 암석층에 대한 저장도 필요할 것으로 예상된다. 비전통 암석층은 사암층 및 석회암층에 비해 저장소 개발 난이도가 높으나, 충분한 CO_2 저장 용량 확보를 위해서는 비전통 암석층 CO_2 저장 기술 개발도 필요할 것으로 판단된다.

8.2. 국내외 CCS 기술 및 시장 동향

> 해외에서도 CCS와 관련하여 여러 프로젝트가 진행 중인 것으로 알고 있다. 현재 기술 개발 수준은 어떤가?

CO_2 포집 기술은 유가스에 포함된 CO_2 제거를 위해서 오래전부터 적용되어 온 기술이다. 포집된 CO_2는 다른 암석층에 주입되거나 오일 회수 증진에 활용하기 위해 유전에 주입될 수 있다. 오일 회수 증진이란 석유의 생산량을 증가시키기 위해 땅속에 물이나 이산화탄소 등을 주입하는 기법을 의미하며, 주입된 물이나 이산화탄소는 남아있는 석유를 밀어내어 생산되도록 하는 역할을 한다.

다음 표는 대표적인 CCS 사업의 정보를 요약한 표이며, 표에서 제시된 것처럼 CCS 기술은 1990년대부터 유가스에 포함된 CO_2를 대규모로 포집하고 지하 암석층에 저장하는 데 적용되어 왔다. 이처럼 CCS 기술은 유가스 산업에서 오랜 기간에 걸쳐 현장에 적용되어 온 기술이라 할 수 있다.

프로젝트명	국가명	운영기간	CO2 포집원	CO2 저장량
Sleipner	노르웨이	96'-22'	생산 가스의 9%	100만t/년
Snohvit	노르웨이	08'-	생산 가스의 5-8%	70만t/년
In Salah	알제리	04'-11'	생산 가스의 4-9%	54만t/년
Quest	캐나다	15'-	비튜멘 개질에 필요한 수소 생산시 배출되는 CO_2	100만t/년
Decatur	미국	17'-	옥수수 에탄올 추출시 배출되는 CO_2	52만t/년
Gorgon	호주	16'-	생산 가스의 14%, 1%	200만t/년

대표적인 CCS 사업

다만 오일 회수 증진을 위한 이산화탄소 주입이 아닌, 탄소 저감을 위한 CCS는 그 자체로 수익성이 있는 기술은 아니다. 그렇기 때문에 정부의 적극적인 경제적 유인책이 뒷받침되어야 실현 가능한 기술이다. 오래된 CCS의 역사에 비해 사업화가 활발히 이루어지지 못한 이유는 탄소중립의 중요성에 대한 인식 부족과 그에 따른 경제적 유인책이 제대로 확립되지 않았기 때문이라고 할 수 있다.

기존 유가스 관련한 CCS 사업 외 탄소 저장을 상업적 목적으로 하는 대표적인 CCS 사업은 노르웨이의 노던 라이트(Northern Lights) 프로젝트다. 그림처럼 해양 국경을 넘어서 탄소 수송 및 저장하는 서비스를 제공하는 최초의 프로젝트로, 수년 내로 시행될 예정이다. CO2 1t의 수송 및 저장 서비스에 대해 30~55유로 정도의 가격이 될 것으로 예상되고 있다.

2023년 7월 기준으로 운영 중인 전 세계 CCS 시설의 포집 용량

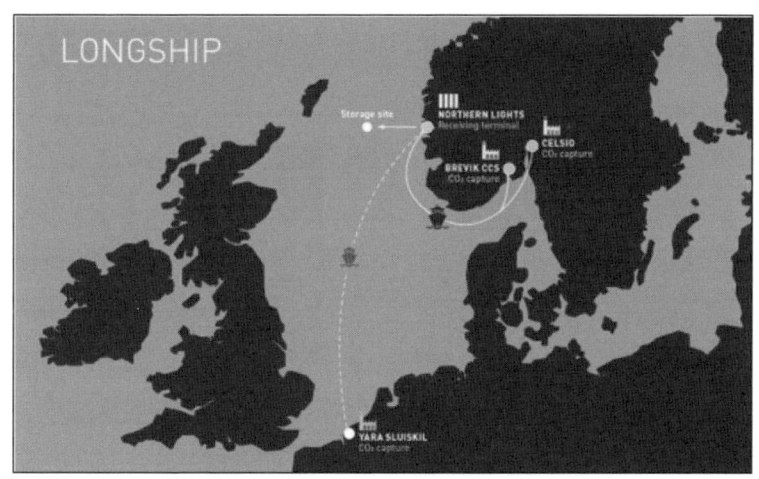

노던 라이트 CCS 프로젝트의 탄소 수송 경로 및 저장소 위치
출처: Heidelberg Materials(https://www.brevikccs.com/en/facts)

은 약 5,000만t/년이며, 건설 및 개발 중인 포집 용량은 약 3.12억t/년에 이른다. 2020년 이후로 CCS 시설의 포집 용량은 해마다 50% 이상 증가하고 있다.

미래의 CCS 산업 규모를 정확히 예측하는 것은 쉽지 않지만, IEA의 자료를 참고하면 대략적인 추정이 가능하다. IEA의 기술별 이산화탄소 감축 비율에 따르면, 2050년까지의 탄소 감축량은 약 320억 톤으로 예상되며, 이 중 CCUS가 차지하는 비율은 전체의 18.38%에 해당하는 58억 8,300만 톤으로 추산된다.

IEA의 CCUS 보고서에서는 CCS 기술이 총 포집량의 90%만큼

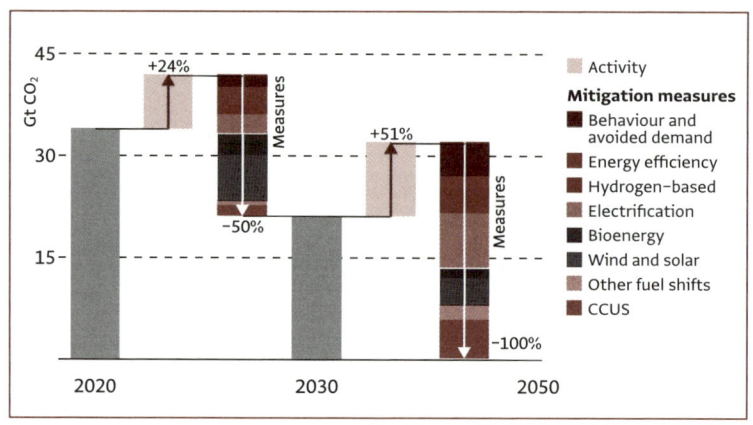

IEA 2050 넷제로 달성 로드맵
출처: IEA, 2021

탄소를 감축한다고 가정하고 있으며, 이 가정을 적용하면 2050년 CCS를 통한 탄소 감축량은 약 52억 9,500만t에 이르게 된다. IEA에서 규정한 CO_2 감축 t당 비용 100달러를 적용한다면, 결과적으로 연간 약 5,295억 달러(약 741조 원)의 시장 규모가 형성될 것으로 예상된다.

> 국내에는 유가스전이 거의 없기 때문에 탄소 저장 기술의 획득 및 저장 공간 확보에 있어서 불리해 보인다. 현재 국내에서도 CCS 기술 상용화를 위한 연구가 진행 중인가?

국내에서는 2021년에 생산이 종료된 동해가스전에 CO_2를 저장하는 프로젝트를 추진하고 있다. 또한 산업통상자원부에서 지원하는 '대규모 CO_2 저장소 확보를 위한 기반 조성 사업'에서는 산학연(한국석유공사, 코오링크, SK 어스온, 서울대학교, 연세대학교, 인하대학교, 한양대학교, 한국지질자원연구원) 컨소시엄이 국내 대륙붕 CO_2 저장소 탐사 및 선정을 위한 공동 연구를 수행하고 있다.

해당 사업에서는 서해 유망 저장소에 대한 탄성파 탐사를 완료하여 현재 지질 해석 및 저장 용량 평가 단계에 있으며, 이후 연구 범위를 남해와 동해로 확장할 계획이다. 막대한 규모의 국내 탄소 배출량과 빠른 에너지 전환 속도를 감안할 때, 보다 신속한 저장 용량 확보가 필요할 것으로 판단된다.

> 세계적으로 CCS 기술에 대한 관심이 높아 보인다. CCS 기술을 확보하고 일정 수준 이상의 트랙 레코드(track record)를 가진다면 국내 온실가스 감축을 넘어 세계 시장에서 부가가치를 창출하는 것도 가능할 것으로 보는지?

2030년 국가 온실가스 감축 목표를 달성하고 수년 내 현실화될 탄소 국경세에 대비하기 위해서는 신속한 탄소 감축안 시행이 필요한 상황이다. CCS 기술은 단기간 탄소 감축 달성에 적합한 기술로서 우리나라는 기후변화 위기를 새로운 성장 기회로 전환할 수 있는 충분한 CCS 산업 잠재력을 갖추고 있다. 이는 세 가지 주요 이유에 기반한다.

첫째, 세계 CCS 산업 시장 성장에 대한 기대와 국내의 높은 CO2 감축량 수요이다. 언급한 바와 같이 2023년 IPCC에서 발간한 보고서에서는 CCS 기술을 글로벌 온실가스 감축 경로 모델의 중요한 감축 옵션으로 포함시켰다. IEA는 2050 넷제로 달성 로드맵에서 CCS 기술의 연간 감축량을 전체 감축량의 16%인 약 53억t/년을 할당하였다. CCS 기술의 CO2 t당 비용을 100달러로 가정하면 CCS 기술로 인해 형성되는 시장은 연간 수천억 달러의 시장이 형성될 수 있다. 국내 CO_2 저장소 개발을 통해 탄소 감축량을 신속히 달성하고 국내 CCS 사업 경험을 바탕으로 해외 CCS 산업 시장에 진출한다면 신산업 진출 및 추가적인 탄소 감축량을 달성할 수 있을 것이다.

둘째, CCS 산업은 아직 초기 단계에 있어 시장 진입의 적기라 할 수 있다. 2023년 7월 기준 운영 중인 CCS 포집 용량은 IEA에서 제시한 CCS 기술의 연간 탄소 저감 목표 53억t의 10분의 1 수준인 연간 약 5,000만t으로 CCS 산업은 초기 단계에 있다.

셋째, CCS 기술의 국내 적용을 위한 제도가 마련되고 있으며 국내 기업은 CCS 기술에 대한 충분한 잠재력을 보유하고 있다. 비록 국내 기업의 CCS 사업 실적은 초기 단계에 있으나 포집 기술은 국내 실증에 성공하였으며 저장 기술 또한 유가스 자원 개발 기술과 유사하여 국내 기업도 저장 기술에 대한 경험과 잠재력도 충분하다 할 수 있다. 국회는 지난 1월 '이산화탄소 포집·수송·저장 및 활용에 관한 법률안'을 통과시켜 CCS 기술 적용 및 지원을 위한 제도적 근거를 마련하였다. 정부는 관련한 시행령을 제정 중에 있어 CCS 기술 적용의 구체적인 제도적 지원책 또한 마련될 것으로 예상된다.

8.3. CCS 기술 선도를 위한 정부와 대학의 역할

> CCS 기술은 중요하지만 아직 상용화되지 않고, 기술 개발에 많은 자원이 필요하여 정부의 정책 지원이 꼭 필요해 보인다. 어떤 지원 정책이 도움이 될 수 있는가?

국내에 CCS 기술 잠재력이 있다 하더라도 CCS 산업 시장이 형성되어 있지 않아 CCS 기술의 확산은 쉽지 않은 상황이다. CCS 기술 확산에 있어 앞서 제시한 기술 개발 이슈가 존재하기는 하나 이들보다는 시장 형성이 더 시급한 문제이다. 아무리 수준 높은 기술을 개발한다고 하여도 기술 적용 시장이 형성되지 않는다면 지속적인 기술 개발은 어려울 것이기 때문이다.

CCS 산업 시장은 정부의 일관된 규제 및 지원 없이는 형성되기 어렵다. 일반적인 산업에서는 소비자의 자연발생적 수요가 있는 제품 또는 서비스를 제공하여 매출이 발생하는 반면, CCS 산업에서는

CO_2 배출에 대한 규제가 없으면 수요가 발생하지 않는다. 현재 국내 탄소배출권의 대부분은 무상 할당되고 있어 전반적인 탄소 감축 사업 및 기술 개발이 활성화되지 않은 상태이다. 정부는 산업계의 의견을 청취하며 탄소배출권 유상 할당 속도를 조절해야 할 것이나, 국내에는 탄소 배출 집약도가 높은 산업이 많아 탄소배출권 유상 할당에 대한 준비가 신속하게 이루어져야 할 것이다.

그러나 탄소 배출 규제만으로는 CCS를 포함한 탄소 저감 산업 시장이 형성되기 어렵다. 탄소 저감 사업 및 기술 개발에 대한 적극적이고 과감한 초기 지원이 동시에 이루어져야만 탄소 저감 산업 시장이 형성될 수 있다. 미국은 인플레이션 감축법(IRA)을 통해 탄소 포집 장치 설치 등에 관한 세액공제를 지원하고 있으며, CCS의 경우 탄소 1t당 85달러의 세액 공제를 제공하고 있다. 호주는 2020년 CUS 통합법에서 배출권 수익을 보장하는 등의 법률을 제정하였다.

국회에서 통과된 '이산화탄소 포집·수송·저장 및 활용에 관한 법률안'에서 기본적인 지원 정책 토대가 마련되었으나, 지원을 위한 시행령이 조속히 마련되어야 한다. 해당 법률안의 주요 내용으로는 ① 정부의 이산화탄소 포집 등에 관한 기본 계획과 시행 계획 수립 및 시행 의무 규정, ② 포집, 수송, 저장 인프라 구축과 관리 및 모니터링 체계 마련, ③ 집적화 단지 지정을 통한 생태계 육성 방안 규정, ④ 기술 상용화, 유망 기업 제품 인증 등 기업 지원을 통한 성장 기반 조성 방안 마련 등이 포함된다.

> 방금 언급한 바와 같이 CCS 기술 적용을 위한 초기 비용이 높은 반면에 국내 탄소 가격은 아직 낮은 수준이다. 장기적인 투자가 필요한 분야에서 금융 관련 지원도 필요할 것으로 보인다.

CCS 사업은 초기에 대규모 자금 투자가 필요하다. 포집 및 수송 시설 건설, 저장소 탐사 및 시추, 주입 시설 건설에 초기 막대한 자금 투자가 필요하여 개별 기업의 독자적인 사업 추진이 어렵다. 이러한 CCS 사업은 해외 자원 개발 사업과 유사하여 해외 자원 개발의 성공 불 융자 제도를 국내 저장소 개발에 적용하여 CCS 사업 투자를 활성화할 수 있다. 이 외에도 탄소 차액 결제 제도처럼 탄소 가격에 대한 불확실성을 낮추고, 탄소 가격이 낮은 초기에도 감축 비용보다 감축에 따른 이윤이 더 커질 수 있도록 인센티브를 주는 것이 초기 시장 형성에 큰 도움이 될 것이다.

> 마지막으로 CCS 기술 개발 및 촉진을 위해 대학이 할 수 있는 일, 해야 하는 역할은 무엇이라고 생각하는가?

CCS 사업은 통상적으로 계약, 탐사, 평가, 시추, 건설, 수송, 주입, 모니터링 단계를 거치며 지질학, 자원공학, 조선해양공학, 화학공학, 기계공학, 토목공학 등 다양한 학문 분야의 기술 융합을 필요로 하는 분야이다. 대학에서는 열역학, 공정설계, 유체역학, 석유공학 등의 과목을 수강하는 것이 도움이 되며, 이를 위해 고등학교 단계에서는 수학, 화학 및 물리 과목을 충실히 공부하는 것이 유용하다.

서울대학교는 앞서 언급한 모든 학문 분야에 대한 인재 양성 및 연구 개발을 수행하고 있는 소수의 교육 기관 중 하나로, CCS 기술 개발을 위한 서울대학교의 주요 역할은 융합형 인재 양성 및 연구 개발을 선도적으로 수행하는 것이어야 한다. 또한 이러한 과제를 지속적으로 수행하기 위해서는 다양한 분야의 산·학·연 간의 교류를 활성화할 수 있는 플랫폼이 필요할 것으로 판단된다.

9장

서울대학교 화학부 주상훈 교수

탄소중립을 위한
탄소 전환 기술

　우리의 일상 속에서도 일회용 플라스틱 사용을 줄이는 것과 같이 탄소 배출을 줄이기 위한 노력들이 이루어지고 있으나, 발전소, 철강·시멘트·석유화학 공장 등 산업 현장에서 배출되는 대량의 이산화탄소를 줄이는 것은 쉽지 않은 과제이다. 이미 배출된 CO_2의 양을 줄이거나, 다른 형태로 바꾸어 활용하려는 대표적인 탄소중립 기술이 탄소 포집·저장·활용(CCUS; Carbon Capture, Utilization, and Storage) 기술이다. 이 중에서도 탄소 포집 및 활용(CCU)은 탄소를 대기 중에서 분리하거나 산업 공정에서 발생하는 탄소를 포집하여 연료, 화학물질, 건축 자재 등 다양한 용도로 재활용하는 기술이다. CCS 기술이 이산화탄소를 땅속이나 바닷속 등 특정한 지질 구조에 가두는 반면, CCU 기술은 이산화탄소를 고부가가치 에너지 혹은 제품으로 재탄생시켜 탄소 배출을 줄이고 지속 가능한 경제적 이익을 창출할 수 있다는 점에서 큰 잠재력을 가지고 있다. 그러나 전 세계적으로 해당 기술은 아직 기술 개발 중인 단계이며, 비용 효율성 증대, 인프라 기반 확충 등 본격적인 상용화를 위해서는 시간이 더 필요한 상황이다. 탄소 전환 등 CCU 기술에 대한 개요와 국내외 CCU 산업의 기술 현황 및 전망을 파악하기 위해 서울대학교 화학부 주상훈 교수와의 인터뷰를 진행하였다.

주상훈 교수

주상훈 교수는 2023년 서울대학교 화학부 교수로 임용된 이후, 신재생 에너지 변환 및 고부가가치 화합물 합성을 위한 새로운 나노 촉매 재료 개발 등 불균일 촉매에 관한 연구를 진행하고 있다. 약 15년 동안 삼성종합기술원 전문연구원과 UNIST 화학과 교수 등 산학계를 두루 섭렵한 전문가로서 최근 2021년 에쓰오일 차세대과학자상, 2022년 대한화학회 씨그마-알드리지화학자 등을 수상하며 나노 촉매 재료화학 부문의 대표적인 연구자로 인정받고 있다.

9.1. 탄소 전환 기술에 대한 개요

| 탄소 전환이라는 기술에 대한 자세한 설명이 필요할 것 같다.

탄소 전환 기술이란 이산화탄소를 다른 유용한 화합물로 바꾸는 기술입니다. 크게 전환 방법에 따라 화학적 전환, 생물학적 전환, 광물탄산화 세 가지 방법으로 구분할 수 있다.

화학적 전환 기술은 열, 빛, 전기와 같은 에너지원 기반의 열촉매(thermocatalyst), 광촉매(photocatalyst) 또는 전기촉매(electrocatalyst)를 이용하여 이산화탄소를 기존의 화석연료 기반으로 생산되는 연료, 화학 원료, 화학 제품으로 전환하는 기술이다. 화학적 전환 기술에 의해 생산할 수 있는 제품은 매우 다양하다. 이산화탄소의 전환을 통해 일산화탄소(CO), 합성 가스(일산화탄소와 수소), 메탄올 등과 같이 다양한 화학 제품을 만드는 원료로 사용되는 플랫폼 화합물을 생산할 수 있다.

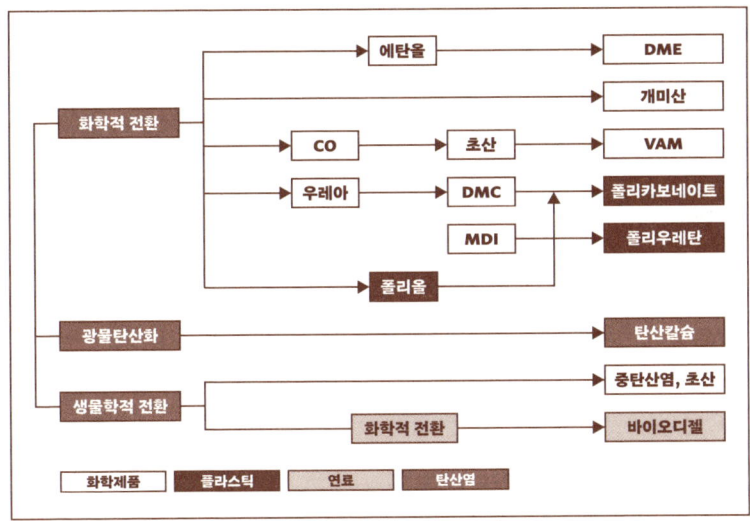

탄소 전환 공정을 통해 생산할 수 있는 화학 제품

또한, 초산(아세트산, acetic acid, CH_3COOH), 개미산(포름산, formic acid, HCOOH), 옥살산(oxalic acid, $C_2H_2O_4$) 등과 같은 유기산, 디메틸카보네이트(dimethyl carbonate, DMC, $C_3H_6O_3$), 알킬렌카보네이트(alkylene carbonate)와 같은 유기 카보네이트(organic carbonate), 올레핀(olefin), 그리고 폴리카보네이트(polycarbonate), 폴리우레탄(polyurethane)과 같은 고분자 합성에도 이산화탄소 전환 기술을 이용할 수 있다.

생물학적 전환 기술은 미생물(세균·조류·곰팡이)이나 미세 조류(microalgae)와 같은 생물체가 이산화탄소를 흡수·고정하여, 이를 에너지나 소재로 다시 활용하는 기술이다. 포집한 이산화탄소를 이용하여

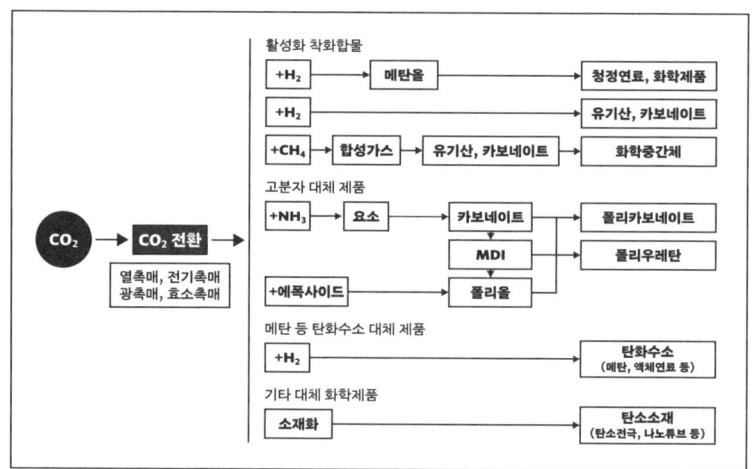

화학적 전환 기술 모식도

미세 조류를 배양하고, 미세 조류 기반 바이오매스를 화학적으로 처리하여 바이오 연료, 화장품, 의약품, 식품 등을 만드는 원료를 얻을 수 있다. 이 기술은 비교적 낮은 온도와 압력에서도 운영이 가능하며, 폐수를 처리하면서 미세 조류도 함께 배양할 수 있어 친환경적인 기술이다. 그러나 미세 조류의 종류에 따라 이산화탄소 흡수량이 달라지므로 신종 조류를 개발해야 하며, 미세 조류를 배양할 수 있는 충분한 부지를 확보해야 하는 등 여러 과제가 존재한다. 따라서 현재로서는 국토 면적이 넓은 국가에서 적용에 유리한 기술이라 할 수 있다.

광물탄산화 기술은 산업 부산물을 이산화탄소와의 탄산화 반응

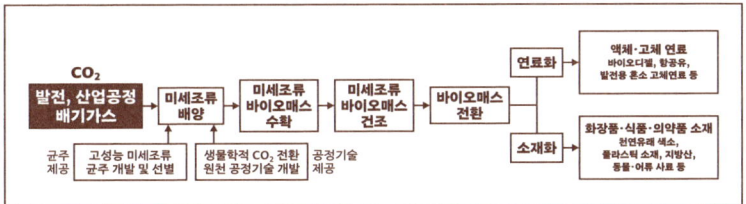

생물학적 전환 기술 모식도

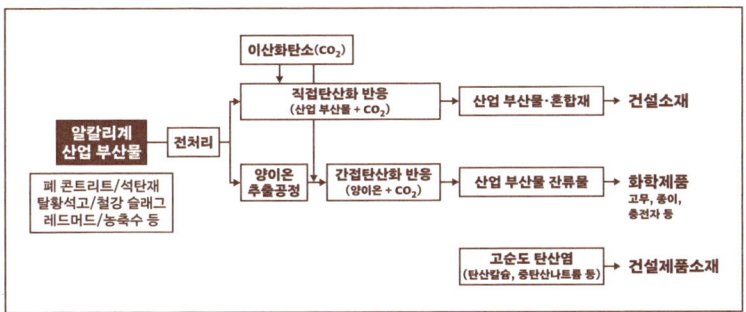

광물탄산화 기술 모식도

을 통해 반응시켜 탄산칼슘(calcium carbonate, CaCO₃)과 탄산수소나트륨(sodium hydrogen carbonate, NaHCO₃)과 같은 유용한 원료를 생산하는 기술이다. 또한 시멘트 및 콘크리트 양생 반응에 이산화탄소를 활용하여 시멘트 및 건설 소재로 활용하는 분야도 이 기술에 포함된다. 광물탄산화 기술은 다른 기술에 비해 반응이 단순하고 명확하며, 이산화탄소를 고정하는 효과가 있어(예: $CO_2 + CaO \rightarrow CaCO_3$) 직접적인 온실가스 감축 효과를 크게 기대할 수 있는 기술이다. 그러나 생산할 수 있는 제품이 한정적이고 경제성도 낮아 기술을 확대하는 데는 한계가 있다.

용어	의미
열촉매	높은 온도 조건에서 화학 반응을 돕는 물질
광촉매	빛(주로 태양광)의 에너지를 받아 화학 반응을 돕는 물질
전기촉매	전자들이 쉽게 이동하게 하여 화학 반응을 돕는 물질
플랫폼 화합물	다양한 화학 제품의 기초 소재가 되는 화합물
초산(아세트산)	식초의 주성분이며, 각종 화학 반응의 기초 물질
개미산(포름산)	산성 물질 중 하나로, 개미에게서 발견되어 개미산이라고 불림
옥살산	표백제의 주성분으로 시금치 등에 함유된 유기산의 일종
디메틸카보네이트	각종 용매, 약품 합성의 기초 물질로 쓰이는 물질
알킬렌카보네이트	각종 합성의 중간체와 전해질로 활용되는 물질
올레핀	이중 결합을 가진 탄화수소로, 석유화학 공정의 핵심 원료. 에틸렌, 프로필렌 등이 대표적 물질
폴리카보네이트	일상 용품부터 전자제품까지 광범위하게 활용되는 고분자 물질
폴리우레탄	스펀지, 단열재, 페인트 등 여러 분야에서 사용되는 고분자 물질
탄산칼슘	석회석의 주성분. 시멘트나 종이 코팅 등에 쓰임
탄산수소나트륨	베이킹소다의 주성분. 제과, 화학 공정 등에 다양하게 활용됨

다양한 촉매와 주요 화학 물질의 정의 및 용도

> 탄소 전환 기술이 다양한데, 각 기술별로 어려움도 다를 것 같다. 각 기술에서 해결하기 어려운 난제는 무엇인가?

세부 기술별로 탄소 전환 기술의 당면한 문제점을 살펴보면 다음과 같다.

화학적 전환의 경우, 다양한 기술적 경로 탐색을 위주로 원천연구가 이루어지고 있지만 중·대규모 실증 연구로의 연계가 취약한 상황이다. 열촉매적 전환을 통한 합성가스, 메탄올, 초산 생산 등이 개발되고 있으나 소규모 실증 연구 수준에 머물러 있다. 전기촉매를 이용한 전환 반응 역시 기초적인 수준에 머물러 있다. 높은 활성, 선택성, 내구성을 갖는 촉매의 개발이 매우 중요하며 기 확보된 우수 탄소 변환 기술의 실증 연구를 강화하여 상용화 사례를 창출하는 것이 시급하다. 또한, 화학적 전환 기술은 열역학적 한계로 석유화학 공정으로 생산된 제품 대비 높은 공정 및 에너지 비용이 소모된다. 이를 해결하기 위해서는 동시 포집-전환 기술, 화학-바이오 촉매 융합 기술, 기존 공정 및 시스템과의 연계 기술 등 기술 간 융합을 통한 공정 효율화 및 경제성 확보가 중요하다.

생물학적 전환의 경우, 균주의 이산화탄소 전환율(고정화율)이 낮고, 저농도 미세 조류 배양으로 인하여 바이오매스 회수 공정(수확 및 건조)을 위한 에너지 소비가 과다한 점이 단점이다. 이를 해결하기 위해 고효율 이산화탄소 전환 및 고농도 바이오매스 생산을 위한 우수 균주 스크리닝 시스템을 구축하고 활용하여 고효율 생물학적 전환 기술의 효율성을 높이는 것이 필요하다. 또한 저비용·저에너지 바이오매스 대량생산-회수 시스템 효율화를 통해 바이오매스 생산 단가를 저감해야 한다. 또 다른 문제는 생산된 바이오매스를 유용 제품으로 활용하는 산업화 연구가 미진한 상황이라는 점이다. 바이오연료 및 소재로 활용하는 전주기적 원천 및 실증 기술 개발 추진이 시급하다.

광물 탄산화 전환의 경우, 선진국 대비 이산화탄소 광물화 반응 생성물의 제품화 연구가 부족하고 제품의 산업적 활용처가 불분명하다. 산업적 활용처가 분명하고 온실가스 감축 효과가 큰 광물 탄산화 제품군 발굴 및 단계적 실증을 통해 상용화 기술 확보가 필요하다. 간접 탄산화 기술은 산업 부산물 내 유효 성분(양이온) 추출 과정을 포함하기 때문에 전체 공정 및 에너지 비용이 높아 기술 적용에 한계가 있다. 가용 산업 부산물별 저에너지 추출 기술 및 최종 탄산염 제품의 고부가화 핵심 기술 개발을 통하여 경제성 개선 노력이 필요하다.

상기 언급한 화학적 전환과 생물학적 전환 기술의 경우 후단의 공정 및 시스템 기술과 함께 실제 반응을 일으키는 촉매의 역할이 매우 중요하다. 활성, 선택성 및 안정성이 높은 촉매를 개발하는 것이 높은 경제성으로 원하는 최종 제품을 생산할 수 있는 핵심이다.

| 탄소 전환 기술 역시 경제성을 확보하는 것이 중요한 이슈일 것 같다.

유용한 화학 제품을 만들기 위해서는 이산화탄소만으로는 충분하지 않고, 보통 수소(H_2)와 같은 다른 물질 또한 함께 필요하다. 예

를 들어, 가장 단순한 알코올 분자이자 다른 범용성 화학물질의 원료로 사용되는 메탄올(CH_3OH)은 이산화탄소와 수소를 반응시켜 합성할 수 있다. 문제는, 이러한 수소를 생산할 때도 이산화탄소가 배출된다는 점이다. 현재 가장 널리 사용되는 천연가스 개질(steam methane reforming) 방식으로 생산된 수소는 생산 단계에서 이산화탄소가 부산물로 발생하기 때문에($CH_4 + H_2O \rightarrow CO + 3H_2$, $CO + H_2O \rightarrow CO_2 + H_2$), 그레이 수소(grey hydrogen)로 분류되며, 탄소중립 효과를 떨어뜨리는 단점이 있다.

반면, 태양광·풍력과 같은 재생 에너지를 통해 물을 전기분해해서 얻는 그린 수소(green hydrogen)는 탄소 배출이 없어 가장 이상적이다. 그러나 그린 수소의 가격은 그레이 수소에 비해 훨씬 높기 때문에(수소 kg당 평균 가격: 그레이 수소 $2.13, 그린 수소 $6.40[48]), 현재 사용되고 있는 수소는 대부분 그레이 수소이다. 따라서, 그린 수소의 가격을 낮추는 것이 CCU 기술을 통해 생산되는 제품들이 이산화탄소 배출을 줄이면서도 가격 경쟁력을 확보할 수 있는 열쇠가 된다. 현재로서는 수소의 가격 문제, 기존 공정에 추가적인 장비 설치 등이 경제성 저하의 주요 원인으로 작용하고 있으나, 전 세계적으로 탄소중립을 달성하기 위해 CCU 기술의 발전은 반드시 나아가야 할 방향이다.

---

48   BloombergNEF, Green Hydrogen to Undercut Gray Sibling by End of Decade, https://about.bnef.com/blog/green-hydrogen-to-undercut-gray-sibling-by-end-of-decade, 2023.

최근 세계적인 수준의 연구들은 CCU 기술의 경제성을 높이고 실증 가능성을 입증하는 사례들이 늘어나고 있다. 탄소 포집 분야에서는 미국 캘리포니아대학교 버클리캠퍼스(University of California, Berkeley)의 오마르 야기(Omar M. Yaghi) 교수팀이 2024년에 발표한 COF-999라는 물질에 대한 연구가 주목받고 있다[49]. 해당 연구진은 이산화탄소를 '공유결합성 유기 골격체(COF: covalent organic framework)'라는 균일한 나노미터 수준의 미세 기공이 많은 물질에 흡착시키는 방식을 통해, 대기 중 약 400 ppm 수준의 낮은 농도로 존재하는 이산화탄소까지도 흡착할 수 있음을 입증하였다. 또한 매우 적은 양의 물질로도 이산화탄소를 대량 흡착할 수 있었으며, 60°C라는 비교적 낮은 온도에서 재생이 가능해 공기 중에서 직접 이산화탄소를 포집하는 기술의 실용화를 앞당긴 중요한 연구로 평가되고 있다.

탄소 전환 분야에서는 캐나다 토론토대학교(University of Toronto)의 에드워드 사전트(Edward H. Sargent) 교수팀이 지속적으로 주목할 만한 연구 성과를 내고 있다. 특히 2021년에는 탄소를 두 개 이상 포함하는 다탄소(C_2^+) 화합물을 고효율로 생산할 수 있는 기술을 선보였다

---

49 Zhou, Z.; Ma, T.; Zhang, H.; Chheda, S.; Li, H.; Wang, K.; Ehrling, S.; Giovine, R.; Li, C.; Alawadhi, A. H.; Abduljawad, M. M.; Alawad, M. O.; Gagliardi, L.; Sauer. J; Yaghi, Carbon dioxide capture from open air using covalent organic frameworks, Nature, 635, 96-101, 2024.

[50]. 이산화탄소를 화학물질로 전환할 때, 일산화탄소(CO)와 같이 탄소가 하나인 물질은 비교적 합성이 쉬운 반면, 에틸렌(C_2H_4), 프로판올(C_3H_7OH)과 같은 다탄소 물질은 합성이 매우 어렵다. 사전트 교수팀은 구리(Cu) 촉매를 이용해 에틸렌, 에탄올(C_2H_5OH), 프로판올을 70%가 넘는 수율로 합성하는 데 성공하였다. 특히 이 연구는 전기화학적 방법을 통해 이루어진 결과로, 친환경 에너지를 통해 생산된 전기 에너지를 활용하면 이산화탄소 배출 없이 고부가가치 화학물질을 높은 효율로 생산할 수 있다는 점에서 큰 의의를 가진다.

| 촉매에 관한 기본적 이해가 필요할 것 같다. 촉매란 무엇인가?

화학 반응은 반응물이 서로 충돌하면서 화학 결합이 끊어지고 다시 형성되는 과정을 거쳐, 원자의 구성과 배열 방식이 다른 생성물로 전환되는 일련의 변화이다. 이 과정이 일어나기 위해 필요한 에너지를 활성화 에너지라고 하며, 활성화 에너지가 작으면 반응은 빠르게 진행되고, 반대로 크면 반응 속도는 느려진다. 따라서 화학

---

50   Huang, J. E.; Li, F.; Ozden, A.; Rasouli, A. S.; Pelayo Garcia de Arque, F.; Liu, S.; Zhang, S.; Luo, M.; Wang, X.; Lum, Y.; Xu, Y.; Bertens, K.; Miao, R. K.; Dinh, C.-T.; Sinton, D.; Sargent, E. H., CO2 electrolysis to multicarbon products in strong acid, Science, 372, 1074-1078, 2021.

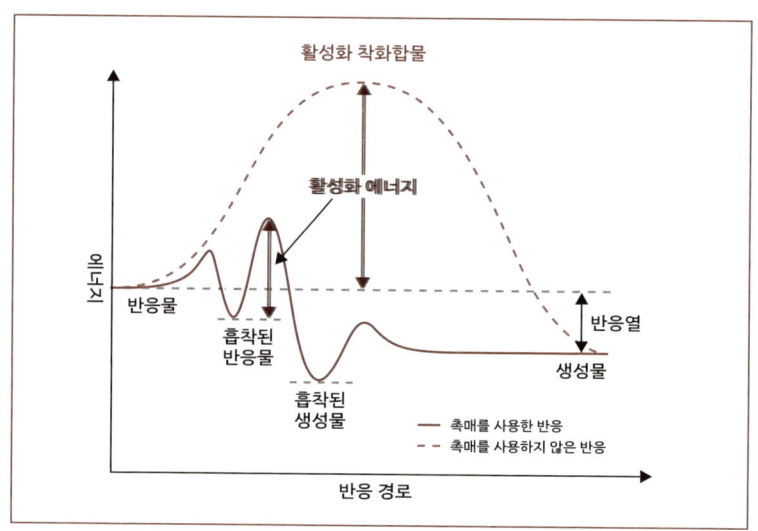

반응 도중 에너지의 변화와 촉매의 역할

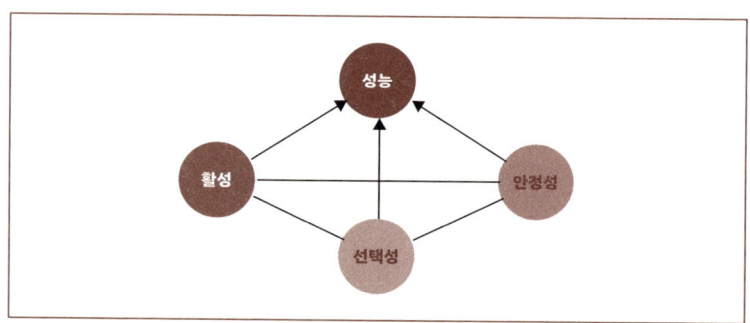

촉매의 성능을 결정하는 3가지 요소

반응의 속도를 높이기 위해서는 활성화 에너지를 줄이는 것이 필요하다. 촉매(catalyst)는 반응물과 접촉하여 활성화 에너지가 낮은 새로운 반응 경로를 제공함으로써 반응 속도를 증진시키는 물질이다.

촉매는 크게 균일계 촉매와 불균일계 촉매로 구분되며, CCU 기술의 탄소 전환 반응에서는 대부분 불균일계 촉매가 사용된다. 불균일계 촉매는 다시 외부에서 가하는 에너지의 종류에 따라 열촉매, 광촉매 및 전기촉매로 분류된다. 촉매의 성능을 평가하는 주요 요소는 활성, 선택성 그리고 안정성(또는 내구성)이다.

활성은 단위 시간당 얼마나 많은 반응물을 변환할 수 있는지를 나타내는 지표이며, 선택성은 다양한 반응 경로 중 목표로 하는 생성물을 얼마나 높은 수율로 생산하는지를 나타낸다. 안정성은 오랜 시간 동안 촉매가 일정 수준의 성능을 유지하는 능력을 뜻한다.

탄소 전환 반응을 포함한 모든 촉매 반응에서 활성, 선택성, 안정성을 고루 갖춘 촉매를 개발하는 것이 핵심이다. 높은 활성과 선택성을 가진 촉매를 개발하면 원하는 생성물을 높은 수율로 얻을 수 있어 공정의 에너지 효율을 높이고 경제성을 향상시킬 수 있다. 또한 원하지 않는 부반응을 억제하여 추가적인 공정 비용을 절감할 수 있으며, 안정성이 높은 촉매는 교체 주기를 줄여 전체적인 운영 비용을 낮추는 데 기여한다.

> 탄소 전환을 위해서는 기존의 물질에서 적절한 촉매를 찾는 것인가 혹은 새로운 물질을 찾는 것인가?

탄소 전환 반응과 관련하여 촉매를 탐색하는 접근법은 크게 두 가지로 나뉜다. 첫 번째는 해당 탄소 전환 반응을 위해 이미 존재하는 촉매의 활성, 선택성 또는 안정성을 향상시키는 방법이다. 두 번째는 현재까지 발견되지 않은 새로운 촉매를 개발하는 방법이다. 기존의 촉매는 대부분 시행착오에 기반한 방법으로 개발되어 왔기 때문에, 새로운 촉매를 찾는 일은 '모래사장에서 바늘 찾기'에 비유될 정도로 어려운 일로 간주되어 왔다.

그러나 최근 20년간 이론 계산 기법의 비약적인 발전으로 인해, 물질의 조성에 따라 촉매의 성능을 일정 수준에서 예측하는 것이 가능해졌으며, 특히 인공지능(AI)과 기계 학습(machine learning) 기법이 촉매 연구의 중요한 방법론으로 도입되면서 새로운 촉매 발견 속도도 빠르게 증가하고 있다.

CCU 연구와 관련된 사례 중 하나로, 2020년에 자카리 울리시(Zachary Ulissi) 연구원과 에드워드 사전트 교수 연구팀은 머신러닝을 이용해 촉매 성능을 예측하고 이를 실제 합성하여 성능을 입증한 바 있다[51]. 이들은 컴퓨터 시뮬레이션을 활용하여 촉매 표면이 반응 중간체인 일산화탄소(CO)를 얼마나 잘 흡착하는지(흡착 에너지)를 계산하고, 이를 바탕으로 머신러닝 모델을 구축하였다. 해당 모델을 이용해 수천 개의 후보 중 가장 효율적인 촉매를 선별한 결과, 구리와 알루미늄이 혼합된 촉매가 기존의 순수 구리 촉매보다 이산화탄소를 더욱 효율적으로 전환하여 에틸렌(C2H4) 생산 효율을 크게 높이는 것으로 확인되었다.

이처럼 인공지능과 머신러닝 기법을 활용하면 실험실에서 하나하나 촉매를 합성하고 촉매 성능을 테스트하지 않아도 되므로, 촉매 탐색이 훨씬 빠르고 효율적으로 이루어진다. 앞으로 이러한 기술의 발전 속도를 고려할 때, 이산화탄소 변환을 위한 촉매 발견 속도는 더욱 빨라질 것으로 예상된다. 또한, 이러한 기법은 탄소 포집을 위한 다공성 물질 탐색에도 널리 활용될 전망이다.

---

51 Zhong, M. Tran, K. Min, Y. Wang, C. Wang, Z. Dinh, C.-T. Luna, P. D. Yu, Z. Rasouli, A. S. Brodersen, P. Sun, S. Voznyy, O. Tan, C.-S. Askerka, M. Che, F. Liu, M. Seifitokaldani, A. Pang, Y. Lo, S.-C. Ip, A. Ulissi, Z. Sargent, E. H., Accelerated discovery of CO2 electrocatalysts using active machine learning, Nature, 581, 178-183, 2020.

탄소 전환을 위한 더 새로운 기술은 없는가?

현재 CCU 기술의 한계를 극복하기 위한 차세대 CCU 기술도 기초 연구 수준에서 진행되고 있다. 대표적으로는 공기 중에서 포집 과정을 거치지 않고 바로 이산화탄소를 전환하는 무포집 이산화탄소 전환 기술, 이산화탄소 동시 포집-전환(RCC; Reactive Capture of CO_2) 기술, 그리고 바이오매스 기술과 융합한 탄소 네거티브 기술 등이 있다.

이 중에서 이산화탄소를 동시 포집-전환하는 RCC 기술은 기존 CCU 공정의 한계를 극복할 수 있는 유망한 기술로 각광받고 있다. 현재까지 중점적으로 연구된 CCU 공정은 배출된 이산화탄소를 흡수제 또는 흡착제에 포집한 뒤, 추가적인 에너지를 사용하여 이를 재생하고 응축한 다음, 이산화탄소 활용 공정을 위한 별도의 생산시설로 운반하여 다양한 화학제품으로 전환시키는 일련의 과정을 거친다. 이때 이산화탄소의 재생 및 운반 과정에서 상당한 에너지 손실이 발생하게 된다.

이에 비해 RCC 공정은 포집한 이산화탄소를 별도의 응축 및 운송 과정 없이 연속된 공정에서 촉매 반응을 통해 고부가가치 물질로 전환시키는 기술이다. 특히 이 기술은 기존의 CCU 기술과 비교했을 때 경제적인 측면에서도 더 큰 장점을 가진다. 예를 들어, 기존의 단계적 CCU 공정에서 메탄올을 생산하는 경우와 비교하면, RCC 공정을 통해 이산화탄소의 탈착, 재생 및 압축에 필요한 에너지 소모를 줄임으로써 약 50% 정도 절약된 에너지 소비로 효율적인 탄소 전환이 가능하다는 잠재력을 보인다. 또한 재생 가능한 에너지원과 연계할 경우, 환경적인 이점 또한 크게 높일 수 있다.

물론 RCC 기술은 아직 CCU 공정을 완전히 대체할 만큼 성숙된 기술은 아니다. 산업 규모로 확장했을 때, 이산화탄소 흡수제나 촉매가 장기간 안정적으로 작동해야 하며, 이 과정에서 불순물이 섞이면 촉매 성능이 쉽게 저하될 수 있다. 또한 RCC 공정은 포집 단계가 생략된 것처럼 보일 수 있지만, 실제로는 흡착 또는 흡수에 사용되는 물질의 재생과 전환을 동시에 수행해야 하기 때문에 이 물질의 안정성과 재생률이 낮으면 공정의 전체적인 경제성도 떨어지게 된다.

특히 최종 제품의 순도를 높이기 위해 별도의 정제 공정이 필요하고, RCC는 포집보다 전환 과정에 초점을 맞추기 때문에 전환 효율이 낮아질 위험성도 존재한다. 따라서 RCC 공정은 압축·수송 등과 같이 비용이 많이 드는 공정을 단순화시킨다는 점에서 큰 장점이 있지만, 이 과정에서 발생할 수 있는 손실률과 내구성 문제를 어떻게 관리하느냐가 앞으로 해결해야 할 핵심 과제가 된다.

9.2. 탄소 전환 기술의 국내외 시장 상황 및 전망

> 현재 우리나라의 기술이 해외의 다른 연구기관과 비교할 시 어떤 수준을 가지고 있는가?

CCUS 시장은 초기 형성 단계로, 미국, EU, 호주 등을 중심으로 대규모 실증 사업과 법·제도·세제 지원 등을 통해 시장이 형성 중이며, 글로벌 기술 선점 경쟁이 치열하게 벌어지고 있다. CCU 기술은 2023년 2월 기준 전 세계적으로 99개의 실증급 프로젝트가 등록되어 있으며, 이 중 91개가 유럽에서 계획 중에 있다. 이러한 노력과 함께 각국은 법·제도 개선을 통해 CCUS에 의한 이산화탄소 감축을 적극 지원하고 있다.

국내에서는 산업 구조상 주요국 대비 제조업의 비중이 높기 때문에 CCUS의 중요성이 특히 부각되고 있다. 우리나라 산업 부문의 온실가스 배출량은 직접 배출량 기준 전체의 약 36% 수준으로, 상당한 비중을 차지하고 있다. 현재 국내의 일부 탄소 포집 기술은 상용급 설계 기술을 확보하였으나, 여전히 주요국에 비해 부족한 상황이다. 특히, 탄소 저장 및 활용 부문의 원천 기술 확보는 미흡한 수준이다. 종합적으로 국내의 기술 수준은 세계 최고 수준인 미국 대비 약 80% 수준으로 평가되며, 기술 격차는 약 5년 정도로 분석되고 있다.

국내 CCU 기술 중 포집 분야에서는 세계 최고 수준인 10MW급 규모에서 하루 180t의 이산화탄소를 포집할 수 있는 연소 후 습식 포집 기술을 개발하여 실증에 성공한 바 있다. 또한, 연소 후 건식 포집 기술의 경우 세계 최대 규모인 10MW급에서 하루 150t의 이산화탄소를 포집할 수 있는 실증을 완료하였다. 탄소 전환 분야에서는 화학적 전환을 통한 플랫폼 화학물 및 고분자 화합물 제조, 미세 조류 균주 배양 및 배양 기술, 광물탄산화 기술 등이 실증 수준의 연구로 발전 중이다.

9.3. 탄소 전환을 위한 정부와 대학의 역할

> 탄소 전환 기술의 확산을 위해서는 정책적 지원이 필요해 보인다. 어떤 지원 정책이 도움이 된다고 보는가?

탄소중립을 달성하기 위해서는 탄소 전환을 포함한 CCUS 사업을 가속화하고, 탄소중립 시장을 활성화하는 것이 필수적이다. 이를 위해 법, 제도, 인프라의 정비가 반드시 선행되어야 하며, CCUS 관련 통합법을 신속하게 제정하기 위해서는 재정, 금융, 제도, 국내 인프라 건설 지원, 수용성 확보 등을 포함한 정부의 전방위적인 지원 체계를 구축해야 한다. 또한, 해외에서 수행되는 CCUS 사업을 통해 감축한 온실가스를 국내 감축량으로 인정받기 위해서는, 이에 대한 산정 및 인증 방법론을 조속히 개발하는 것이 필요하다.

두 번째로, CCUS 분야에 대한 연구 개발(R&D) 투자를 대폭 확대해야 한다. 2023년 기준 탄소중립 관련 전체 R&D 예산이 약 2조

3,000억 원인 반면, 이 중 CCUS 분야에 대한 투자 비중은 약 5.0%에 불과하며, 최근 5년간 연평균 증가율도 8.4%로 수소(39.1%), 친환경차(38.7%) 등 다른 주요 탄소중립 기술 분야에 비해 매우 낮은 수준에 머물러 있다. 따라서 CCUS 기술의 실질적인 진전을 위해서는 과감한 재정 투자와 정책적 우선순위 부여가 요구된다.

또한, R&D 과제의 지속성을 확보하기 위해 CCU 분야에 대한 투자를 지속적으로 확대하고, 선행 연구와 후속 연구 간의 유기적인 연계를 강화해야 한다. 수요 기업과의 연계를 통해 기술 이전 및 현장 적용을 촉진하고, 실증 중심의 R&D를 확대하여 기술 상용화를 가속화해야 한다. 특히, 탄소 전환 기술은 기존 산업 공정을 최소한으로 변경하면서도, 시장 진입 가능성과 온실가스 감축 효과를 고려한 제품 생산 및 공정 기술 개발이 요구된다.

이를 실현하기 위해서는 실증과 사업화를 동시에 지원할 수 있는 플랫폼 구축이 필수적이다. 공동 활용이 가능한 실증 단지를 조성하여 이산화탄소 전환 기술의 핵심 기술에 대해 객관적인 검증을 수행하고, 단계적 실증을 통해 상용화 가능성을 높여야 한다.

마지막으로, 산학연이 참여하는 CCUS 원천 기술 발굴과 전문 실증 기관의 적극적인 활용을 통해 차세대 CCUS 기술의 상용화를 촉진해야 한다. 이를 위해 실험실 수준에서 도출된 원천 기술을 빠르게 평가하고, 산업계로의 확대 적용이 가능하도록 전문적인 기술 평가 및 실증 지원 체계를 마련하는 것이 중요하다. 실증 단계에서 확보된 성과는 산업계에 빠르게 이전되어야 하며, 이를 위한 유기적인 협력과 정책적 지원이 병행되어야 할 것이다.

> 새로운 기술 개발을 위해 대학의 역할 역시 중요할 것으로 보인다. 대학이 할 수 있는 일, 해야 하는 일이 있다면 어떤 것인가?

탄소중립은 전 세계 기후변화 위기에 대응하기 위한 더 이상 늦출 수 없는 선택이 아닌 필수적인 명제이다. 대학이 탄소중립을 구현하기 위해 할 수 있는 일은 다양하다.

첫째, 탄소중립과 관련된 교육과 연구를 활성화해야 한다. 기후변화 및 탄소중립과 관련된 학과별 또는 학과 간 융합 교과목을 개설하고, 학부 및 대학원 과정에서 탄소중립 관련 연구 프로젝트를 장려해야 한다. 또한 탄소중립과 관련된 다양한 주제의 정부 및 민간 주도 R&D에 적극적으로 참여하여 해당 기술 분야에서 세계를 선도해야 하며, 탄소중립 기술과 관련된 기술 창업도 장려해야 한다.

둘째, 캠퍼스 운영 측면에서도 탄소중립을 내재화해야 한다. 건물의 에너지 소비를 줄이기 위한 리모델링, 고효율 전자기기의 사용

권장, 신재생 에너지 사용 확대 등을 통해 에너지 절감을 실현해야 한다. 또한 캠퍼스 내 자전거 및 전동 킥보드 활성화, 셔틀버스의 전기차 또는 수소차 전환 등을 통해 친환경 교통 시스템을 구축할 수 있다. 교내에서 플라스틱 사용을 제한하고 폐기물 재활용을 확대하며, 스마트 분리 배출 시스템을 구축해야 한다.

셋째, 정책 및 제도적인 지원이 뒷받침되어야 한다. 대학 차원에서 탄소중립 목표를 설정하고, 정기적인 탄소배출량 모니터링 및 보고 시스템을 구축해야 한다. 또한 탄소중립 서약 및 캠페인을 운영하고, 지속 가능성과 관련된 학생 참여 프로그램이나 공모전을 개최하여 탄소중립 문화를 확산시켜야 한다.

넷째, 대학이 주도하여 지역 사회의 탄소중립 참여를 유도해야 한다. 기후 변화와 관련된 프로젝트나 봉사 활동을 통해 지역 사회와 함께 탄소중립을 실현할 수 있도록 해야 한다.

10장

서울대학교 화학생물공학부 최장욱 교수

이차전지 산업 고찰:
기술, 제도, 교육

*

 탄소배출량을 줄이기 위한 대표적인 방법 중 하나는 기존화석 연료 대신 무탄소 전기를 에너지원으로 사용하는 것이다. 이를 구현하기 위한 핵심 기술로 이차전지가 주목받고 있다.

 이차전지는 태양광과 풍력 등 재생 에너지의 간헐성 문제를 해결하는 데 필수적인 역할을 수행한다. 또한, 전기차의 핵심 부품으로서 수송 부문의 온실가스 배출을 얼마나 줄일 수 있는지는 이차전지의 생산 기술과 성능 개선에 달려있다고 해도 과언이 아니다.

 전 세계적으로 빠르게 성장하고 있는 전기차 시장에서 이차전지의 기술력은 국가 경쟁력과 직결된다. 특히 한국은 글로벌 이차전지 시장에서 뛰어난 기술력과 생산 능력을 동시에 보유한 대표적인 국가로 평가받는다. 따라서 한국은 이차전지 기술의 전략적 가치를 통해 글로벌 탄소중립 전환을 산업 경쟁력 강화의 기회로 활용할 수 있는 중요한 위치에 있다.

 이러한 이차전지 산업의 중요성과 전략적 의미를 보다 심층적으로 이해하기 위해 서울대학교 화학생물공학부 최장욱 교수와의 인터뷰를 진행하였다.

최장욱 교수

최장욱 교수는 이차전지 분야에서 전기차의 주행거리 향상을 위한 고용량 전극소재 및 전고체전지로 대표되는 포스트-리튬이차전지 기술을 개발하는 등 배터리 분야에서 세계적으로 인정받는 석학으로 꼽히고 있다. 피인용 횟수가 상위 1% 안에 드는 고피인용 논문(HCP)을 다수 발표했으며, 2017년부터 2024년까지 미국 글로벌 학술정보회사 클래리베이트(Clarivate Analytics)의 '세계에서 가장 영향력 있는 연구자(HCR)'로 8년 연속 선정되었다. 2021년 현대차-서울대 배터리 공동연구센터의 초대 센터장으로 활동하고 있으며, 2022년 미 배터리 개발 기업 SES AI의 사외이사로 선임되어 국내외 학계와 산업계를 잇는 가교 역할을 하고 있다.

10.1. 배터리 기술의 원리

> 이차전지 기술의 원리에 대해 설명해달라. 세부 기술별 차이점도 궁금하다.

배터리는 일차전지와 이차전지를 포함하는 개념이다. 일차전지는 내부에서 발생하는 화학반응을 통해 전기를 생성하지만, 이 반응은 비가역적이므로 다시 충전할 수 없다. 우리가 일상에서 흔히 사용하는 건전지가 이에 해당한다. 반면, 이차전지는 화학반응을 통해 전기를 생성한다는 점에서는 일차전지와 같지만, 해당 반응을 되돌릴 수 있어 충전을 통해 원래 상태로 복원할 수 있다. 자동차, 노트북 등 다양한 전자기기에 사용되는 배터리가 바로 이차전지이다. 물론, 이차전지라고 해서 무한히 사용할 수 있는 것은 아니며, 일정한 수명이 존재한다. 여기에서는 주로 이차전지에 대해 다룬다.

이차전지는 양극과 음극 사이를 오가는 리튬 이온의 움직임을 통해 충전과 방전이 이루어진다. 방전 시에는 음극에 존재하던 리튬 이온이 전해질을 통해 양극으로 이동하며, 이 과정에서 전자가 외부 도선을 통해 함께 이동하여 전기가 흐르게 된다. 이 전기가 스마트폰이나 노트북과 같은 전자기기를 작동시키는 에너지가 된다. 반대로 충전 시에는 외부로부터 전기를 공급받아 리튬 이온이 다시 양극에서 음극으로 이동하게 되며, 이 과정에서 에너지가 배터리에 저장된다. 다시 말해, 리튬 이온이 양극과 음극 사이를 반복적으로 오가면서 배터리가 충전과 방전을 반복하고, 이를 통해 우리가 전기를 사용할 수 있게 되는 것이다.

배터리의 방전 반응을 양극과 음극에서 각각 살펴보자. 먼저, 리튬이온(Li^+)이 음극(C_n)에서 탈리되는데, 이때 전자(e^-)가 분리되어 도선을 따라 흐른다. 한편, 양극($LiCoO_2$)에서는 리튬이온(Li^+)이 삽입되며 도선을 통해 전자(e^-)가 흘러 들어온다. 이처럼 리튬이온(Li^+)이 양극과 음극 사이를 이동하고, 전자가 도선을 따라 흐르면서 전류가 발생하는 원리이다.

양극: $Li_{(1-x)}CoO_2 + xLi^+ + xe^- \leftrightarrow LiCoO_2$
음극: $C_nLi_x \leftrightarrow C_n + xLi^+ + xe^-$
반응식: $Li_{(1-x)}CoO_2 + C_nLi_x \leftrightarrow LiCoO_2 + C_n$

이차전지는 상용화 정도와 기술적 진보에 따라 현재의 리튬이온전지와 보다 미래 기술에 해당하는 전고체전지로 나눌 수 있다. 물론 전고체전지가 미래 전지 기술의 전부는 아니지만, 그 대표성이 크기 때문에 전고체전지만 다뤄도 충분할 것이다. 우리가 다양한 모바일 기기와 차량에서 쓰고 있는 것처럼 리튬이온전지는 우리 생활에 이미 많이 보급되어 있다. 그러나 이것이 기술 개발이 끝났다는 의미는 아니다. 화재가 나지 않도록 발화 안정성을 확보해야 하고 충전을 더 빠르게 하기 위한 급속 충전 기술이 개발되어야 한다.

화재 예방을 하기 위해서는 다양한 기술이 접목될 수 있는데, 불량 셀을 생산 단계에서 골라내고, 운전 중의 이상 거동을 소프트웨어 기술로 감지하여 사전에 조치를 취하는 것이 가장 대표적이다. 마치 우리가 정기적으로 건강 검진을 받고 몸속의 이상 증상을 찾아내는 것처럼 배터리도 주기적으로 진단을 할 수 있고, 이를 위해서는 소프트웨어 기반의 진단 기술이 핵심이다. 최근에는 인공지능(AI) 기술이 이러한 진단 및 이상 감지 분야에서 중요한 역할을 하고 있다. 또한, 급속 충전 기술 역시 발전 가능성이 매우 크며, 이를 통해 사용자의 편의성과 배터리 효율성을 높일 수 있다.

다음으로, 전고체전지 등 차세대 전지가 있다. 차세대 전지 개발의 가장 큰 동기는 주행거리 확장 및 안전성 확보이다. 기존 내연기관차에 비해 전기차는 상대적으로 주행거리가 짧고, 내구성이 부족하다. 이를 개선하기 위한 방안으로 최근 인화성 소재를 불연성 소재로 대체하여 화재 발생 가능성을 줄이고, 에너지 밀도의 향상으로 주행거리가 늘어난 전고체전지 기술이 대두되고 있다. 현재 기술 구현은 약 80~90% 정도까지 진행되었지만, 이를 양산하기 위한 공정은 50% 정도밖에 도달하지 못한 상황이다. 양산 공정에 가장 중요한 경제성을 확보하여 가격을 낮추기 위해서는 산업이 더 커지고 사업 참여자들이 늘어나야 한다. 그러나 한국, 일본 등 소재 개발 및 공정을 잘하는 국가들이 급격한 성장을 이룰 수 있기 때문에 양산 공정 구현에 대해 상대적으로 더 긍정적인 전망을 가지고 있다.

| 그렇다면 향후 어떤 배터리가 우위를 점할 것이라고 예측하는가?

배터리 시장은 앞으로 특정 기술 하나가 독점하는 형태보다는, 용도에 따라 다양한 배터리가 공존하는 방향으로 갈 가능성이 크다. 현재 가장 널리 사용되는 리튬이온전지는 높은 에너지 밀도와 안정적인 성능 덕분에 전기차와 전자기기 시장에서 여전히 핵심 기술로 자리 잡고 있다. 하지만 원가 절감, 에너지 밀도 향상, 안전성 향상의 요구가 커지면서 이를 보완할 수 있는 새로운 배터리 기술들이 주목받고 있다.

특히 전고체전지는 리튬이온전지의 대안으로 연구가 활발하다. 안전성을 강화하면서도 높은 에너지 밀도를 구현할 수 있어, 장기적

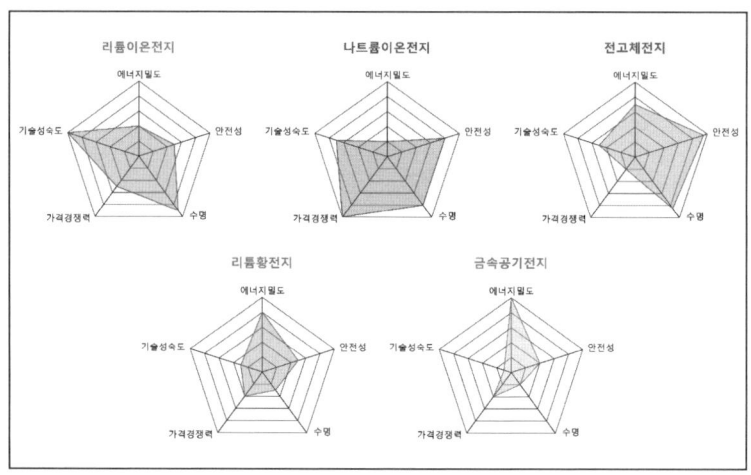

주요 전지 시스템의 레이더 차트

으로 전기차 시장에서 중요한 역할을 할 가능성이 크다. 다만, 생산 비용과 양산 기술이 아직 완전히 확보되지 않아, 상용화까지는 시간이 필요할 것으로 보인다. 또한, 나트륨이온전지는 원재료가 풍부하고 저비용 생산이 가능해, 향후 가격 경쟁력이 중요한 저가형 전기차나 대규모 에너지저장장치(ESS) 시장에서 점유율을 확대할 가능성이 있다. 중국의 CATL 등이 빠르게 기술 개발을 진행하면서 상용화가 현실화되고 있다. 고에너지 밀도를 요구하는 특수 분야에서는 리튬황전지와 금속공기전지도 가능성을 보이고 있다. 리튬황전지는 무게 대비 에너지 밀도가 높아 드론이나 항공기 같은 경량화가 필수적인 산업에서 기대를 받고 있고, 금속공기전지는 이론적으로 매우 높은 에너지 밀도를 가질 수 있어 장거리 이동이 필요한 분야에서 연구가 진행 중이다. 다만, 아직은 내구성과 충·방전 성능 개선이 필요해 단기간 내 상용화는 어렵다.

결국, 향후 배터리 시장은 단일 기술이 독점하는 형태가 아니라 각 분야별 요구에 따라 다양한 배터리 기술이 공존하는 방향으로 발전할 가능성이 크다. 기존 리튬이온전지가 주류를 유지하면서도, 특정 시장에서는 전고체전지, 나트륨이온전지, 리튬황전지 등이 차세대 배터리로 자리 잡을 가능성이 높다.

> 이차전지 연구의 주요 이슈는 무엇이며, 구체적으로 어떤 측면에서 연구가 진행되고 있는지 조금 더 자세히 설명해달라.

배터리의 높은 가격과 안정성 문제는 전기차 보급 확대의 가장 큰 걸림돌로 지적된다. 먼저, 배터리의 생산 비용은 여전히 높아 전기차 가격에 큰 영향을 미친다. 특히 리튬, 니켈, 코발트, 망간 등 배터리 생산에 필수적인 원자재의 가격 변동성은 기업과 소비자 모두에게 큰 부담이 된다. 이러한 주요 원자재는 특정 국가에 생산이 집중되어 있으며, 최근에는 정치적 이슈로 인해 공급 차질이 발생하기도 해 원자재 확보의 불안정성이 존재한다. 이를 해결하기 위해서는 자원 생산지의 다변화가 필요하며, 니켈과 코발트가 필요 없는 리튬인산철(LFP) 양극재와 같은 대체 소재 개발이 중요한 해결책이 될 수

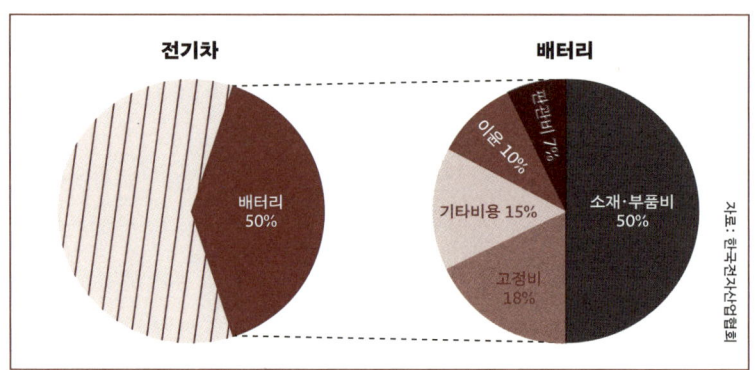

전기차 및 배터리의 원가 구조
출처: 시사저널e, "원자재 '탈중국' 부추기는 글로벌 규제…'재활용'에 집중하는 배터리 3사", 2023.02.03.
https://www.sisajournal-e.com/news/articleView.html?idxno=296734

있다. 또한, 폐배터리에서 원자재를 회수하는 리사이클링 기술을 강화함으로써 안정적인 원자재 확보와 비용 절감이 가능하다. 공급망의 지정학적인 리스크를 줄이기 위해서는 특정 국가 의존도를 낮추기 위한 현지 생산 확대와 더불어 각국 정부의 자원 확보 및 배터리 소재 개발을 위한 정책적 지원이 필요하다. 이러한 전략들을 통해 원자재 비용을 절감하고 공급망의 안정성을 강화한다면, 배터리 가격 인하와 전기차 보급 확대에 크게 기여할 것이다.

다음으로, 배터리는 과충전, 외부 충격, 열화 등으로 인한 열 폭주 현상으로 화재나 폭발 위험이 존재한다. 특히 에너지 밀도가 높은 배터리일수록, 그리고 고속 충전이 이루어질수록 이러한 위험성이 더욱 커진다. 실제로 배터리 폭발로 인해 전기차 화재가 발생한 사례가 뉴스에 보도된 바 있으며, 이로 인한 2차 피해가 발생할 수 있기 때문에 안전성 문제는 매우 중요한 과제다.

이러한 사고를 줄이기 위해서는 배터리의 열 관리와 상태 모니터링이 필수적이다. 배터리 관리 시스템(BMS)을 활용하면 배터리의 온도, 전압, 전류 등을 실시간으로 모니터링하여 상태를 진단하고 과열을 예방할 수 있다. 최근에는 AI 기반의 배터리 관리 기술이 주목받고 있으며, 이를 통해 배터리의 상태를 더 정밀하게 분석하고 잠재적인 위험 요소를 사전에 예측하여 사고를 예방하는 데 기여할 수 있다. 또한 셀 간 열 전도를 최소화하는 셀 구조 설계와 배터리 팩 내 소화 시스템 또는 냉각 기술 도입을 통해 빠른 초기 대응으로 화재 확산을 효과적으로 방지할 수 있다. 근본적으로는 불연성 고체 전해질을 사용한 전고체 배터리 개발과 같은 소재 및 기술혁신을 통해 화재 위험을 최소화할 수 있다. 이와 더불어, 전극 표면 보호 기술과 전해질의 안전성을 높이는 첨가제 개발을 통해 배터리의 내구성과 안전성을 한층 강화할 수 있다. 이러한 다각적인 기술 개발과 관리 전략은 배터리의 가격 경쟁력과 안전성을 동시에 개선하여 전기차 시장의 지속적인 성장을 이끄는 중요한 요소가 될 것이다.

❙ 배터리에서 사용되는 AI 기술에 대해 조금 더 설명을 부탁한다.

배터리 산업에서도 AI(인공지능)가 중요한 역할을 하고 있다. 배터리를 개발하려면 원래 수천 번의 충·방전 테스트가 필요하고, 이 과정에서 시간이 오래 걸린다. 그런데 AI를 활용하면 기존 실험 데이터를 분석해 배터리 수명과 성능을 예측할 수 있어 개발 속도를 크게 단축할 수 있다. 예를 들어, 미국의 한 스타트업은 AI를 활용해 배터리 설계 시간을 단축하는 기술을 개발했다. 기존 방식보다 빠르게 최적의 배터리 설계를 도출할 수 있어, 연구·개발(R&D) 과정에서 효율성이 높아진다. 또한, 배터리 신소재 개발에도 AI가 활용되고 있다. 기존에는 새로운 배터리 소재를 찾기 위해 오랜 시간 실험이 필요했지만, AI를 활용하면 데이터를 분석해 더 빠르게 유망한 소재를 예측할 수 있다.

AI는 배터리 제조 공정에서도 활용되고 있다. 배터리는 아주 작은 결함이 있어도 안전성과 성능에 영향을 줄 수 있기 때문에, 제조 과정에서 불량을 검출하는 것이 중요하다. 기존에는 사람이 직접 검사하거나 일부 제품만 샘플링 검사하는 방식이었지만, AI는 제조 과정에서 실시간으로 배터리 불량을 감지할 수 있다. 특히 시장을 주도하는 배터리 제조사들은 AI 기반 검사 시스템을 도입하여 불량률을 낮추고, 생산성을 높이는 데 활용하고 있다. 또한, 배터리 안전성 관리에서도 AI가 중요한 역할을 한다. 배터리는 내부 온도 변화나 전압 변화를 실시간으로 분석하여 이상 징후를 감지해야 한다. AI를 적용하면 배터리의 화재 위험을 미리 예측하고, 충·방전 패턴을 분석해 수명을 연장하는 최적의 충전 방식도 찾을 수 있다.

결국, AI는 배터리 연구 개발부터 제조, 안전 관리까지 모든 과정에서 핵심 기술로 자리 잡고 있다. 앞으로는 AI를 활용한 배터리 최적화 기술이 더욱 발전하면서, 배터리의 성능 개선과 가격 경쟁력 확보에도 중요한 역할을 할 것으로 보인다. 특히 전기차 배터리와 에너지저장장치(ESS)에서 AI 기술이 더욱 확대될 가능성이 크다. AI가 발전할수록 배터리 산업에서도 더 빠르고 효율적인 혁신이 가능할 것이다.

> 자원 순환 관점에서 폐배터리 재활용이 대두되고 있는데, 폐배터리 사용을 위해서 특별한 기술이 필요한가?

배터리와 전기차 산업이 성장함에 따라 배터리 순환 경제의 필요성이 점차 강조되고 있다. 이와 함께 폐배터리와 리사이클링 문제도 중요한 논의 사항으로 떠오르고 있다.[52] 폐배터리의 리사이클링은 크게 재사용과 재활용 두 가지로 나눌 수 있다. 폐배터리 재사용은 폐배터리의 잔존 수명이 65% 이상 남아 있을 때 가능하며, 이를 에너지저장시스템(EES) 또는 소형 전동 모빌리티 등에 활용하는 방

---

52 Zhao, Y. et al, A Review on Battery Market Trends, Second-Life Reuse, and Recycling. Sustain, Chem, 2(1) 167-205, 2021.

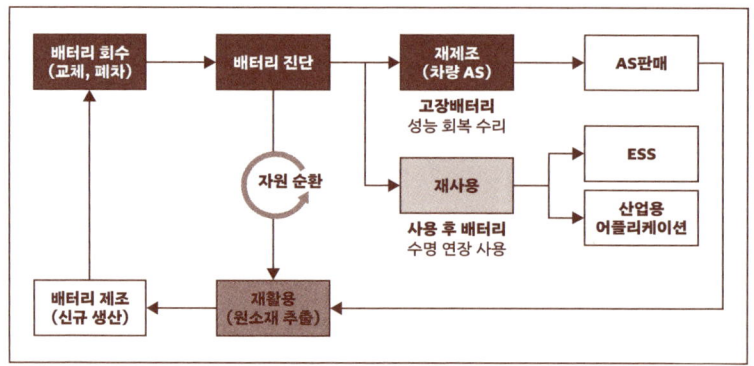

폐배터리의 재사용 및 재활용 체계
출처: 한경, "전기차 폐배터리 재활용…600조 시장으로 커진다", 2023.06.06.

식이다. 반면, 재활용은 폐배터리의 잔여 수명이 65% 미만일 때 이루어지며, 배터리를 분해하여 리튬, 니켈, 코발트와 같은 핵심 원료를 추출하는 방식이다. 이러한 원료들은 가격이 높고 특정 국가에 집중되어 있어, 폐배터리 재활용을 통해 고순도 원료를 내재화하면 안정적인 공급망을 구축할 수 있다.

폐배터리 리사이클링을 위해서는 배터리의 잔존 가치를 정확하게 평가하고 진단할 수 있는 기술이 필요하다. 해당 기술의 개발이 선행되어야만 시장에서 신뢰성 있는 유통 및 거래가 이루어질 수 있기 때문이다. 하지만 단순히 사용이 완료된 상태에서 배터리의 잔존 가치를 평가하는 것에는 한계가 있으므로, 소비자가 사용하는 동안의 사용 이력과 성능 변화를 지속적으로 추적하고 진단할 수 있는 시스템을 구축해야 한다. 이 시스템을 통해 실시간 데이터를 확보하고, 이를 바탕으로 더욱 정확한 가치 평가가 이루어질 수 있다. 다음으로, 친환경 추출 기술 및 친환경 제련 기술의 개발이 중요하다. 폐배터리에서 핵심 원료를 추출하는 과정은 많은 에너지를 소모할 수 있기 때문에, 자원 순환 관점에서 추가되는 공정에서의 친환경 혹은 저탄소 기술 개발이 필수적이다. 이를 통해 환경에 미치는 영향을 최소화하면서 효율적으로 자원을 회수할 수 있을 것이다.

10.2. 국내외 배터리 기술 및 시장 동향

> 배터리 시장이 커짐에 따라 글로벌 경쟁이 심화되고 있다. 현재 배터리 시장에서 한국은 다른 선진국 대비 어느 정도의 위치에 있는 것인가?

아직 배터리 시장에서는 어느 한 국가가 압도적으로 기술을 선점한 상황은 아니다. 하지만 현재 공정 기술 측면에서 한국, 중국, 일본이 선도적인 위치에 있다고 평가받고 있다.[53] 일본은 소극적인 투자로 인해 기술 개발 속도가 빠르지 않으며, 중국은 공격적인 투자를 통해 시장에서의 우위를 선점하기 위해 노력하고 있다. 우리나라는 패스트 팔로워 전략으로 서구에서 오랜 기간 동안 쌓아 온 고체화학, 전기화학 등과 같은 기초 학문을 빠르게 수용하며 기초 연구 인력을 확보하였고, 이는 현재 이차전지 산업의 밑거름이 되고 있다.

---

53 아시아경제, "'한중일 배터리 WAR', 이것에 승부 달렸다", 2023.10.14.

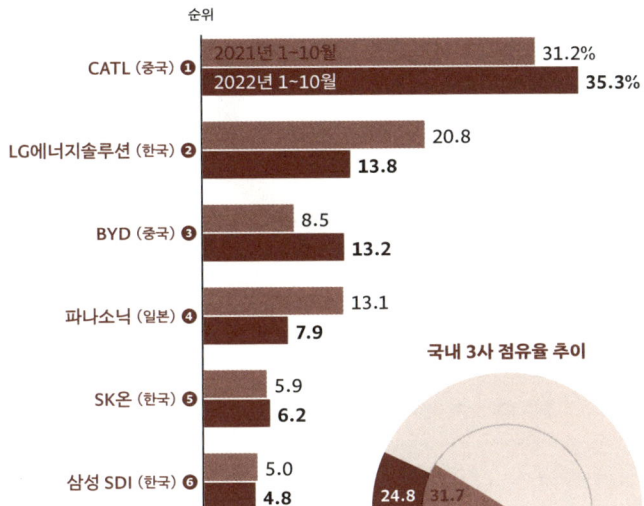

글로벌 전기차용 배터리 점유율
출처: 무역뉴스, "K배터리 빅3 글로벌 점유율 24.8%… 작년보다 6.9%p 하락", 2022.12.02.

신진 연구자가 늘어나고 있는 만큼 건전한 경쟁 문화를 조성하고 국가 R&D 프로그램을 통해 집단지성으로 협력을 이끌어 시너지를 발휘한다면, 아직 두드러진 기술 우위 국가가 없는 상황에서 우리나라가 배터리 시장 점유율을 확대하는 데 크게 기여할 것이다.

국내 배터리 산업의 위상은 해외 시장에서 그 실력을 확실히 보여 주고 있다. LG에너지솔루션은 최근 세계 최대 자동차 회사인 도요타와 20GWh 규모의 배터리 공급 계약을 체결했다. 이는 LG에너지솔루션의 배터리 성능과 안정성이 뛰어나, 글로벌 자동차 기업들

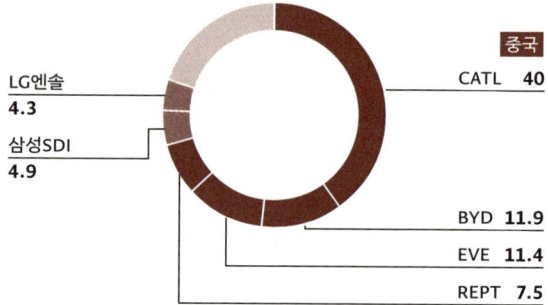

글로벌 ESS용 배터리 점유율
출처: 한경, "계륵 신세였던 ESS…美 신재생 훈풍 타고 효자로", 2024.05.11.

로부터 신뢰를 받고 있다는 것을 의미한다. 또한, 삼성SDI는 에너지저장장치(ESS) 분야에서 선두주자인 Tesla에 여러 차례 배터리를 공급해 왔다. ESS는 전력을 저장하고 공급하는 대용량 배터리 시스템으로, 최근 지속 가능한 발전을 위한 중요한 기술로 주목받고 있다. 이러한 해외 차세대 사업에 국내 배터리가 투입됨으로써, 국내 기업들의 위상이 더욱 높아지고 있음을 짐작할 수 있다.

> 한국이 앞으로도 배터리 산업에서 지속적인 경쟁력을 유지하기 위해서는 어떻게 해야 하는가?

배터리 시장은 지금 빠르게 변하고 있다. 우리나라 기업인 LG에너지솔루션, SK온, 삼성SDI는 전기차 배터리 시장에서 중요한 역할을 하고 있지만, 앞으로도 이 위치를 유지하려면 여러 가지 도전에 잘 대응해야 한다. 요즘 중국 기업들이 무섭게 성장하고 있다. 특히 CATL과 BYD는 전 세계 배터리 시장에서 점유율을 빠르게 높이고 있다. CATL은 Tesla, 현대차 같은 글로벌 자동차 회사에 배터리를 공급하며 시장 1위를 유지하고 있고, 가격이 저렴한 배터리를 대량 생산하면서 경쟁력을 확보하고 있다. BYD는 직접 전기차를 만들면서 배터리와 자동차를 함께 생산하는 전략을 쓰고 있다. 우리나라 기업들도 이런 흐름에 맞춰 가격 경쟁력을 높이고, 기술 개발에 더 집중해야 한다.

또한, 미국 정부의 IRA(인플레이션 감축법) 정책[54] 때문에 배터리 기업들의 전략이 바뀌고 있다. 이 법에 따르면 미국에서 만든 배터리만 정부 지원을 받을 수 있다. 그래서 우리나라 기업들도 미국에 직접 공장을 짓고 배터리를 생산하는 중이다. 예를 들어, LG에너지솔루션은 GM과 함께 오하이오에 공장을 설립했고, SK온은 포드와 협력해 테네시에 공장을 만들고 있다. 삼성SDI도 미국에 배터리 공장을 짓고 있다. 하지만 이렇게 해외 공장을 늘리면 비용이 증가하기 때문에, 앞으로 기업들이 얼마나 효율적으로 생산할지가 중요한 문제다. 또한, 장기적인 측면에서는 국내 생산 기반이 약화되고 국내

---

54 미국에서 만든 배터리와 전기차에만 보조금을 주는 법으로, 배터리 원료도 일정 부분 미국이나 자유무역협정(FTA) 국가에서 가져와야 하기 때문에 우리나라 기업들이 미국에 배터리 공장을 짓고 있고 있는 상황이다.

연구기반도 취약해질 수 있다는 문제가 존재한다.

또한, 배터리 제조와 생산을 담당할 실무형 인재를 양성하는 것이 필요하다. 연구 개발뿐만 아니라, 공장에서 배터리를 생산하고 관리하는 과정에서도 숙련된 기술 인력이 필수적이다. 박사 급 연구 인력뿐만 아니라 학·석사 급 인재들도 실무 경험을 쌓을 수 있도록 지원해야 하며, 해외 공장이 늘어나면서 글로벌 인력 양성도 고려해야 한다. 특히, 배터리 제조 과정에서 AI를 활용한 생산 자동화와 품질 검출 기술을 발전시키는 것도 중요한 전략이 될 수 있다.

마지막으로, 배터리 원자재 확보를 위한 대응이 중요하다. 배터리를 만들기 위해서는 리튬, 니켈, 코발트 같은 원자재가 필수적인데, 중국이 원자재 가공 시장을 장악하고 있어 한국도 이에 대한 대비가 필요하다. 해외 자원 보유국과 협력하여 원자재 공급망을 안정적으로 확보하고, 폐배터리를 재활용하는 기술을 발전시켜 자원의 순환을 강화하는 것도 중요한 전략이다.

결국, 배터리 시장에서 한국이 우위를 유지하려면, 단순한 생산 확대가 아니라 장기적인 기술 개발, 원가 절감, 글로벌 협력 전략을 동시에 추진해야 한다. 기업, 정부, 연구기관이 힘을 모아 지속적인 혁신을 이루는 것이 한국 배터리 산업의 미래 경쟁력을 결정할 것이다.

10.3. 배터리 기술의 발전을 위한 정부와 대학의 역할

▌ 배터리 기술의 발전을 위해 어떠한 정책 지원이 필요한가?

우리나라의 정부 주도 R&D 프로그램은 산업의 수요를 충분히 충족하지 못한다는 평가가 존재한다. 이는 정부 주도 R&D가 차세대 기술에 집중되어 있기 때문이다.[55] 예를 들어, 반도체의 경우 국내의 삼성전자, SK 하이닉스와 같은 글로벌 기업들이 기술 개발을 빠르게 진행하고 있어서 학계에서 경쟁하기 어려운 상황이 있다. 이처럼 배터리 분야에서도 리튬이온전지는 이미 성숙도가 높은 기술이기 때문에 보다 기술을 발전시키기 위해서는 기술 개발을 선도하고 있는 선두 기업과의 협력이 필요하다. 정부는 학계뿐만 아니라 산업계와 함께 국가 로드맵을 수립하여 기술 개발을 지원해야 한다. 하지만

---

55 대한민국 정책 브리핑, "정부, 고위험·차세대·대형 과제 중심 R&D에 집중 투자", 2024.01.18.

기업에서는 경쟁에 따른 기술 보안 문제로 인해 기술 현황을 공개하기가 어려운 한계가 있다. 여러 기술적인 문제가 있겠지만, 대기업이 정부R&D 프로그램의 일부를 주도하는 것이 기술 개발 측면에서는 가장 효율적인 방향이 될 수 있다. 대기업 주도로 컨소시엄을 구성하는 것이 한 예가 될 수 있다.

또한, 정책의 일관성도 중요하다. 특히 탄소중립은 단기간에 해결될 수 있는 문제가 아니며, 30~50년에 걸쳐 지속적인 노력이 필요한 과제이기 때문에 장기적인 관점에서 기술 개발이 이루어져야 한다. 최근 이차전지와 같은 탄소중립형 미래 친환경 첨단산업의 주도권을 두고 미국과 EU는 탈중국 전략을 기반으로 한 정책을 적극적으로 추진하고 있다. 미국은 인플레이션 감축법(IRA)을 통해 미국 중심의 공급망 재편과 에너지 자립을 목표로 하고 있으며, EU는 핵심원자재법(CRMA)을 통해 EU 중심의 핵심 원자재 공급망을 구축하고자 한다. 우리나라도 배터리 산업의 미래 경쟁력을 유지하고 강화하기 위해 공급망 경쟁력 강화를 위한 전략적 추진이 필요하며, 국가 전략 기술에 대한 '한국판 IRA'와 같은 정책이 요구된다. 또한, 공급망 정책뿐만 아니라 폐배터리 관리 및 재활용 규정을 통해 지속 가능성을 뒷받침할 수 있는 친환경 정책도 강화되어야 한다.

요약하자면, 친환경 기술과 같이 즉각적인 수익이 발생하지 않는 분야라 하더라도, 향후 반드시 필요한 기술에 대해서는 선도적인

정책	국가	정책
공급망 정책	미국	인플레이션 감축법(IRA): 광물, 부품 요건을 충족한 북미 생산 전기차 및 배터리에 세액공제 혜택
	EU	핵심원자재법(CRMA): 배터리 원자재 등의 가공 및 재활용을 EU 내에서 일정 비율 수행하도록 규제
	일본	전략 분야 국내 생산 촉진 세제: 전기차, 배터리 등 5개 산업의 일본 내 생산 및 판매량에 따라 최대 40%의 법인세 혜택
친환경 정책 (폐배터리)	미국	폐배터리 재활용 비율 90%까지 확대, 폐배터리 재활용 인프라 투자 및 프로젝트 지원
	EU	생산자 폐배터리 분리수거 의무화, 폐배터리 원자재 회수 최소 기준 조정
	중국	폐배터리 생산자 책임제 시행, 배터리 이력 관리 진행 등
	대한민국	배터리 전과정 이력관리 체계 구축, 배터리 재사용 안전성 검사 제도 시행 예정, 폐기물 관련 법 조정 등

국내외 배터리 관련 정책

출처: 국민일보, "일본판 IRA 나온다…강대국 패권 전쟁에 국내 산업 빨간불", 2023.12.15.
https://www.kmib.co.kr/article/view.asp?arcid=0924335094, 배터리 인사이드,
"세상의 모든 배터리에 대한 궁금증-글로벌 폐배터리 산업의 동향은 어떻게 될까?", 2023.09.19.

안목을 가진 기업 경영진의 꾸준한 리더십과 이를 지속적으로 지원할 수 있는 정부 정책의 일관성이 중요하다.

> 새로운 기술 개발이 중요하기 때문에 대학의 역할 역시 중요할 것으로 보인다. 대학이 할 수 있는 일, 해야 하는 일이 있다면 어떤 것인가?

우리나라의 교육은 현재까지 일방적인 지식 주입을 기반으로 하는 패스트 팔로워 전략을 주로 취해왔다. 이러한 교육 방식은 초

기 단계에서 빠르게 성장하는 데는 효과적이지만, 배터리 분야와 같은 특정 분야에서는 팔로우(follow)할 대상이 존재하지 않아 기존 방식을 고수하기 어려운 상황에 직면해 있다. 교육의 관점에서, 장기적으로는 보다 문제 해결 중심의 교육 방식으로 전환하는 것이 필요하지만, 이는 단기간에 달성하기 쉽지 않은 과제이다. 특히, 재정이 취약한 우리나라 대학에서는 이러한 전환이 더 어려울 수 있다. 예를 들어, 재정이 풍부한 미국의 대학들은 추가 인력 고용을 통해 산업과 친화적인 인재 양성 프로그램을 개발하고 있으며, 이를 통해 커리큘럼이 빠르게 진화하고 뛰어난 인재를 양성하는 시스템이 구축되어 있다. 반면, 현재 우리나라 교육계는 문제 해결을 위한 태스크포스(task force)가 부재하며, 기존 교육 방식에서 벗어나 새로운 교육을 시도할 교육자도 부족한 실정이다.

이 문제를 해결하기 위해서는 성공적인 사례를 만들어 가는 것이 중요하다고 생각한다. 모든 분야에서 급진적인 교육 전환이나 융합을 이루는 것은 현실적으로 어려울 수 있다. 따라서 먼저 이차전지와 같은 탄소중립 트렌드에 적합한 미래 성장 동력 산업을 선정하고, 이를 위한 교육과정을 개발하여 융합형 인재를 양성할 수 있다. 일부 성공적인 사례가 나오면, 이를 다른 분야로 점차 확장 적용할 수 있을 것이다. 이러한 성공 사례를 만들기 위해서는 문제를 올바르게 정의하고 이를 해결할 수 있는 능력을 갖춘 인재를 육성하는 것이 중요하다. 현재까지는 지식을 빠르게 주입하여 제한된 시간 안에 문제를 풀어내는 것이 중요한 요소로 여겨졌다면, 앞으로는 중요한 문제를 정의하고 해결할 수 있는 역량이 더 중요한 자질로 요구될 것이다. 답은 검색을 통해 쉽게 찾을 수 있지만, 문제 자체를 정의하는 것은 여전히 연구자의 몫이기 때문이다. 산학협력을 통해 학생들에게 인턴 경험을 제공하고 현업의 문제를 접할 수 있는 기회를 주는 것도 좋은 방법이지만, 학교 차원에서는 커리큘럼에 맞게 현장 친화형 인재를 육성할 수도 있다. 예를 들어, 단기 프로젝트 수업 등을 통해 학생들이 제한된 시간 안에 직접 문제 제기부터 해결 방안 고안까지 일련의 문제 해결 과정을 연습할 수 있도록 하는 방식이다. 교수는 기술 원리 등과 같은 기초적인 지식을 전달하되, 과제를 통해 학생들이 스스로 생각하는 문제 해결 과정을 경험할 수 있도록 해야한다. 이러한 인재상을 세우고 육성하는 것이 향후 대학들의 큰 역할 중 하나가 될 것이며, 해당 인재는 향후 산업에서 핵심 인력으로 자리잡을 것이다.

학생 개인의 입장에서는 우선 기초적인 지식을 차근차근 쌓아가는 것이 중요하다. 배터리는 다양한 학문이 융합된 종합 학문이라고 할 수 있다. 특히, 화학, 물리학, 수학의 기초 지식이 필수적이다. 배터리는 화학 소재를 기반으로 전기화학적 원리에 따라 작동하는 장치이므로, 화학적 지식이 그 기초를 이룬다. 배터리의 주요 구성 요소인 양극, 음극, 분리막, 전해질 등의 소재를 다루기 위해서는 무기화학과 유기화학에 대한 이해가 필수적이며, 배터리 내부에서 일어나는 화학 반응을 깊이 이해하는 것이 중요하다. 또한 배터리의 성능과 에너지 밀도를 향상시키기 위한 연구에는 새로운 전극 소재, 전해질 개발, 혹은 전극의 화학적 처리 방법 등 다양한 화학적 접근이 요구된다. 다음으로, 물리학은 배터리 내부의 전기적 특성을 분석하고, 전극 재료의 물리적 특성을 이해하는 데 필요하다. 또한, 배터리의 열 관리와 관련된 문제를 해결하기 위해서는 열역학과 같은 물리학적 원리가 중요한 역할을 한다. 수학 또한 배터리 기술 분석과 모델링에서 핵심적인 도구이다. 수학적 최적화 기법을 통해 배터리 설계와 성능을 개선할 수 있으며, 다양한 변수를 고려한 모델링을 통해 배터리를 더욱 잘 설계할 수 있다. 마지막으로, 각 학문을 단순히 습득하는 것에 그치지 않고, 다양한 지식을 융합하여 새로운 접근과 분석 방법을 심도 있게 고민하고 연습하는 과정이 필요하다. 배터리 기술은 여러 학문이 상호작용하며 발전하므로, 각 분야의 지식을 통합하고 종합적으로 활용할 수 있는 융합적 사고가 중요하다.

11장

서울대학교 환경관리학과 정수종 교수

위기는 기회, 기후 테크 산업으로 국가 경쟁력 제고

*

　　UNFCCC 산하의 기술집행위원회(Technology Executive Committee)는 기후 테크를 '온실가스 감축 또는 기후변화 적응을 위한 장치, 기술, 실용적 지식 또는 방법'으로 규정하고 있다. 우리나라의 기후변화 대응 기술 개발 촉진법에서도 기후변화 대응 기술을 '온실가스 감축 기술'과 '기후변화 적응 기술' 두 가지로 설명하고 있다. 향후 이러한 두 기술을 통합한 신산업인 기후 테크 산업 및 시장이 전세계적으로 대두될 것으로 예상되고 있다. 탄소중립 시대의 새로운 먹거리가 될 수 있는 기후 테크에 대한 정의 및 현황에 대한 전반적인 이해와 미래의 기후 테크 시장 전망을 알아보기 위해 서울대학교 환경대학원 정수종 교수와 인터뷰를 진행하였다.

정수종 교수

정수종 교수는 2018년 서울대학교 환경대학원 환경관리학과 교수로 임용된 이후, 환경 및 기후변화의 메커니즘, 미래 변화를 정확히 예측하기 위한 융합과학 연구를 진행하고 있다. 산림청 미세먼지 대응 협의회 위원, 서울시 서울기술연구원 기술평가위원, 한국기상학회 환경 및 응용기상 분과 위원장, GTC 녹색기술센터 기후기술전문가협의체 위원, 환경부 미래전략 기획위원 등을 역임하며 명실상부 대한민국의 대표적인 기후 환경 전문가이다. 최근 기후 테크 센터를 설립하여 기후 환경 변화로 인한 새로운 기술로의 신속한 전환을 위해 기후 테크 관련 전문가를 육성하며, 관련 분야의 산·학·연 네트워크를 촉진하고 있다.

11.1. 기후 테크 기술

> '기후 테크'는 최근 새로 등장한 개념인 것으로 보인다. 기후 테크의 정의에 대해서 자세히 설명 부탁한다.

2023년, 2050 탄소중립녹색 성장위원회(이하 탄녹위)는 기후 테크를 '기후(Climate)와 기술(Technology)의 합성어로, 온실가스를 감축하거나 기후변화에 적응하는 데 기여하는 혁신적인 기술을 통해 수익을 창출하는 산업'으로 새롭게 정의했다. 기존에 사용되던 '기후 기술'이라는 용어는 기후변화 해결에 도움을 주는 과학적·공학적 기술 자체에 초점을 맞춘 개념이었다. 반면, 탄녹위에서 정의한 기후 테크는 이러한 기술이 실제 산업에 적용되어 경제적 가치를 창출하는 과정과 결과까지 포함하는 더 포괄적인 개념이다. 기후 테크는 녹색 산업 또는 친환경 산업과도 차이가 있다. 녹색 산업은 환경보호를 목적으로 하는 산업 전반을 포괄하는 개념이라면, 기후 테크는 그중에서도 '기후변화 대응'이라는 뚜렷한 목적을 가진 산업에 집중한다는 점에서 차별성이 있다.

기후 테크는 크게 클린 테크(Clean Tech), 카본 테크(Carbon Tech), 에코 테크(Eco Tech), 푸드 테크(Food Tech), 지오 테크(Geo Tech)의 5대 분야로 구분된다. 클린 테크는 재생 및 대체 에너지의 생산, 분산화, 효율화, 저장 솔루션을 제공하는 산업을 의미한다. 태양광, 풍력, 지열 같은 재생 에너지는 물론, 원자력, 수소, 핵융합 등 탄소 배출을 줄이는 에너지원의 생산과 보급, 저장까지 포함되며, 송배전 기술이나 수요 반응 사업, 에너지 효율화 플랫폼도 클린 테크의 중요한 부분이다.

카본 테크는 탄소 감축과 포집·저장을 목표로 하는 분야이다. 대기 중 탄소를 직접 포집하는 DAC(Direct Air Capture) 기술이나 탄소 포집·활용·저장(CCUS) 기술, 전기차 같은 모빌리티 분야의 탈탄소화 기술이 대표적이다. 공정 최적화를 통해 온실가스를 줄이거나, 반도체 식각 공정에서 온실가스를 대체하는 기술도 카본 테크에 포함된다.

에코 테크는 자원 순환과 폐기물 관리, 저탄소 원료의 생산과 판매를 다루는 산업이다. 재활용 기술이나 폐기물 관리 플랫폼, 친환경 소재를 활용한 제품 개발 등이 여기에 해당한다.

푸드 테크는 식품 생산과 소비 과정에서 탄소 배출을 줄이거나 기후 변화에 적응할 수 있는 농법을 개발하는 분야이다. 식물성 원료를 활용한 대체육이나 대체유, 세포배양육, 저탄소 농법 등이 대표적인 예이다.

마지막으로 지오 테크는 탄소 관측·모니터링과 기후 데이터를 활용한 대응 기술을 포함하는 분야이다. 인공위성을 활용한 탄소 배출량 모니터링, 탄소 회계 시스템을 통한 사업장 배출량 관리, 실시간 기후·재난 알림 서비스, 물 산업을 통한 재난 예방 기술 등이 이에 해당한다.

> 기후 테크 기업 중에 우리에게 널리 알려진 기업들은 어떤 기업이 있는가?

대표적인 기후 테크 기업으로는 잘 알려진 Tesla가 있다. Tesla는 단순히 전기자동차를 생산하는 것을 넘어, 태양광 에너지로 전력을 공급하고, 배터리를 활용하며, 전기차를 통해 친환경적인 운송 시스템을 구축하는 것을 목표로 하고 있다. 전기자동차는 카본 테크, 태양광 에너지와 에너지 저장장치(ESS)는 클린 테크에 해당하기 때문에, Tesla는 이 두 가지 분야를 중심으로 사업을 확장해 온 대표적인 기후 테크 성공 사례이다.

Tesla처럼 널리 알려진 기업 외에도 기후 테크 성공 사례는 매우 많다. 2024년 전 세계 기준 기후 테크 분야의 유니콘 기업은 128개에 이른다. 5대 분야별로 유니콘 기업 사례를 하나씩 살펴보면, 먼저 클린 테크의 유니콘 기업으로는 2017년에 설립된 Form Energy가 있다. 해당 기업은 안정적인 전력망을 가능하게 하는 장주기 에너지를 개발하는 회사로, 빌 게이츠의 Breakthrough Energy Ventures에서 투자를 받은 것으로 잘 알려져 있다. 현재 미국 메인주에서 최대 규모의 배터리 저장 시설을 건설할 계획을 가지고 있다.

카본 테크의 대표적 유니콘 기업으로는 DAC 기업인 Climeworks가 있다. 2009년 설립된 스위스 기업으로 아이슬란드에 세계 최대 이산화탄소 포집 공장을 설립하였다. Climeworks의 성공 이후로 여러 2세대 DAC 기업들이 탄생하였으며, 기후 테크 활성화에 있어서 Climeworks의 역할은 매우 중요하다.

에코 테크 분야의 대표적인 유니콘 기업으로는 Rubicon이 있다. 폐기물 업계의 우버라고 불리는 이 기업은 2008년 미국에서 설립되었으며, 민간·공공·가정을 대상으로 폐기물 및 재활용 관리 소프트웨어 플랫폼을 제공한다. 클라우드 기반 시스템을 활용해 폐기물 배출자와 수거·운반 업체를 효율적으로 연결하고, 이를 통해 최적의 경로로 폐기물을 수거해 탄소 배출을 줄이며, 배출 기업들이 폐기물 감축을 실천할 수 있도록 유도하는 방식이다. 현재 스타벅스, 아마존 등 글로벌 기업들도 Rubicon의 고객사로 참여하고 있다. 최근에는 인공지능(AI) 기술을 활용하여 폐기물 분류 및 수거의 효율을 높이는 기술 개발도 주목받고 있다.

푸드 테크 분야의 대표적인 유니콘 기업으로는 Indigo가 있다. 2013년에 설립된 이 기업은 과학기술을 활용해 농업의 지속 가능성과 수익성을 높이고자 하는 기업이다. 작물의 생산, 공급, 유통 방식을 최적화함으로써 온실가스 배출을 줄이는 데 기여하고 있으며, 특히 농업(애그 테크, Ag Tech[56]) 분야에서 최초로 유니콘 기업이 된 스타트업이라는 점에서 더욱 주목받고 있다. 최근에는 기후변화 리스크를 최소화하기 위한 적응 기술 개발도 주목받고 있다. 기후변화에 따른 빈번한 이상기후 영향으로 농작물 피해가 심각해지고 있어 경제적 피해가 커지고 있기 때문이다. 이에 가뭄, 홍수, 폭염 등 극단적인 이상기후에 취약하지 않은 새로운 종자 개발이 시장의 주목을 받고 있다. 또한 국제 메탄 서약 달성을 위해 축산업에서 가축의 메탄 배출을 줄이기 위한 사료 개발에 대한 관심도 커지고 있다.

지오 테크 분야의 대표적인 유니콘 기업으로는 Watershed가 있다. 2019년에 설립된 이 기업은 기업들의 탄소 배출량을 측정·분석하고, 감축 솔루션을 플랫폼 형태로 제공하는 기업이다. 기업들이 탄소 감축 목표를 설정하고, 배출량 모델링 및 감축 계획을 수립할 수

---

56   토양의 온도, 습도, 일조량 등을 농업에 최적화된 상태로 유지하는 기술

구분	개념	세부분류	
클린	재생·대체에너지 생산 및 분화	재생에너지	재생에너지 생산
		에너지산업	가상 발전소, 송배전, 분산형 에너지공장, 에너지 디지털화 및 효율화
		탈탄소에너지	원전, SMR, 수소, 핵융합 등 대체에너지원 발굴
		에너지저장	에너지 저장 장치, 차세대 배터리
카본	공기 중 탄소 포집·저장 및 탄소 감축 기술 개발	탄소포집	직업포집(DAC), CCUS, 생물학적 탄소제거
		공정혁신	제조업 공정 개선, 탄소저감 연·원료 대체
		모빌리티	전기차, 차량용 배터리, 물류, 퍼스널 모빌리티
에코	자원순환, 저탄소 원료 및 친환경 제품 개발	자원순환	자원 재활용, 업사이클링, 폐자원 원료화, 에너지 회수
		폐기물절감	폐기물 배출량 감축, 폐기물 관리시스템
		친환경	친환경 소재 사용 제품
푸드	식품 생산·소비 및 작물 재배 과정 중 탄소 감축	대체식품	대체육, 세포배양육, 대체유, 대체아이스크림
		스마트식품	음식물쓰레기 저감, 친환경 포장, 식품 부산물 활용
		애그테크	친환경 농업, 대체비료, 스마트팜, 기후적응 품종개량
지오	탄소관측·모니터링 및 기상 정보 활용 사업화	탄소데이터	탄소관측, 측정, 회계, 컨설팅 및 뱉 배출권 거래
		기후데이터	기후감시·예측 및 컨설팅, 기상/재난 정보, 디지털 트윈
		기후적응	물산업, 재난방지, 기후변화 적응 시설·시스템

기후 테크 5대 분야

출처: 서울대학교 기후 테크센터, 국가 기후 테크 육성 종합전략 발췌, 2024.

있도록 지원한다. 지오 테크 분야에서 최초로 유니콘 기업이 된 스타트업이다. 지오 테크 분야는 다른 분야에 비해 상대적으로 신생 분야이므로 현재 절대적인 규모는 작다. 그러나 기후변화의 피해가 커지고 있고, 기후 위기 대응을 위한 각종 규제가 새로 발표되고 있기 때문에 앞으로 더 많은 지오 테크 스타트업이 등장할 것으로 전망된다.

> 우리도 기후 테크 유니콘 기업을 키울 수 있을까? 기후 테크 센터가 이런 역할을 하는지 궁금하다.

기후 테크 센터는 기후 위기 대응을 통한 산업 육성 및 경제 성을 위한 민간 싱크 탱크 역할을 수행하고 있다. 센터에서 수행하는 업무는 크게 두 가지로 나뉘며, 첫 번째는 기후 테크 육성을 위한 정책 개발이고, 두 번째는 지오 테크 기술에 해당하는 탄소감축과 기후 적응 기술의 개발 및 확산이다.

첫 번째 업무인 기후 테크 육성 정책 개발을 위해서는 시민, 기업, 지자체를 대상으로 기후 테크에 대한 인식을 확산하는 것이 우선적으로 필요하다. 이를 위해 지난 2년간 기후 테크의 개념과 중요성을 알리는 포럼 및 세미나를 개최하였고, 다양한 이해관계자들과 논의를 이어 왔다. 국가 차원에서는 대통령 직속 2050 탄소중립녹색성장위원회, 기획재정부, 환경부, 기상청, 산림청 등과 기후 테크 포럼 및 정책 논의를 진행하였으며, 서울, 부산, 경기도, 전북 등 다양한 지자체의 기후 테크 육성 사업에도 참여하였다. 민간 영역에서는 대한상공회의소, 산업은행, 현대·기아 자동차, 사회적가치연구원, 정몽구재단, SBS문화재단 등과 함께 기후 테크 육성을 위한 다양한 협업을 진행하고 있다.

또한 대중의 기후변화 인식을 제고하기 위해 2024년 겨울에는

'Save Our Snow' 캠페인을 진행하였다. 겨울철 스키장 이용객을 대상으로 기후변화 교육과 대응 방안을 소개하고, 개인 맞춤형 탄소 감축 프로그램을 제공하였다. 특히 서울대학교 환경대학원 기후연구실의 다양한 최신 기후변화 연구 결과를 대중에게 알림으로써 일반인이 평소 접하기 어려운 과학적이고 객관적인 정보를 확산하는 계기를 마련하였다. 개인의 탄소 사용량을 측정하는 프로그램은 특히 인기가 많았으며, 대중들이 새로운 사실을 알게 됨으로써 기후변화에 대한 인식을 재고하는 데 큰 기여를 하였다. 캠페인 기간 동안에는 기후 위기 인식 설문조사를 통해 다양한 지역, 연령대, 학력 수준을 가진 약 600명의 응답을 수집하여 정책 수립에 필요한 데이터 기반을 마련하였다.

대중 캠페인뿐만 아니라, 학계, 산업계, 연구기관, 정부 관계자들과의 전문가 포럼, 간담회, 심층 인터뷰 등을 통해 정책 방향을 논의하고, 산업계와 연구기관 간 네트워크 구축에도 힘썼다. 이러한 노력과 센터의 자체 연구를 바탕으로 2024년 10월에는 국내 최초의 국가 기후 테크 육성 전략 기반 종합 보고서를 발간하였다. 보고서에는 국내 기후 테크 기술, 과학, 정책, 금융, 제도 전반에 대한 종합적 연구 결과가 포함되어 있으며, 기존에 혼재되어 있던 기후 테크 분류 체계를 정리하고 국내외 현황 분석을 통해 부족한 점을 짚었다. 이 보고서는 향후 정부 정책 수립과 산업계 전략 마련에 있어 중요한 참고 자료로 활용될 전망이다.

두 번째 업무인 탄소 감축과 기후 적응 기술을 개발하고 확산하기 위해서는 국가, 지자체, 기업을 대상으로 다양한 형태의 컨설팅을 제공해 왔다. 그중 하나가 기업의 기후 적응을 돕기 위한 기후변화 물리적 리스크 진단 플랫폼 개발이다. 기후변화로 인한 물리적 리스크란 태풍, 홍수, 폭염과 같은 극단적인 기상 현상이 사업장이나 보유 자산에 물리적 피해를 주고, 영업 중단을 초래하여 금전적 손실을 야기하는 것을 의미한다. 최근에는 이러한 기후변화로 인한 재무적 피해를 기업의 지속 가능 보고서에 공시하도록 하는 흐름이 확산되고 있다[57]. 이에 기후 테크 센터의 연구진들은 기상 현상 및 기후변화 모델링, 인공위성 데이터를 활용한 예측 기술, 머신러닝 등의 전문성을 바탕으로 기업들이 공시에 활용할 수 있도록 과학적이고 정밀한 진단이 가능한 플랫폼을 개발하였다.

최근 전 세계적으로 기후변화 피해가 커지고 있는 상황이므로 다양한 기후 리스크 진단 플랫폼이 등장하고 있지만, 대부분 상용화된 프로그램들은 시공간 정보의 정확도가 떨어지며 분야별 전문가의 진단 능력을 확보하지 못하고 있는 것이 현실이다. 반면 기후 테크 센터의 리스크 진단 시스템은 기후변화 모델링, 인공위성, 인공지능, 지상관측 등 다양한 정보 인프라를 통합하고 박사급 연구자들이

---

57 TCFD, Recommendations of the Task Force on Climate-related Financial Disclosures, 2017.

직접 진단을 수행하고 있기에 매우 뛰어난 진단 및 예측 기술을 확보하고 있다고 할 수 있다. 현재 기후 테크 센터가 개발한 기후 리스크 진단 플랫폼은 그 우수성을 인정받아 유엔환경계획(UNEP: United Nations Environment Programme) 재정 이니셔티브(Finance Initiative)에 공식 지원 기관으로 등록되어 있다[58].

다음은 기후변화 대응을 위한 온실가스 연구이다. 국가와 지자체, 기업 모두 온실가스 배출량 감축을 위해 노력하고 있으므로, 감축량을 정확히 산정할 수 있도록 온실가스 배출 정보의 투명한 공개와 검증이 중요한 과제가 되었다. 이를 해결하기 위해 탄소 모니터링(관측) 및 모델링 기술을 활용하여 국가 온실가스 공간정보 지도를 구축하고 있다. 기존에는 통계 기반 활동 자료를 활용하는 상향식 접근법과 위성 및 관측 데이터를 활용하는 하향식 접근법이 분리되어 있었지만, 기후 테크센터는 이 두 가지 접근법을 통합하여 온실가스 배출·흡수량을 보다 정밀하게 산정할 수 있도록 한국형 '하이브리드 인벤토리'를 개발하고 있다.

지금까지는 국가에서 산정하는 온실가스 배출량이 배출 분야별로 국가 총량만을 공개하는 형태였으나, 이러한 정보만으로는 강력하고 정확한 탄소 감축이 어렵기 때문에 더 많은 사람에게 자세한

---

[58] Supporting Institutions(https://www.unepfi.org/supporting-institutions).

시공간 상세 탄소배출 및 흡수량 정보 공개 플랫폼의 예시 화면
출처: Korea Carbon Project(https://korea-carbon-project.org/)

탄소 정보를 제공할 수 있도록 한국 전 국토를 1km x 1km 격자로 도식화하여 모든 격자에서 배출되는 탄소 배출량 및 흡수량을 측정하고 있다. 이렇게 자세한 탄소 배출량 및 흡수량 정보를 산정하기 위해서는 일반적인 통계 정보뿐만 아니라 인공위성, 지상관측, 차량관측, 항공기관측, 무인기관측 등 다양한 실측 정보를 더 많이 활용해야 한다. 이를 통해 국가 탄소 배출량 및 흡수량 정보를 보다 상세하고 정확하게 파악할 수 있도록 지원하고 있다.

2024년 1월에는 대산석유화학단지를 중심으로 전 세계 최초로 석유화학산업단지 온실가스 배출 입체 관측 캠페인을 진행하였으며, 이 프로젝트에는 서울대학교뿐만 아니라 국립환경과학원, 국립기상과학원, 충청남도 보건환경연구원, 미국 항공우주국(NASA), 일본 우주항공연구기구(JAXA), 유럽연합 우주국(ESA) 등 국내외 다양한 연구기관이 참여하였다. 수많은 관측 장비와 위성을 활용하여 이산화탄소 및 메탄 배출원을 감지하고, 산업 현장의 탄소 배출량을 정밀하게 진단한 사례이다. 향후에도 이러한 활동을 통해 온실가스 배출에 대한 검증 및 모니터링을 지원할 계획이다.

지자체의 탄소중립 이행을 돕기 위해서도 다양한 노력을 기울여 왔다. 서울시, 전주시 등과 협력하여 탄소중립 로드맵을 수립하고, 지역 단위의 탄소 감축 방안을 연구하였다. 또한 온실가스 데이터 기반의 정책 수립을 지원하기 위해 앞서 언급한 하이브리드 인벤토리의 데이터베이스를 공유하며, 실질적인 변화를 만들어 가는 데 집중하였다.

작년에는 카카오와 같은 플랫폼 기업을 위한 사회적 탄소 감축량 산정 가이드라인도 개발하였다. 예를 들어, 플랫폼 기업이 제공하는 자전거 도로 정보, 비건 식당 정보, 저탄소 제품 정보 등은 이용자들이 탄소를 감축하는 행동을 유도할 수 있으며, 이를 사회적 탄소 감축이라고 부른다. 본 센터는 카카오의 데이터를 활용하여 이러한 사회적 탄소 감축량을 측정할 수 있는 기준을 마련하였다. 이는 앞으로 플랫폼 기업들이 탄소 감축 기여도를 보다 체계적으로 평가하고 공시하는 데 중요한 역할을 하게 될 것이다.

11.2. 국내외 기후 테크 기술 및 시장 동향

> 해외에서는 탄소중립 흐름에 빠르게 편승하고 있는 만큼, 기후 테크 시장이 새로운 기회이자 블루오션으로 여겨질 것 같다. 해외에서 현재 기후 테크 시장 상황은 어떠한가?

해외에서는 이미 기후 테크 시장이 빠르게 성장하고 있으며, 향후 시장의 성장 가능성도 높을 것으로 전망하고 있다. 2023년 기후 테크 시장 가치는 약 27조 원이며, 10년 뒤에는 약 10배 증가하여 연평균 증가율(Compound Annual Growth Rate; CAGR)은 24.5%에 이를 것으로 예상되고 있다. 최근에는 경기침체로 인해 전반적인 투자 시장이 경색된 상황이지만, 전체 투자 금액 중 기후 테크에 대한 투자 비율은 계속 증가하는 추세이다.[59] 실제로 2023년에는 2022년 대비 투자금이 30% 줄었음에도 불구하고, 초기 단계의 투자금은 여전히 증가

---

59 Silicon Valley Bank, The Future of Climate Tech, 2023.

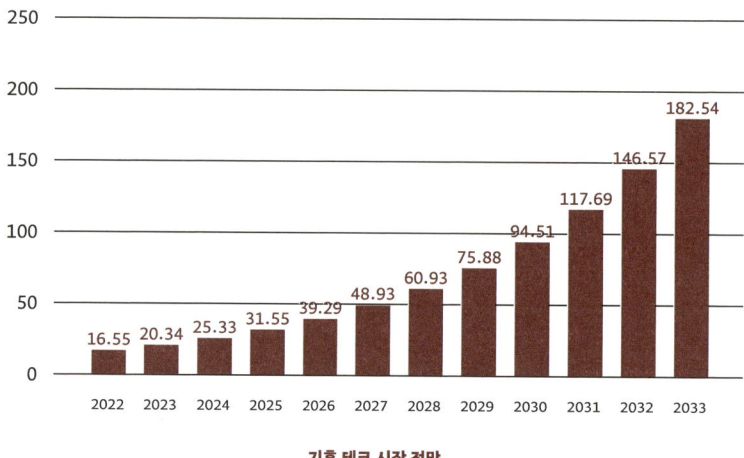

기후 테크 시장 전망
출처: Statista, 2024.

하고 있어 기후 테크 산업의 수익성보다는 성장 가능성에 대한 기대감이 크다는 것을 보여 준다. 한편 2024년에는 2023년과 유사한 수의 투자 건수가 확인되고 있으며,[60] 2023년과 달리 상업화가 뚜렷한 건에 투자하려는 경향이 증가하고 있는 차이점이 존재한다.[61]

글로벌 기후 테크가 활성화되기 시작한 2020년 이래로 기후 테크에 대한 투자 동향을 살펴보면, 모빌리티, 배터리, 에너지 관련 투

---

60 Sightline climate, Climate Tech Investment Trends 2023, 2024.

61 Sightline Climate, Climate Tech Investment Trends 2024, 2025.

자가 주를 이루어 왔다. 이는 기술 성숙도가 높아 안정적인 수익을 확보할 수 있는 분야에서 투자를 유치하기 용이하다는 점을 의미한다. 그러나 2024년에는 특징적으로 기존에 많은 투자가 이루어졌던 분야의 투자세는 감소하고, 탄소 및 기후 모니터링 분야에 대한 투자 증가세가 나타나고 있다. 이는 기후변화 관련 글로벌 공시 강화가 영향을 끼쳤을 것으로 판단된다.

글로벌 기후 테크 기업의 5대 분야별 분포를 살펴보면, 클린 테크, 카본 테크, 푸드 테크, 지오 테크, 에코 테크 순으로 기업이 분포하고 있는 것으로 나타난다. 이러한 결과는 전 세계적으로 에너지 전환과 탈탄소화 기술에 대한 높은 수요를 반영하는 결과이다.

대륙별 기후 테크 기업의 분포를 보면, 유럽, 북미, 아시아에서 가장 많은 기업이 활동하고 있는 것으로 나타난다. 그런데 흥미로운 점은 지역별로 강세를 보이는 분야가 서로 다르다는 점이다. 유럽에서는 클린 테크 기업이 가장 많았지만, 북미와 아시아에서는 카본 테크 기업이 가장 많은 것으로 조사되었다.

유럽의 클린 테크 산업은 재생 에너지를 중심으로 발전해 온 산업이다. 이는 북미의 다양한 클린 테크 기술 발전이나 아시아에서 에너지 저장 기술이 발달한 모습과는 차이를 보인다. 유럽이 재생 에너지 분야에서 높은 비율을 차지하는 이유는 독일, 이탈리아, 영국

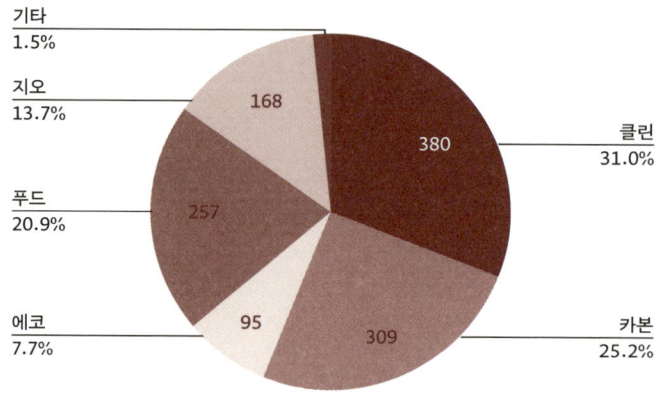

글로벌 기후 테크 5대 분야 분야별 분류
출처: 서울대학교 기후테크센터, 국가 기후 테크 육성 종합 전략, 2024.

등 재생 에너지 발전 비중이 높은 나라들이 많기 때문이다. 반면, 미국이나 아시아 대부분 국가는 재생 에너지 비중이 세계 평균보다 낮은 편이다.

카본 테크 분야에서는 아시아와 북미의 차이가 특히 두드러진다. 아시아는 주로 전기차, 수소차 등 모빌리티 기술 중심의 산업 구조를 보이고 있으며, 북미는 공장 시설을 저탄소 시설로 전환하는 기술도 많이 발달해 있는 상황이다. 특히 아시아에서는 모빌리티 기술이 압도적으로 많은 편이다. 중국이나 우리나라에서 전기차의 경쟁력이 높다는 점을 고려하면 자연스러운 결과라고 볼 수 있다. DAC(Direct Air Capture)같이 탄소를 포집하는 기술을 가진 기업은 전 세계적으로 아직 많지 않지만, 상대적으로 북미에서 가장 많고 아시아

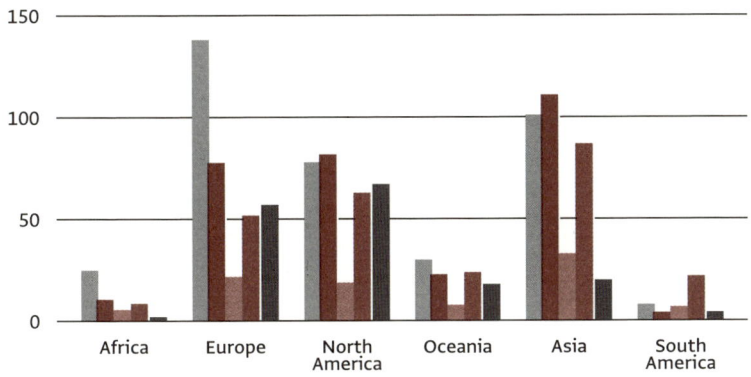

대륙별 기후 테크 기업 현황
출처: 서울대학교 기후테크센터, 국가 기후 테크 육성 종합 전략, 2024.

에서는 가장 적은 것으로 나타난다.

    이 외에도 지오 테크 분야에서도 지역별 차이가 뚜렷하다. 유럽과 북미에서는 지오 테크 기업이 비교적 많은 편이지만, 아시아에서는 가장 적다. 지오 테크는 탄소 및 기후 데이터를 활용하는 산업으로, 앞서 언급한 기후 공시 제도와 밀접한 관련이 있다. 실제로 기후 공시 제도는 국가별로 도입 및 시행 속도가 다른데, 미국에서는 트럼프 대통령의 재선으로 인해 공시 여부가 잠정 중단된 상태이며, 유럽은 여전히 기후 공시를 강하게 추진하고 있다(2023년 12월 EU ESRS 공시 기준 승인). 반면, 아시아는 아직 기후 공시에 대한 법제화가 늦어지고 있으며, 우리나라 또한 2024년 초에 공시 기준 초안을 발표했으나 의무 시행은 2026년 이후로 논의되고 있는 상황이다.

미국과 유럽에서의 기후 테크 기업 규모는 아시아 기업들에 비해 상대적으로 큰 편이다. 이는 해당 국가들의 선제적인 기후 테크 육성 정책과 활발한 민간 투자에 기인한 것으로 보인다. 실제로 미국의 경우, 정책 변화로 인해 보조금이 줄어들 예정이기는 하지만 2024년까지는 IRA(인플레이션 감축법)을 통한 세액 공제 및 기후 테크 활성화에 힘써 온 바 있다. 유럽연합(EU)은 2022년부터 2027년까지 REPower 예산을 약 281조 원 규모로 책정하여 기후 테크 정책을 강력히 추진하고 있다.

> 우리나라에서는 기후 테크 개념이 생소한 만큼 해당 기술 발전 및 시장 형성이 아직 부족하다고 보인다. 국내에서 기후 테크 기술과 관련 시장은 어떠한가?

국내 기후 테크 시장은 해외에 비해서는 미미한 수준이다. 하지만 최근 들어 투자 규모와 건수가 급격히 증가하고 있는 상황이다. 이는 최근 기후변화로 인한 인적·물적 피해가 급증하면서, 탄소중립에 대한 국제적 선언 및 규제 강화에 발맞춘 변화로 해석할 수 있다. 국내에서도 임팩트 투자사의 기후 테크 펀드 조성, 대기업 오픈 이노베이션 등이 점차 활성화되고 있으며, 정부 차원에서의 기후 테크 육성 노력도 본격화되고 있다. 2023년 6월에는 2050 탄녹위에서 기후 테크 육성을 위한 별도의 위원회를 발족하였고, 2024년 3월에는 금융위원회가 민관합동으로 기후 위기 대응을 위한 금융 지원 방안으로 기후 테크 육성에 2030년까지 총 9조 원을 투자하고, 이 중 3조 원 규모의 기후기술펀드를 신규 조성하겠다고 발표하였다.

하지만 후발 주자인 우리나라에는 아직 기후 테크 유니콘 기업이 존재하지 않으며, 대부분 초기 단계의 투자 유치를 받은 기업들이 분포하고 있는 실정이다. 국내 기후 테크 기업 564개를 대상으로 5대 분야별 분포를 살펴보면, 가장 많은 기업이 클린 테크 분야에 속해 있으며, 그 다음으로는 카본 테크, 에코 테크, 푸드 테크, 지오 테크 순이다. 앞서 살펴본 전 세계 기후 테크 통계와 비교해 보면, 국내의 경우 에코 테크 분야의 기업 수가 상대적으로 많고, 지오 테크는 상대적으로 적은 것이 차이점이다. 국내에서 에코 테크 분야가 상대적으로 크게 성장한 이유는 타 분야에 비해 진입 장벽이 낮고, 그동안의 녹색 산업(친환경 산업) 육성 흐름과도 관련이 있는 것으로 보인다. 반면, 지오 테크 분야의 부진은 국내에서 기후 공시 법제화가 지연되고 있는 현실과 맞닿아 있다고 판단된다.

국내 기후 테크 기업의 규모별 분포를 살펴보면, Seed 단계의 기업이 가장 큰 비중을 차지하는 것을 확인할 수 있다. Seed 단계 기업의 비중이 일반적인 국내 스타트업의 분포와 비교하여 두드러지게 많은 것은 아니지만, 여전히 가장 큰 비율을 차지하고 있다는 점에서 국내 기후 테크 산업이 해외에 비해 주로 초기 창업 단계에서 활발히 이루어지고 있음을 의미한다.

반면, 상장된 기업의 수는 Series B 단계 기업 수와 유사한 수준으로 나타나며, 그중에서도 2010년 이후 설립된 기업은 7개에 불과하다. 이는 기후 테크 스타트업으로 시작하여 폭발적인 성장을 거쳐 상장(엑시트)에 이른 사례보다는 기존 산업에서 기후 테크 분야로 사업을 확장한 경우가 많다는 것을 시사한다. 대표적으로 자동차 업계의 전기차 확장이나 배터리 관련 기업들의 진입 사례와 유사한 양상이다.

결과적으로, 국내 기후 테크 생태계는 '초기 단계 스타트업'과 '대기업/중견기업의 기후 테크로의 사업 확장'이라는 양분화된 구조를 띠고 있다고 할 수 있다.

이처럼 국내에서는 스타트업의 성과가 다소 저조한 편이나, 대기업을 중심으로 기후 테크의 경쟁력을 키워가고 있다. 그러나 보다 빠르고 과감한 기술 혁신을 이루기 위해서는 정부와 민간이 주도하여 스타트업을 적극적으로 육성하려는 노력이 필요하다. 이를 위해서는 이미 성장한 중견기업과 대기업을 중심으로 전방·후방 산업을 활성화하는 정책을 수립하는 것이 기후 테크 생태계 활성화에 도움이 될 수 있다. 이러한 정책은 핵심 분야의 국가 경쟁력을 확보함은

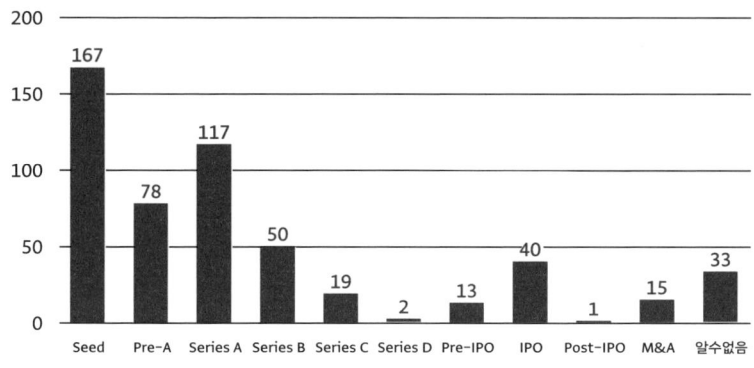

투자 규모별 국내 기후 테크 기업

물론, 가치 사슬 전반의 내재화를 통해 공급망의 안정성 또한 강화할 수 있을 것이다.

11.3. 기후 테크 활성화를 위한 정부와 대학의 역할

┃ 기존 산업도 기후 테크로 변모할 수 있다고 보는가?

우리나라 국가 중점 산업의 좌초를 막기 위한 기후 테크 분야를 파악하기 위해 국내 주요 기업에서의 기후 테크 기술 수요는 존재한다. 해당 산업 분야는 크게 세 분야로 분류할 수 있다. 아래 내용은 2024 5월 KDB 산업은행 70주년 행사 내용을 기반으로 재구성되었다.

먼저, 수출입이 많은 우리나라는 조선·항만 분야에 경쟁력이 있다. 그러나 현재 해상운송 에너지원의 99% 이상이 석유 기반의 연료이기 때문에, 친환경 선박에 대한 수요가 높아지고 있다. 친환경 선박이란 친환경 대체 연료 사용, 탄소 배출 저감 및 에너지 효율 향상 기술(탄소 포집, 운항 최적화, 에너지 효율 향상)이 적용된 선박을 의미하는데, 그중에서도 대체 연료 추진 기술이 가장 큰 탄소 저감 효과가 있을 것으로 예상된다. 단기적으로는 기존 화석연료 운반선에 비해 탄소 배출이 25~30% 저감될 것으로 예상되는 LNG 및 메탄올과 같은 저탄소 연료로의 전환 및 탄소 포집 기술 적용이 필요하다. 장기적으로는 화석연료 운반선 대비 90% 이상의 탄소 배출 저감이 가능한 암모니아, 수소, 합성연료 등 무탄소 및 탄소중립 연료 개발이 필수적이다. 따라서 조선·항만 분야가 좌초 산업이 되지 않기 위해서는 연료 전환과 탄소중립 연료 개발에 대한 지원이 필수적인 상황이다. 삼성중공업의 사례를 보면, 먼저 LNG 추진선 상용화를 위해 LNG 가치사슬 전반의 핵심 기술(LNG 액화 공정, 화물창 및 재액화, 연료공급 및 연료 탱크, 재기화) 확보를 추진 중이다. 두 번째로, 암모니아 추진 기술을 수소 연료의 상용화 전단계로 고려하며 핵심 기술을 개발하고 있다. 마지막으로, 선박용 고효율 이산화탄소 포집 시스템을 개발하여 해상 탄소 배출 저감에 기여하고 있다.

다음으로, 석유화학 분야는 석유 및 가스 등의 생산·운송·정제 과정에서 탄소가 배출되며, 전 세계 탄소 배출량의 약 15%를 차지하고 있다. 이에 따라 제품 생산 시 배출량을 저감하도록 유도하는 환경 인증 제도 및 탄소국경세 등의 국제 규제가 강화되고 있다. 우리나라는 에틸렌(Ethylene)[62] 생산 능력이 세계 4위 수준이기 때문에, 효과적인 탄소 배출 감축을 위해 저탄소 에너지 전환, 생산 원료 대체,

---

62 플라스틱과 합성섬유를 만드는 데 사용되는 핵심 재료로, 석유화학의 기초 원료로 알려져 있다.

탄소 포집 기술 적용을 중점적으로 고려해야 한다. 롯데케미칼의 사례를 보면, 우선 수소·암모니아 기반 에너지 전환 및 탄소 포집 기술(CCUS) 사업을 추진하고 있으며, 자원 순환을 위한 기술 협력도 확대하고 있다. 두 번째로, CCUS 추진을 위해 국내 화학 업계 최초로 기체 분리막 CCU 설비 실증을 완료했으며, 2030년까지 연간 50만t의 이산화탄소를 포집하는 것을 목표로 하고 있다. 마지막으로, 플라스틱 자원의 선순환을 위해 지속 가능한 플라스틱 순환 고리 구축에 힘쓰고 있으며, 기계적·화학적 재활용 공정을 도입하고 있다.

마지막으로, 모빌리티 분야에서는 최근 이산화탄소 배출 및 연료 규제 강화에 따라 친환경 기술 개발이 활발하게 이루어지고 있다. 친환경 자동차 연료로는 그린 수소, 암모니아, 전기 에너지 등이 거론되고 있는데, 특히 미국 인플레이션 감축법(Inflation Reduction Act; IRA) 영향으로 청정 수소 및 해상풍력에 대한 국제적 관심이 집중되면서, 해당 기술을 확보하기 위한 노력이 이루어지고 있다. 모빌리티 분야에서는 이러한 청정 에너지를 저장할 수 있는 차세대 배터리 기술 수요도 증가하고 있다. 특히, 전고체 배터리[63]가 차세대 기술로 주목받고 있는데, 전고체 배터리는 배터리의 양극과 음극 사이의 전해질이 고체로 된 이차전지로, 에너지 밀도가 높아 대용량 구현이 가

---

63 전지 양극과 음극 사이에 있는 전해질을 액체에서 고체로 대체한 차세대 배터리를 의미한다.

능하고, 불연성 고체로 이루어져 발화 가능성이 낮아 안정성이 높다는 점에서 기존 리튬이온 배터리를 대체할 차세대 배터리로 평가받고 있다. 현대자동차의 사례를 보면, 전기차 에너지 저장 기술에 투자하고 차량용 태양전지를 개발하고 있으며, 수소에너지 전환을 위한 기술혁신에 투자하고 있다. 먼저, 전기차 에너지 저장 기술은 전기차의 남은 전력량을 활용하는 양방향 충전 기술 V2G(Vehicle to Grid)과 전기차 배터리 재사용 에너지 저장장치에 초점을 맞추고 있다. 다음으로 차량용 태양전지 기술은 실내광(지하주차장 등)에서도 구동 가능한 투명 태양전지 개발에 주력을 다하고 있다. 마지막으로 수소에너지 전환 기술을 위해 미국 에너지부와 협력하여 글로벌 수소 및 연료전지 기술 혁신 추진 및 글로벌 확대를 꾀하고 있다.

이와 같이 국내 주요 제조업에서 기후 테크 기술 수요를 살펴보았는데, 국내외 여러 규제로 인해 기존 산업군에서도 탄소중립을 향한 많은 움직임이 이루어지고 있다. 이러한 변화 속에서 필요한 기술에 자연스럽게 민간 자본이 유입되면서, 국내 기후 테크 스타트업 생태계 구축에도 기여할 수 있을 것으로 기대된다.

> 국내에서도 기후 테크에 대한 수요가 확실해 보이고, 향후 기술에 대한 전망이 좋아 보인다. 시장 자체가 형성되기 위해서는 기업뿐만 아니라 정부의 정책적인 지원도 필요할 것 같다. 어떠한 정책 지원이 필요할 것으로 예상되는가?

국내 기후 테크 시장은 해외 대비 기후 테크 시장이 형성되어 있지 않기 때문에 투자 지원이 반드시 필요하다. 따라서 가장 우선적으로는 장기적 관점에서의 투자 재원의 확보가 중요하다. 확보된 투자 재원은 R&D 지원, 탄소중립형 시설 전환 지원, 인력 재교육, 신규 일자리 창출에 사용함으로써 기후 테크의 경제적·사회적·인적 자원을 확보하는 데에 기여해야 한다. 특히 경제적 투자를 위해서는 기후 테크 분야를 위한 기금의 확보 및 다른 분야의 기금과의 유동적인 연동이 필요하며, 그 형태는 대출 자금, 인센티브 제공, 투자금 지원이 될 수 있다. 효율적인 투자금 및 대출 자금 지원을 위해 이미 발표된 금융위원회의 기후 테크 투자안을 보다 구체화시킬 필요가 있다. 특히 대기업의 경우 정부의 기후 테크 금융 지원책에 대한 정보의 습득이 빠르기 때문에 기금 확보가 가능하지만, 중소기업의 경우 주력사업을 기후 테크 사업으로 연동하지 못해 기금 확보를 하지 못하는 경우가 많은 상황이므로 이를 위한 보완책이 필요하다.

다음으로, 일관성 있는 정책이 필요하다. 어떻게 보면 당연한 말일 수도 있지만, 기후 테크 기술 투자 및 육성은 다른 분야에 비해 오랜 시간 동안 기술 개발이 이루어져야 하는 경우가 많다. 따라서 기후 테크 육성 정책에는 장기적인 로드맵이 필요하며, 이를 위해서는 정부의 일관적인 정책 추진이 중요하다. 일례로 재생 에너지 사업과 원전 사업은 정권에 따라 그 기조가 바뀌는 경향이 있어 지속적인 투자나 기술 발전에 어려움이 있어왔다. 기후변화 문제와 기후 테크 육성안은 초당적 문제임을 환기시켜 일관성 있는 정책을 추진할 필요가 있다. 특히, 제조업과 수출 중심의 산업 구조, 삼면이 바다로 둘러싸인 지리적 이점, 그리고 첨단 기술과 인적 자원을 활용하여 국가 온실가스 감축 목표(NDC)를 달성하면서도 경쟁력을 확보할 수 있는 장기적인 전략을 마련해야 한다.

이처럼 장기 전략을 수립하기 위해서는 기후 테크 육성을 위한 체계적인 법과 제도의 정비가 필요하다. 미국은 IRA(인플레이션 감축법), CHIPS(반도체 지원법) 등의 법안을 기반으로 다양한 금융 지원 프로그램을 마련해 기후 테크 투자를 활성화해 왔으나, 반면 우리나라는 아직 기후 테크 산업을 육성하기 위한 법과 제도가 충분히 정비되지 않은 상황이다. 특히, 현재 산업 분류 체계에서 기후 테크 산업을 명확하게 구분하기 어려운 문제가 있다. 이를 해결하기 위해 신기술 중 기후 테크 관련 기술에 별도의 라벨링을 부여하고, 이를 표준 산업 분류 체계에 반영해야 한다. 이렇게 하면 정부 각 부처가 기후 테크 산업을 명확히 인식하고, 이를 바탕으로 효과적인 제도를 마련할 수 있을 것이다.

한편 센터 연구진의 조사 결과, 기후 테크 육성을 위해 필요한 정책들이 일부 정책금융기관들을 통해 수행되고 있음을 확인할 수 있었다. 그러나 여러 부처와 기관에서 유사한 정책을 추진하고 있어 정책 간 차별성이 크지 않고, 지원을 받으려는 기업 입장에서도 기술과 산업 단계별 지원 정책을 한눈에 파악하기 어려운 부분이 있다. 따라서 새로운 정책을 수립하기에 앞서 이미 있는 정책들을 보다 효율적으로 통합·관리하고 공표할 필요가 있다.

　　마지막으로, 탄소 저감 기술의 활성화를 위해 탄소 가격을 높이고, 감축된 탄소가 원활히 거래될 수 있는 시장을 조성해야 한다. 이를 위해 배출권 의무 시장에서는 유상 할당 정부가 정한 경매 방식을 통해 배출권을 유상으로 할당하는 제도로,[64] 비율을 상향 조정하는 방안을 고려할 수 있다. 또한, 기업이 자발적으로 탄소 배출을 줄이고자 할 때 활용할 수 있는 자발적 탄소 시장을 활성화하는 것이 중요하다. 현재 기획재정부가 UNFCCC와 협력해 추진 중인 '글로벌 자발적 탄소 메커니즘(GVCM: Global Voluntary Carbon Mechanism[65])'이 이러한 역할을 할 수 있을 것으로 기대된다. GVCM이 활성화되면 탄소

64　정부가 무료로 배출권을 분배하는 무상 할당과 달리 오염자 부담 원칙에 충실한 제도를 의미한다.

65　Global Voluntary Carbon Mechanism aligned with the article 6 of Paris Agreement.

배출권을 제공하는 기업과 이를 구매하려는 기업 간의 원활한 매칭이 가능해지고, 이를 통해 기후 테크 산업도 자연스럽게 성장할 수 있을 것이다. 또한, 탄소중립 기술을 보유한 기업에 선제적으로 투자하고, 해당 기업이 성장하여 수익성이 확보되었을 때 일부 수익을 회수하는 방식으로 탄소 시장을 활성화하는 것도 중요한 전략이 될 수 있다.

> 새로운 기술 개발이 중요하기 때문에 대학의 역할 역시 중요할 것으로 보인다. 대학이 할 수 있는 일, 해야 하는 일이 있다면 어떤 것인가?

대학은 교육기관으로서 학생들을 대상으로 기후변화 현황과 이로 인해 수립된 여러 국제적 합의에 대해 파악하여 국내외 정황 및 투자 동향에 대해 교육할 의무가 있다. 이러한 교육은 기후 테크에 대한 목적 및 필요성에 대한 인식 제고를 통해 관련 기술에 대한 아이디어 활성화에 기여할 수 있다. 일례로, 서울대학교 기후 테크 센터에서는 기후 테크 인식 확산을 위해 탄녹위 및 대한상의와 함께 기후 테크 포럼을 기획하고, 국내 기후기술투자 기업인 소풍벤처스와 함께 대학 내 기후 테크 특강을 두 차례 진행하기도 하였다. 실제로 특강 이후 진행한 설문조사 결과에는 기후 테크 특강이 기후 테크 분야 자체에 대한 이해도 향상에 도움이 되었다는 피드백이 있었다.

기후 테크를 구성하고 있는 기술은 주로 딥 테크(첨단 기술)이다. 대학의 역할은 딥테크 육성을 위한 학내 교육 및 R&D 지원을 통해 우수한 인적 자원을 활용하고, 상용화되지 않은 기술에 대한 지속적 투자와 교육을 제공하는 데에 있다. 실제로 미국 보스턴에서는 여러 고등교육기관과 연구소가 밀집됨에 따라 딥테크에 대한 투자가 활발한데, 대표 사례가 MIT에서 출발하여 2018년 설립된 미국 핵융합 기업 Commonwealth Fusion Systems이다. 캘리포니아에서도 많은 기후 테크 기업이 분포해 있는데, 유명 대학 및 연구소와의 연계로 기후 테크 관련 인적 자원이 풍부한 것이 많은 기후 테크 기업을 탄생시킨 주요 원인으로 평가받고 있다. 앞서 언급했듯 기후 테크는 단일 연구 분야가 아닌 물리학, 화학, 생물학, 지구과학, 컴퓨터공학 등 다양한 전공에서 접근이 가능한 분야이다. 예를 들어, 재생 에너지 생산 예측, 기후 재난 감시/예측을 위해서는 AI나 데이터 사이언스, 기후 과학의 전문성이 필요하고, 탄소 흡수 소재나 용액을 개발하기 위해서는 신소재공학이나 화학, 화학공학의 전문성이 필요하다. 재생 에너지의 직류 전환이나 송배전을 위해서는 전기전자공학 분야의 전문성이 필요하다. 이처럼 다학제간 연구를 통해 기후 테크 선도 기술을 확보하기 위해서는 대학에서 융합 연구의 틀을 제공해 주어야 한다.

또한, 실험실 수준의 연구가 상용화될 수 있도록 다양한 프로그램을 개설하는 역할이 필요하다. 예로, 캘리포니아주에서는 실리콘 밸리 산학 연계 활성화를 통해 R&D 결과를 시장으로 진출시키는 데에 많은 투자를 하고 있다.

학내 연구결과를 사업화할 수 있도록 동기부여하는 교육도 필요하다. 미국 스탠포드 대학에서는 '스탠포드 기후 벤처(Stanford Climate Ventures)'를 통해 에너지와 기후 기술을 시장에 내놓기 위한 방법을 배우는 프로그램을 운영 중이며, 실제로 해당 프로그램의 스핀오프 기업이 배출되기도 하였다. 스탠포드 대학에서는 기후 테크 이외에도 다양한 기술에 대한 창업을 유도하기 위해 기업가 정신 함양 교육을 진행하였고, 2011년 조사에 따르면 졸업 이후 3년 이내에 투자를 받은 창업가의 60%가 스탠포드에서 기업가 정신 과정을 이수한 것으로 밝혀졌다. UC 버클리에서도 '수타르자 창업 센터(Sutardja Centre for Entrepreneurship)'에서 세상을 바꿀 기술과 신흥 산업 활성화를 위한 프로그램을 운영 중이다. 예로, 비건 식품에 관심 있는 학생, 기업가, VC, 업계 리더를 연결하는 허브를 운영하기도 한다. UC 데이비스에서는 '식품 및 건강 혁신 연구소(Innovation Institute for Food and Health)'를 통해 학내 교수진과 연구원을 투자자 및 업계 전문가와 연결하는 역할을 하고 있다. 이 외에도 캘리포니아 주 대학에서는 새로운 아이디어와 프로젝트가 성공할 수 있도록 친환경 창업을 지원하는 다양한 프로그램이 있다. 우리나라 대학에서도 이러한 미국 대학의 사례를 벤치마킹하여 기업가 정신 고취를 위한 여러 교육 프로그램을 개발할 필요가 있다.

　　기후 테크는 첨단 기술이 많이 활용되는 산업으로, 개발에 오랜 시간이 걸리고 큰 투자금을 요구하며 대규모 실증 사업이 필요한 경우가 많기에, 학생들에게 보조금, 연구실, 멘토십 및 스타트업, 투자자 및 업계의 중요한 네트워크를 제공하면서 문제를 완화하고자 하는 노력이 필요하다. 예를 들어, 스탠포드 내 '톰캣 센터(TomKat Center)'의 혁신 이전 프로그램은 보조금, 멘토링, 기업 네트워크 등을 제공하여 새로운 기술의 투자 유치 가능성을 판단하는 데 도움을 줌으로써 획기적이고 혁신적인 기술의 상용화를 돕고 있다. 또 다른 예로 버클리 하스 경영대학원(Berkeley Haas School of Business)에서는 'Cleantech to Market (C2M)'이라는 프로그램을 운영 중인데 'TomKat Center'의 프로그램에 참여하고 있는 스타트업과 대학원생을 연결하여 클린 테크의 상용화를 가속화하는 데 도움을 주고 있다.

　　무엇보다도, 기후 테크 산업이 활성화되기 위해서는 새로운 기술이 온실가스 감축이나 기후변화 적응에 기여하는지 판단하고, 이를 기후 테크 기술로 인정하여 투자 유치가 가능한지를 평가할 수 있는 인력을 양성해야 한다. 이를 위해 대학은 기술의 파급 효과를 탄소 감축량 등 객관적인 데이터로 제시할 수 있는 평가 기준을 마련하고, 이를 수행할 수 있는 전문가를 양성해야 한다. 이러한 체계가 구축된다면 투자자들도 해당 기술이 기후변화 대응에 얼마나 효과적인지를 명확히 판단할 수 있게 되어, 기후 테크 분야로의 자금 흐름이 더욱 원활해질 것이다.

마지막으로, 대학은 교육기관임과 동시에 지식집단이므로 기후 테크 정책 수립에 필요한 각계 전문가의 의견 제시가 가능하다. 예로, 기후 테크 육성을 위해 교육기관에 필요한 지원(R&D 지원 등)을 포함한 고등 교육 재정 확보 및 이를 뒷받침할 법적, 제도적 정비에 목소리를 낼 수 있다. 정부의 기후 테크 육성 정책에 대한 감시 기구로서의 역할도 수행할 필요가 있다.

에필로그

탄소중립, 분야별로
어떤 전략을 취해야 하는가

서울대학교 화학생물공학부 윤제용 교수
서울대학교 재료공학부 남기태 교수
얼룩소(주) 윤신영 에디터

탄소중립 기술 R&D 전략 왜 중요한가?

가 보지 않은 길, 기후 위기

2024년은 관측 역사상 가장 뜨거운 해로 기록되었다. 지구의 평균 기온은 계속 상승하고 있으며, 산업화 이전과 비교하면 1.54°C 상승했다. 파리협정이 제시한 1.5°C 한계를 공식적으로 넘어선 것이다. 이러한 기후의 변화는 인류와 자연에 직접적인 영향을 미치고 있다.

지난 20년간 기후변화로 인한 홍수, 가뭄 등 자연재해는 1.7배 증가했으며, 이로 인한 인적·경제적 피해도 급증했다. 기후 위기는 인류가 직면한 가장 큰 위기이자, 가보지 않은 길이다. 이를 해결하기 위해 2015년 기후변화협약 당사국 195개국은 2050년경 탄소중립 달성을 목표로 공동 대응을 결정했다.

위기 속에서 기회를 만드는 탄소중립

탄소중립 전환은 화석연료 기반 사회를 탄소 배출 없는 사회로 바꾸는 인류의 사회경제적 대전환이다. 기존 생활수준을 유지하면서 이를 실현하려면 탄소중립 사회를 뒷받침할 과학기술적 토대가 필수적이다. 특히, 전환, 산업, 수송, 건물 등 고배출 부문에서 탄소 배출을 줄이고, 이미 배출된 탄소를 흡수·저감하는 기술이 요구된다. 대한민국의 온실가스 배출량 중 산업 부문이 2021년 기준 51%를 차지하며, 산업 공정을 무탄소·저탄소 방식으로 전환하는 것이 핵심 과제다. 이를 위해 산업 전반에서 혁신적인 과학기술 솔루션이 필요하다. 탄소중립은 전 세계가 처음 맞닥뜨린 문제로, 모든 국가는 '퍼스트 무버'일 수밖에 없다. 기존처럼 기술을 빠르게 습득해 따라가는 '패스트 팔로워' 전략은 한계가 있으며, 이는 대한민국의 기존 연구개발(R&D) 전략이 더 이상 유효하지 않음을 의미한다. 전 세계는 이미 디지털·녹색 전환을 통해 산업 구조를 바꾸고 있으며, 탄소중립 전환은 새로운 성장 산업을 육성할 기회가 될 수 있다. 결국, 탄소중립 기술 R&D는 목표 실현을 위한 필수 수단으로, 기존과는 완전히 다른 전략과 기술 프레임워크가 필요하다.

대한민국은 탄소중립에 어떤 준비를 하고 있나?

대한민국 탄소중립 정책

대한민국은 2050 탄소중립을 목표로 2020년 10월 탄소중립을 선언하고, 같은 해 12월 탄소중립 추진 전략을 발표했다. 이후 2030년 국가온실가스감축목표(NDC)를 설정하며 본격적인 대응을 시작했다. 2021년에는 탄소중립위원회를 출범시키고, 2030 NDC 목표를 상향 조정하며 '기후 위기 대응을 위한 탄소중립·녹색 성장 기본법'을 제정했다. 또한, 과학기술정보통신부는 탄소중립 기술혁신 10대 핵심 기술을, 21년 8월에는 국가과학기술자문회의는 39개 탄소중립 중점 기술을 발표하며 과학기술을 기반으로 한 대응을 강화했다.

39개 중점 기술, 17대 핵심 기술 분야 기술 혁신 전략 로드맵, 100대 핵심 기술

2022년 5월 새 정부 출범 이후, 같은 해 10월 기존 탄소중립위원회가 탄소중립녹색 성장위원회로 개편되었으며, 탄소중립 추진 전략도 탄소중립 녹색 성장 추진전략으로 변경되었다. 이어 2023년 3월에는 39개의 중점 기술, 17대 핵심 기술 분야 기술 혁신 전략 로드맵, 100대 핵심 기술이 선정되었다. 또한, 탄소중립 기술특별위원회는 수소, 탄소 포집·이용·저장(CCUS), 무탄소 전력 공급, 친환경 자동차, 석유화학, 철강, 시멘트, 탄소중립 선박, 제로 에너지 건물, 태양광 등 10개 분야의 로드맵을 발표했다. 그러나 다양한 기술 개발 정책이 제시되었음에도, 이후의 후속 조치와 성과 관리는 아직 충분하지 않은 실정이다.

긍정적이지만 미흡한 탄소중립 R&D 정책

2020년 탄소중립 선언 이후 정부 교체에도 불구하고, 2030년 NDC 목표(2018년 대비 온실가스 40% 감축)를 위한 과학기술적 노력이 지속되고 있다. 특히, 핵심 기술을 선정하고 이를 지원하는 종합 대책을 마련한 점, 기술 로드맵을 단계적으로 구축하는 점은 긍정적으로 평가된다. 그러나 연구실에서 개발된 기술이 산업에 적용되고 확산되는 것은 별개의 문제다. 단순한 기술 개발을 넘어 연구 성과가 시장에서 확산될 수 있도록 제도적·정책적 지원이 필수적이며, 기술 R&D 정책이 탄소중립 정책과 긴밀하게 연계되어야 한다.

탄소중립 기술은 수송, 에너지, 기후 산업과 밀접하게 연결되어 있으며 지속 가능한 사회 구축에 기여할 수 있다. 하지만 대한민국은 양극화, 인구 감소, 지역 불균형 발전, 에너지 안보 취약 등 구조적 문제에 직면해 있다. 따라서 탄소중립 전환은 단순한 기술 변화가 아니라 사회·경제적 문제를 함께 해결하는 과정으로 접근해야 한다. 탄소중립 기술은 글로벌 시장에서 경쟁력을 갖춘 산업 기술로 성장할 가능성이 크며, 국가의 새로운 성장 동력이 될 수 있다. 전력 전환과 전기화는 에너지 안보와 직결되며, 분산 발전과 전력망 구축은 지역 균형 발전과 연계될 수 있다. 결국, 탄소중립 정책은 저출산, 고용, 지역 개발 등과 정합성을 갖추고 추진될 때 지속 가능한 혁신과 사회적 효과를 극대화할 수 있다.

해외 주요국, 탄소중립 정책 어떻게 진행하고 있나?

2024년 말 기준, 세계 150개국이 탄소중립을 선언했으며, 이들 국가는 전 세계 GDP의 92%, 온실가스 배출량의 88%를 차지한다. 주요국들은 각기 다른 목표와 전략을 수립하며 탄소중립을 추진하고 있다.

유럽연합(EU)은 1990년 대비 2030년 55% 감축 목표를 세우고 RePower EU(2022)와 그린 딜 산업 계획(2023)을 발표해 신 재생 에너지 확대, 규제 완화, 자금 조달, 인력 양성을 추진 중이다. 또한, 탄소중립산업법(NZIA)으로 친환경 산업 육성을 지원하고, 핵심원자재법(CRAM)을 통해 원자재 공급망을 강화했다. 2023년 10월부터 시행된 탄소국경조정제도(CBAM)은 철강, 시멘트 등 6개 품목의 수입 제품에 탄소 비용을 부과하며, 향후 대상 품목을 확대할 예정이다.

미국은 2007년 대비 2030년 50~52% 감축을 목표로 하며, 2022년 인플레이션 감축법(IRA)을 제정해 3,690억 달러를 기후변화 대응과 에너지 안보에 투자하고 있다. 또한, 유럽의 CBAM에 대응해 청정경쟁법안(CCA)을 발의하여 탄소세 도입을 검토 중이다. 다만, 2025년 도널드 트럼프 대통령 정부에서 관련 정책 지속 가능성이 불확실해 추이를 지켜볼 필요가 있다.

영국은 1991년 대비 2030년 68% 감축을 목표로 하며, 2020년 녹색산업혁명을 발표해 녹색 기술 및 금융 산업을 육성하고 있다. 2021년 넷 제로 전략에서는 7대 온실가스 감축 부문을 설정했으며, 2023년에는 원자력 발전 확대 및 CCUS 신사업 구축을 포함한 에너지 안보 계획을 발표했다.

일본은 2013년 대비 2030년 46% 감축을 목표로 하며, 2020년 그린성장전략을 통해 해상풍력, 배터리, 반도체 등 14개 분야를 육성하고 있다. 2조 엔 규모의 그린이노베이션 기금을 조성해 기술 개발을 지원하며, 2023년 GX(Green Transformation) 추진전략을 발표해 에너지 안보 강화와 탄소중립 실현을 동시에 추진 중이다.

중국은 2030년까지 탄소 배출 정점을 찍고, 2060년 탄소중립을 목표로 한다. 2021년 14차 5개년 계획에서 에너지 구조 전환과 효율성 개선을 강조하며, 풍력·태양광 확대, 수소·차세대 원전 기술 개발을 추진하고 있다. 산업, 교통, 건축 등 주요 분야에서 탄소 저감 정책을 시행하며 친환경 에너지 중심으로 경제 구조를 전환하는 중이다.

각국은 탄소중립 목표를 달성하기 위해 정책적·재정적 지원을 강화하며, 신재생 에너지 확대와 산업 구조 전환을 추진하고 있다. 다만, 경제·정치적 변수에 따라 정책 지속 가능성이 달라질 수 있어 향후 정책 변화에 대한 지속적인 모니터링이 필요하다.

대한민국 탄소중립 기술 R&D 정책 어떤 문제가 있나?

성공 사례의 부재: 낮은 기술 현실화

대한민국은 2020년 10월 탄소중립을 선언했다. 때문에 탄소중립을 진행한 지 오래되지 않아 성공 사례를 찾기는 어렵다. 그러나 탄소중립 이전에도 기후 및 녹색 기술 R&D가 지속되어 온 점을 고려하면, 탄소중립 기술의 낮은 현실화 수준은 심각하게 받아들일 필요가 있다. 성숙하지 않은 감축 기술은 시장성이 부족할 수밖에 없으며, 이를 극복하기 위한 제도적 뒷받침이 필수적이다. 상용화 단계에서 어려움을 겪는 혁신 기술 대부분이 기존 기술 대비 약 2배 높은 가격을 갖는다는 특징이 있다. 예를 들어, 그린 수소는 그레이 수소보다 2배 가량 비싸며, 과거의 배터리 전기차나 태양광 역시 비슷한 가격 차이에서 출발했다. 제조업에서 단 10%의 단가 차이도 시장 진입에 큰 장벽이 되는 현실에서, 이 2배의 격차를 극복하고 초기 시장을 열어 주는 정책적 지원이 기술 현실화의 핵심이다.

탄소중립 R&D 정책은 선택과 집중이 부족하고, 다양한 연구 주제를 지원하지만 나열식이라는 지적도 받고 있다. 이는 정부, 산업, 과학기술계 간 이해관계를 조율할 리더십 부재에서 비롯된 문제로, 연구 방향을 효과적으로 조정하지 못하고 있다. 정부는 기술 패권을 강조하면서도, 기술 지원의 우선순위를 명확히 설정하지 못하고 있으며, 부처 간 협력도 미흡해 연구 현장의 효율성을 저하시킨다. 또한, 원천 기술을 실제 기술 개발로 연결하는 스케일 업 경험이 부족하며, 상업화 전략도 미흡하다. 실제로 2000년대 초반부터 오랜 기간 추진되었던 탄소 포집 및 활용 기술 개발 사업들이 100~200억 원 단위의 대규모 지원에도 불구하고 실제 기업의 활용으로 연결되지 못한 사례가 있다. 좋은 기술이 최종 성과로 이어지지 못하는 '스케일 업'의 문제가 존재하는 것이다. 이는 개발된 기술이 기업에서 대규모로 활용되기에는 아직 검증되지 않았고, 이러한 기술적, 경제적 격차를 메워 주기 위한 정책적 노력이 부족하기 때문이다. 대한민국은 배터리, 수소 등 일부 분야에서 원천 기술을 보유하고 있음에도 선도 기술로 발전시키는 데 어려움을 겪고 있다. 패스트 팔로워 전략에 강점을 보였으나, 새로운 기술을 성장시키고 시장에 적용하는 경험이 부족한 것이다. 일부 스케일 업 연구가 진행되고 있지만, 이후의 산업화 전략이 부재한 점은 탄소중립 기술의 실질적 성과 창출을 저해하는 주요 요인으로 지적된다.

일관성과 지속성이 부족한 탄소중립 기술 R&D 정책

정부의 탄소중립 기술 R&D 정책은 일관성과 지속성이 부족하다. 2020년 탄소중립 선언 이후 약 4년간 정책이 추진되었으나, 정부 교체마다 목표와 세부 항목이 크게 변경되면서 정책 단절이 발생하고, 효율성이 저하되고 있다. 특히 2023년 정부의 일방적인 R&D 예산 삭감은 연구개발의 지속성을 훼손하고, 예측 가능성을 낮춘 대표적 사례로 꼽힌다. 이는 민간 참여를 저해하고, 시장 창출 기회를 줄이는 요인으로 작용하고 있다. 또한, 관계 부처 간 조정이 부족해 정책의 정합성과 일관성이 저하되고 있다. 대한민국의 탄소중립 최상위 정책은 탄소중립·녹색 성장 기본법(이하 기본법)에 근거한 제1차 국가 기본 계획(2023년)이며, 각 부처도 별도의 전략과 기본 계획을 수립하고 있다. 그러나 기본법이 헌법 불일치 판결을 받은 상황에, 기본 계획 간 조율이 미흡하고, 기초연구·산업화·응용연구 등 단계별 역할 분담이 명확하지 않아 연구와 정책이 단절되는 문제가 지속되고 있다. 불확실성이 높은 초기 시장에서는 작은 정책의 혼선이나 변화만으로도 시장에 큰 충격을 줄 수 있다. 탄소중립·녹색 성장 기본법이 제정된 것은 긍정적이지만, 법제화 유무보다 중요한 것은 정부가 바뀌더라도 장기적이고 지속적으로 감축 기술을 개발하고 촉진할 것이라는 '믿음'을 시장에 심어 주는 것이다.

기술 패권 시대의 탄소중립 기술 R&D 전략 미흡

세계 주요 산업국들은 자국의 탄소중립 산업을 보호·육성하기 위해 다양한 제도를 도입하고 있으며, 이는 글로벌 규제를 강화하고 무역 장벽으로 작용할 가능성이 크다. 특히 탄소국경조정제도(CBAM)와 RE100은 탄소 배출이 많은 국가나 기업에 불리하게 작용하며, 감축 기술이 부족한 국가의 산업 경쟁력을 약화시킬 위험이 있다. 미·중 기술 패권 경쟁이 심화되면서 보호주의가 확산되고, 글로벌 공급망과 에너지 자원 확보 경쟁도 가속화되고 있다. 미국은 반도체·AI 등 첨단 기술을 중심으로 중국을 견제하며, 중국은 희토류 등 전략 자원을 무기화해 대응하고 있다. 탄소중립 정책과 함께 에너지 안보도 각국의 핵심 전략으로 떠올랐다. 러시아-우크라이나 전쟁 이후 에너지 공급 불안정성이 부각되면서, 미국과 EU는 재생에너지 및 원자력 투자 확대에 나섰고, 중국은 석탄과 신 재생 에너지를 병행하는 전략을 추진 중이다. 그러나 국제 기후 협력이 약화될 우려도 있다. 미국 트럼프 행정부는 과거 파리 기후 협정에서 탈퇴하였고 탄소중립 정책은 향후 약화할 가능성이 크다. 이는 글로벌 기후 협력과 탄소중립 목표 달성에 부정적 영향을 미칠 수 있다. 기술 패권 경쟁이 심화되는 상황에서, 탄소중립 기술 R&D 전략이 보호 무역과 에너지 안보를 고려한 방향으로 재정비될 필요가 있다. 불확실성이 높은 초기 시장에서는 작은 정책의 혼선이나 변화만으로도 시장에 큰 충격을 줄 수 있다. 탄소중립·녹색 성장 기본법이 제정된 것은 긍정적이지만, 법제화 유무보다 중요한 것은 정부가 바뀌더라도 장기적이고 지속적으로 감축 기술을 개발하고 촉진할 것이라는 '믿음'을 시장에 심어 주는 것이다.

취약한 탄소중립 기술 R&D 리더십

탄소중립 기술 패권 경쟁이 심화되는 가운데, 한국의 국제적 대응력이 부족하다. 탄소국경조정제도(CBAM)와 RE100 등 글로벌 시장이 요구하는 정책과 한국이 강조하는 CF100 사이의 괴리가 존재하지만, 이를 해소하기 위한 체계적인 전략이 미흡하다. 또한, 탄소중립 산업의 필수 요소인 기술 표준화 전략이 부족해 글로벌 공급망 변화에 효과적으로 대응하지 못하고 있다. 기술 개발뿐만 아니라 실증과 현장 적용이 필수적이며, 이를 위해 민관 협업과 역할 분담이 중요하다. 그러나 탄소중립 산업 생태계 조성을 위한 정책 연계와 실행 전략이 부족하고, 정부 부처 간 조율과 민간 부문의 적극적 참여를 유도할 구체적 방안도 미흡한 상황이다.

대한민국 탄소중립, 어디로 나아가야 하나?

스케일 업과 집중화를 통한 기술 현실화 성공 사례 창출

대한민국은 제한된 인적·물적 자원을 효율적으로 활용하여 기술을 개발하고 산업 현장까지 연결해야 한다. 이를 위해 선택과 집중 전략이 필수적이며, 글로벌 시장 창출 가능성이 높은 기술을 선별해 집중 지원해야 한다. 우리나라의 경제 규모는 혁신 기술의 초기 수요처 역할을 하기에 충분하며, 정부가 주도적으로 초기 시장을 개척할 필요가 있다. 과거 전기차/배터리 시장이 보조금이나 공공구매 등 정책 수단을 통해 성공적으로 형성되었듯, 최근 미국의 인플레이션 감축법(IRA) 역시 혁신 기술에 보조금을 지급해 초기 시장을 여는 대표적 사례다. 공공 구매, 세금 감면, 탄소 감축 인증 제도 등 과감한 지원 정책으로 2배 가량 비싼 혁신 기술에 시장을 열어 주고, 이를 통해 규모의 경제를 달성하여 가격을 낮추는 선순환 구조를 만드는 것이 핵심이다. 경쟁력 확보가 어려운 기술이라도 에너지·기후 안보 차원에서 반드시 필요하다면 전략적 지원이 뒷받침되어야 한다. 이를 통해 국가 경쟁력을 강화하고, 탄소중립을 위한 산업 기반을 조성해야 한다.

산업 기술 개발을 목표로 하는 분야는 스케일 업까지 고려한 과감한 투자와 지원이 보장되어야 하며, 미래 산업 경쟁력을 좌우할 핵심 기술에서는 글로벌 초격차를 확보하는 것이 중요하다. 한국이 강점을 가진 친환경 모빌리티(전기차 및 상용 수소차), 이차전지, 수소 선박 등은 차세대 성장 산업으로 육성해야 하며, 시장 영향력을 확대하기 위한 장기적 정책이 필요하다. 또한, 철강 산업의 수소환원 제철 기술은 국내 산업 탈탄소화뿐만 아니라 플랜트 수출 등 새로운 성장 동력으로 발전할 가능성이 크며, 시멘트·석유화학 산업의 탈탄소화 기술도 지속적인 연구가 필요하다. 반면, CCUS, 연료전지, 수소차, 혼소 발전 등은 시장 확장성이 불확실하며, 수소생산의 일부 기술 들은 국제 경쟁력이 상대적으로 낮은 상황이다. 따라서 이러한 기술은 기초 연구를 강화하는 한편, 시장 정착 가능성과 성공 여부를 면밀히 검토하면서 사업화 리스크를 관리하는 전략이 필요하다. 탄소중립 100대 핵심기술을 선정한 것은 기술 개발의 방향성을 효과적으로 제시했다는 점에서 큰 성과지만, 모든 기술을 동일한 기준으로 지원하는 것은 현실적으로 어렵다. 따라서 경제적 가치, 기술 수준, 파급효과에 대한 깊이 있는 연구를 바탕으로 역량을 집중할 분야를 과감하게 선정하는 리더십이 필요하며, 단기적 성과보다 장기적인 기술 발전 가능성을 고려한 유연한 지원 체계를 마련해야 한다. 선택적 스케일 업과 집중적 투자를 통해 기술을 현실화하고 성공 사례를 창출하는 것이 탄소중립 산업 경쟁력 확보의 핵심이다.

일관성과 지속성을 회복하는 탄소중립 R&D 거버넌스 구축

탄소중립 R&D 정책의 일관성과 지속성을 확보하려면 정부 R&D 거버넌스의 리더십을 강화해야 한다. 각 부처가 독자적으로 탄소중립 정책과 전략을 수립하되, 범부처 협력을 촉진할 수 있는 체계를 마련해야 한다. 이를 위해 국가 탄소중립 최상위 정책과 개별 부처별 정책 간 정합성을 높이고, 범부처 차원의 종합적인 탄소중립 국가 전략을 수립해야 한다. 이 전략에는 정책의 이행과 감독, 향후 대책까지 포함하는 강력한 컨트롤 타워가 필요하다. 이를 실현하기 위해 탄소중립녹색성장위원회 또는 대통령실 역할을 강화하는 방안을 검토할 수 있으며, 더 나아가 기후에너지부를 신설해 기술 개발과 정책 조율을 총괄하는 방안도 고려할 수 있다. 또한, 각 부처가 본연의 역할을 수행하면서도 부처 간 협력과 조율 기능을 강화해야 한다. 이를 위해 횡적 연계(cross-cutting) 기능을 도입하고, 각 부처의 강점을 살려 분야별 역할을 효율적으로 배분하는 체계를 마련해야 한다. 탄소중립 R&D 거버넌스가 체계적으로 구축될 때, 정책의 일관성과 지속성이 확보되고 효과적인 기술 개발과 실현이 가능할 것이다.

탄소중립 기술 R&D 국제 협력

탄소중립 기술의 국내 수준과 글로벌 협력 이슈를 정확히 파악하고, 이를 바탕으로 최적의 국제 협력 전략을 수립해야 한다. 중요한 것은 단순한 협력이 아니라 어떻게 협력을 추진할 것인가이다. 우리나라는 선진국과 개발도상국 사이에서 중간자 역할을 수행하며 양쪽 상황을 대변하는 전략적 우위를 선점해야 한다. 지리적, 외교적으로 동남아시아 및 중동 국가와의 협력에 유리한 위치를 활용하여, 선진국과는 공동 R&D, 기술 공유, 표준화 협력을 통해 글로벌 경쟁력을 강화하고, 개도국과는 현지 적용과 보급을 중심으로 맞춤형 기술 이전과 역량 강화를 병행하는 차별화된 접근이 필요하다.

결국, 글로벌 기술 경쟁력을 면밀히 분석하고 전략적 협력국을 발굴하는 것이 중요하다. 일부 기술은 해외 도입을 통해 발전시키고, 일부는 선도 기술로 육성하며, 다른 기술은 상호보완적 협력을 추진해야 한다. 선진국과 개도국 간 협력 방식의 차이를 고려한 전략적 접근을 통해 대한민국의 탄소중립 기술 경쟁력을 극대화하고 국제사회에서의 주도적 역할을 강화해야 한다.

민간과 대학을 아우르는 종합적 리더십

탄소중립 기술 개발은 민간과 대학의 적극적인 역할이 필수적이다. 기업은 기술 개발부터 실증·현장 적용까지 주도하며, 대규모 사업 기획 단계부터 민관이 협력하는 임무 중심 기술 개발 체계를 마련해야 한다. 우리나라는 산학연 협력의 좋은 토양을 갖추고 있음에도 아직 그 잠재력을 충분히 발휘하지 못하고 있다. 정부가 산업계와 학계 간의 '접착제(bonding)' 역할을 수행해야 한다. 대학이나 연구소에서 탄생한 기술과 기업이 필요로 하는 기술 사이의 격차를 줄이는 스케일업 과정을 정부가 정책적으로 지원해야 한다는 의미다. 또한, 정부의 도움으로 시장이 형성된 경우, 기술 개발의 혜택을 받은 대기업이 중소기업으로 기술을 확산하는 등 공공성에 부합하는 역할을 하도록 유도하는 체계도 필요하다.

탄소중립은 전통적인 학문 경계를 뛰어넘는 진정한 의미의 '융합'이 필요한 분야다. 따라서 대학은 탄소중립이라는 새로운 학문을 정의하고 교육할 수 있는 플랫폼을 구축하고, 경제성, 사회성, 환경성을 종합적으로 고려하는 유기적 사고를 가진 인재를 양성해야 한다. 각 분야의 전문성을 갖춘 인재들이 서로 소통하고 협력할 수 있는 교육 시스템을 만드는 것이 중요하다. 특히, 정부 정책이 정권 변화에 영향을 받는 반면, 대학은 장기적인 전략을 수립하고 미래를 준비하는 싱크탱크 역할을 수행할 수 있다. 결국, 민간 기업이 시장을 선도하고, 대학이 지속적인 연구와 정책 지원을 담당하며, 정부가 협력을 촉진하는 삼각 협력 체계를 구축해야 한다. 이를 통해 탄소중립 기술의 경쟁력을 높이고, 글로벌 시장에서 대한민국의 주도적 역할을 강화할 수 있다.

2025년 7월
서울대학교 화학생물공학부 윤제용,
서울대학교 재료공학부 남기태,
얼룩소(주) 윤신영 에디터

서울대 교수들이 말하는
탄소중립을 위한 기술혁명

초판 1쇄 발행 2025년 7월 16일

지은이	서울대학교 국가미래전략원 윤제용 구윤모
펴낸이	박영미
펴낸곳	포르체
책임편집	김찬미 유나
마케팅	정은주 민재영
디자인	황규성
출판신고	2020년 7월 20일 제2020-000103호
전화	02-6083-0128
팩스	02-6008-0126
이메일	porchetogo@gmail.com
인스타그램	porche_book

ⓒ 저자(저작권자와 맺은 특약에 따라 검인을 생략합니다.)
ISBN 979-11-94634-35-5 (03530)

- 이 책은 저작권법에 따라 보호받는 저작물이므로 무단전재와 무단복제를 금지하며, 이 책 내용의 전부 또는 일부를 이용하려면 반드시 저작권자와 포르체의 서면 동의를 받아야 합니다.
- 이 책의 국립중앙도서관 출판시도서목록은 서지정보유통지원시스템 홈페이지 (http://seoji.nl.go.kr)와 국가자료공동 목록시스템(http://www.nl.go.kr/kolisnet)에서 이용하실 수 있습니다.
- 잘못된 책은 구입하신 서점에서 바꿔드립니다.
- 책값은 뒤표지에 있습니다.

여러분의 소중한 원고를 보내주세요.
porchetogo@gmail.com